普通高等教育"十四五"规划教材

人工智能理论与实践

THEORY AND PRACTICE OF ARTIFICIAL INTELLIGENCE

刘树林　张宏利　主编

中国石化出版社
·北京·

内 容 提 要

本书主要聚焦人工智能最新理论与实践，以经典人工神经网络与支持向量机为基础，以深度学习、强化学习与深度强化学习为核心，以深入浅出、循循善诱与娓娓道来的风格，将深奥的人工智能知识进行了清晰的诠释，使读者能够更好地理解和掌握知识难点，适于教与学。为了提高读者学习效果，每章不仅配备理论讲解视频与 PPT，而且对重点算法结合应用实例配置了程序辅导视频与代码；另外，每章后均附精心设计的习题。

本书结合编者多年从事人工智能科研与教学的经验，强调内容的先进性、系统性与实用性，注重学生分析问题能力与实践创新能力的培养，既可作为普通高等院校本科生与研究生人工智能类课程的教材，也可作为广大科技工作者自学人工智能的参考书。

图书在版编目(CIP)数据

人工智能理论与实践 / 刘树林，张宏利主编.

北京 ：中国石化出版社，2025.4. --（普通高等教育“十四五”规划教材）. --ISBN 978-7-5114-7800-9

Ⅰ. TP18

中国国家版本馆 CIP 数据核字第 2024PW7510 号

中国石化出版社出版发行

地址：北京市东城区安定门外大街 58 号

邮编：100011　电话：(010)57512500

发行部电话：(010)57512575

http://www.sinopec-press.com

E-mail:press@sinopec.com

北京科信印刷有限公司印刷

全国各地新华书店经销

*

787 毫米×1092 毫米 16 开本 14 印张 330 千字

2025 年 4 月第 1 版　2025 年 4 月第 1 次印刷

定价：48.00 元

《人工智能理论与实践》
编委会

前　言
PREFACE

近年来，人工智能理论的深度、解决实际问题的能力与推广应用的水平都得到了前所未有的快速发展，渗透到了社会的方方面面，已成为当代科技工作者的基本技能，特别是以深度学习、强化学习与深度强化学习为核心的人工智能理论，逐渐成为人们身临其境的大语言模型（BERT、ChatGPT、DeepSeek - V3 等）与多模态大模型（GPT -4O、Open AI - O1 与即将发布的 DeepSeek - R1 等）所依赖的基础知识，更是目前高等教育人才培养知识赋能的引擎，几乎所有高等院校都开设了人工智能类课程。教材是体现教学内容与教学方法的重要知识载体，是学生获取知识和培养能力的必要保证。目前，各种人工智能书籍充斥市场，出于对不同读者的考虑，有的侧重点，有的偏重面，有的重视理论，有的强调编程，但具有教学与自学并举、理论与实践并重、先进与实用共存、启发与思考共鸣等特点的立体资源共享的教材非常稀缺，这是作者撰写此书的初衷。

本书结合编者团队多年从事人工智能科研与教学的经验，充分考虑人工智能的最新发展前沿，在内容的选择上重点聚焦深度学习、强化学习与深度强化学习这三大核心，为了保持教学内容的基础性、先进性与完整性，将核心内容的共性基础经典人工神经网络作为开篇章，并将支持向量机这一曾经风靡一时的人工智能方法作为基础部分并入此书。在撰写风格上一直奉行刚刚提到的并举、并重、共存与共鸣的特点；在立体化资源共享方面，每章均配备了理论授课视频、PPT、实践辅导视频、代码与习题等。本书重点与难点突出，以深入浅出、循循善诱与娓娓道来的风格，将深奥的人工智能知识进行了清晰的诠释，既可作为普通高等院校本科生与研究生人工智能类课程的教材，也可作为广大科技工作者自学人工智能的参考书。

人工智能是一个发展迅猛与日新月异的领域，其内容的更新迭代速度非常快，例如本书中最具代表性的 Transformer 模型与 PPO 算法虽然目前是最先进而且正在广泛应用的算法，但随着时间的推移，教材内容将会逐渐落后与陈旧，这是技术发展的必然结果。所以，在本书的撰写与立体资源配置过程中，除了对教学内容的精益求精之外，还强化了逻辑分析、创新方法论、实践能力与科学预测能力的培养，便于读者能够快速地将本书知识与最新发展进行有机融合。本书并不是人工智能的百科全书，其内容选取主要考虑了当代高等教育对人工智能理论与实践的需求，如果读者对于其中某些内容的技术细节与最新发展动态感兴趣，可以进一步参考人工智能领域的专业期刊和专业会议的学术论文。

在本书撰写过程中，除了参考一些重要著作、教材与学术论文等正式出版物之外，还受到了一些视频课程、网上论坛与算法代码等方面内容的启发，在此向从事人工智能研究与传播的学者表示感谢！

由于编者水平有限，书中错误或不当之处在所难免，恳请读者与专家指正。

感谢国家自然科学基金（52075310）对本教材相关内容科研工作的支持；感谢上海大学教学团队项目、教改项目与教材建设项目的支持；感谢中国石化出版社领导、编辑与校对人员对本书给予的大力支持；感谢研究生在图表绘制过程中所付出的努力；同时对以各种方式为本书撰写和出版提供帮助的人们表示感谢。

编　者

2024 年 12 月

目　录
CONTENTS

绪 论

自从 1956 年 AI(Artificial Intelligence)一词诞生以来，人工智能经过多次起落交替，终于赢来了在各行各业的蓬勃发展与广泛应用，已成为当代本科生与研究生需要了解与掌握的基本技能。

在人工智能的发展过程中，逐渐演变为三大学派：符号学派、连接学派与行为学派。符号学派曾经是人工智能的主流学派，该学派以人对客观世界认知的基元为符号，认知过程等同于符号操作过程，这一学派出现最早，研究时间最长，其代表成果主要包括命题逻辑、谓词逻辑、自然演绎推理、可信度推理、模糊推理与粗糙集推理等；连接学派认为人工智能源于对人脑运行机制的模拟，特别是脑神经元的相互连接机制、并行信息处理机制与学习机制等，这一学派自神经元 MP 模型与单层感知机出现以来，历经研究高潮与低谷的反复循环，终于借助 BP 人工神经网络这块基石，结出丰硕果实，其代表成果涵盖卷积神经网络、循环神经网络与 Transformer 模型等；行为学派认为人工智能源于对动物行为的模拟，特别是人的智能行为，它建立在试错学习与行为激励基础之上，其代表成果主要是强化学习，这一学派在发展的初始阶段并未引起广泛的重视，自 AlphaGo 战胜人类围棋冠军那一刻起，强化学习便一举成名。

人工智能三大学派在发展过程中并不是孤立的，它们之间存在相互关联与有机结合，将不同学派进行有效融合取长补短必将成为人工智能的重要发展方向，通过强化学习与深度学习的融合所缔造出的深度强化学习开辟了学派结合的巅峰之作，一跃成为人工智能金字塔的塔尖，为通向具有感知与决策综合能力的通用人工智能带来了一线曙光，这将激励科技工作者在不同学派结合领域开疆扩土，结出更丰硕的成果。

以 BP 人工神经网络为主的经典神经网络作为卷积神经网络(CNN)、循环神经网络(RNN)、长短期记忆神经网络(LSTM)、Transformer 模型与深度强化学习的共性基础，虽然主要成果诞生于 20 世纪 80 年代，但由于后续演变出的成果，至今还在熠熠生辉，所以将其列为本书的开篇，重点介绍 BP 人工神经网络的发展起源、网络结构、激活函数、误差反传训练算法、网络设计方法及其存在的弊端等问题，为后续章节的学习奠定基础。

支持向量机作为一种有别于 BP 人工神经网络而又与之高度相关的人工智能方法，由于其分类准确高效、知识表达明晰及数学形式优美备受关注，曾经超越 BP 人工神经网络而盛极一时，特别是核函数技巧与 SMO 快速算法，给人工智能领域注入了方法论的新思想，为此本书也将其作为基础部分列入第 2 章。

以 BP 神经网络为基础而兴起的深度学习方兴未艾，正在蓬勃发展，深度学习这个大家族中的任何一员都在人工智能发展中占有一席之地。卷积神经网络由于其独特的自动特征提取能力备受关注，打破了传统人工智能中特征提取与智能识别相互分离的局面，实现了特征提取与识别一体化的跨越；RNN 及其替代网络 LSTM，由于具有处理时间序列的优势，在连续动态信息的处理任务中大显身手；Transformer 模型独辟蹊径，将人的注意力机制巧妙地应用于神经网络，通过编码与解码过程，构造出了有别于 RNN 与 LSTM 两者的新的网络形式，已成为当今多模态大模型的基础框架结构。鉴于深度学习在人工智能中的重要地位，本书将其作为一个重要内容列入第 3 ~ 5 章。

几乎在悄无声息中发展壮大的强化学习，以其高超的决策能力备受青睐，它与深度学习并驾齐驱，形成了人工智能的双塔，深度学习重在感知，强化学习重在决策，深度学习重在结构，强化学习重在道理。正是强化学习重在道理，它具有更深邃的内涵与思想性，因此自学起来有很大难度，经常出现似是而非、似懂非懂的状态，有时觉得很明白的知识，当进行深究时又顿感模糊，学习强化学习困难的根本原因在于对其深刻的内涵、随机现象的处理及丰富的概念体系缺乏透彻理解。为此，本书将强化学习作为核心内容列入第 6 章，在内容的编写过程中，特别注重概念的理解、道理的诠释与全章的有机联系等的清晰表述，透视强化学习深奥的思想本质，达到知其然，知其所以然。

以深度学习与强化学习双塔为基础，所建造起来的金字塔的塔尖就是深度强化学习，它融合了深度学习的感知能力与强化学习的决策能力，是通向感知与决策一体化的通用人工智能的可行路径，是目前人工智能领域所热捧的方向，关注的学者如云，成果层出不穷，每项重要成果都在人工智能发展路径中留下了浓墨重彩的一笔。深度强化学习的典型成果包括：DQN、随机策略梯度 Actor - critic 架构、A2C、DDPG、随机高斯策略方法、TRPO 与 PPO 等，其中 PPO 算法与 Transformer 模型地位相似，同样是支撑多模态大模型的核心算法。只要扎实地掌握了深度学习与强化学习的基础理论，在学习深度强化学习时就会游刃有余、得心应手，但是一定要清楚，深度学习与强化学习都是沿着自己独特的路径单独发展而来，将两者进行结合，必然出现不适应期与磨合期，有很多问题需要解决。在学习深度强化学习时，只要把握住深度强化学习面临的众多问题几乎都是深度学习与强化学习的磨合问题这一关键点，对其难点的学习将会迎刃而解。本书将此部分内容作为收官之章，也彰显了深度强化学习理论的重要地位。

理论与实践相结合是人工智能学习的必由之路，也是本书撰写的宗旨，为此本书专门增加了结合具体应用实例的程序讲解内容，实例讲解包括 9 个视频：编程环境安装、BP 神经网络实践、支持向量机实践、卷积神经网络实践、长短期记忆神经网络实践、Transformer 模型实践、Q - Learning 实践、DQN 实践与 PPO 实践，这些实践实例紧密结合本书最重要算法的应用进行讲解辅导，并不能包罗万象，读者需要举一反三。针对那些对于算法编程非常感兴趣的读者，本书实践能够起到抛砖引玉的作用，对于更广泛深入的算法编程学习需要参考专门的算法编程教程和相关的视频指导课程。

随着信息传播技术的多样化，知识获取的方式在逐渐发生变化，应该发挥各种知识获取途径的优势，为了达到此目的，本书提供了立体化教学资源，也是本书的又一特色。全书理论部分的讲解共录制了 37 个视频，每个视频都与书中正文部分相对应，通过扫码方式可即时观看理论视频教学。同时，与视频部分同步，提供了相应内容的 PPT 下载网址。针对实践环节的 9 个视频，也提供了扫码即得的程序辅导内容，并提供了代码下载网址。书中每章之后都提供了习题，便于读者在学习之余进行独立思考与深化，提升分析问题与解决问题能力。

人工智能发展日新月异，研究与应用领域不断深化，涉及问题求解、专家系统、目标检测、自动定理证明、自动程序设计、自然语言处理、智能机器人、无人系统、智能检索与智能游戏等。首先以围棋游戏为例，2016 年依靠深度强化学习与蒙特卡洛树搜索为核心算法的 AlphaGo 一战成名，用 3 个月的训练时间超越了人类 30 年的学棋历程；2017 年，AlphaGo Zero 问世，根本不依赖人类的围棋知识，自己从零开始依靠互博自学，仅用 3 天的训练时间就历经了人类围棋 3000 年的时光，完胜经过人类知识训练的 AlphaGo；2018 年在 AlphaGo Zero 基础上问世的 AlphaZero，不仅能下围棋，还能玩其他游戏，几无对手；2020 年问世的 MuZero 甚至不需要知道游戏规则也能玩游戏。再以多模态大模型为例，借助 2017 年诞生的 Transformer 模型这一框架结构，2018 年产生了 GPT－1 与 BERT；2019 年产生了 GPT－2 与 T5；2020 年产生了 GPT－3；2021 年产生了 FLAN；2022 年产生了 ChatGPT；2023 年产生了 LLaMA、LLaVA 与 GPT－4；2024 年产生了 GPT－4O、OpenAI－O1 与 DeepSeek－V3。以 Transformer 深度学习架构为起点，不断融入强化学习，在 7 年之内逐渐由语言单模态处理发展为能够融合处理文本、图像、音频和视频等的多模态大语言模型，在文文互生、文图互生、文音互生、文视互生与文生 3D 等领域显示出巨大潜力，大大延伸了人类的听、说、读、写、看、搜、查、思、想的能力，为通向通用人工智能闯出了一条可行路径。以上两个实例说明，人工智能在很多领域可以创造奇迹，目前提倡的人工智能＋与 AI For Science 正体现了人工智能研究与应用的重要性。

虽然研究与应用领域类型多样，新理论与新方法也在不断涌现，但只要读者掌握了人工智能的核心基础理论、代码编程思路与解决问题的方法，就能适应不断变化的知识更新与日益变化的应用需求，希望本书能为读者学习人工智能带来有益帮助与启迪。

第1章　经典人工神经网络

经典人工神经网络在人工智能领域发挥着非常重要的作用，目前备受关注的卷积神经网络、循环神经网络、长短期记忆神经网络、Transformer 模型与深度强化学习等都是在经典人工神经网络基础上发展而来的，它是人工智能连接学派的鼻祖。因此，只有掌握好经典人工神经网络这一重要思想，才能进一步理解和学习现今流行的各种深度学习网络结构。为此，本书第 1 章首先从生物神经网络的基本机理来剖析人工神经网络的起源，之后引出最简单的人工神经元来抽象和模拟生物神经元。在此基础上，通过单层感知机、多层感知机以及如何进行误差反传训练等进行经典神经网络核心内容的讲述，让大家清晰了解经典人工神经网络的来龙去脉与分析解决问题的方法，为后续的深度学习奠定基础。

1.1　生物神经网络基本机理

人工神经网络是在借鉴生物神经网络机理基础上发展而来的，为了透彻理解人工神经网络的产生背景，就必须首先从生物神经网络的机理学习开始，特别是人类大脑的神经网络系统。

人类的大脑主要由生物神经元构成，大概包含 1.4×10^{11} 个生物神经元，每个生物神经元又与 $10^{3}\sim10^{5}$ 个其他生物神经元相连接，从而构成一个极为庞大而复杂的网络，即生物神经网络。所以，人们在模拟生物神经元时很快就想到首先要构造人工神经元，然后通过模拟生物神经网络的结构来构造人工神经网络。为此，本节将从生物神经元的结构与功能开始讲述，让大家了解人工神经网络思想的来源以及为什么会形成如今的网络结构。

1.1.1　生物神经元结构

生物神经元既是脑神经的基本结构单元，也是基本功能单元，图 1－1 所示为一个典型的单个生物神经元结构示意。

生物神经元主要由细胞体、树突、轴突及突触组成。

细胞体在图 1－1 中就是细胞核的位置，它由细胞核、细胞质以及细胞膜组成，但由于细胞质和细胞膜比较小，一般认为细胞核就是细胞体。细胞体其实相当于一个计算机CPU，所有信息处理都在这里完成。细胞体上长着成千上万的爪，称为树突。每个神经元都有很多树突，它相当于生物神经元的输入端。在图1－1中可以看到一个又细又长的尾巴，称为轴突，该轴突相当于这个生物神经元的输出端，它和多个其他生物神经元相连。两个生物神经元相连是指一个生物神经元的轴突和另一个生物神经元的树突相连，这种轴突和树突相接触的地方称为突触。突触是两个生物神经元信息的接口，一个生物神经元通过轴突传出信息，另一个生物神经元通过树突输入信息，然后互相连在一起。注意：任何一个生物神经元都是多输入单输出的信息处理单元，单输出是指这个神经元传给其他神经元的信息保持一致，并不是只传输给一个神经元。

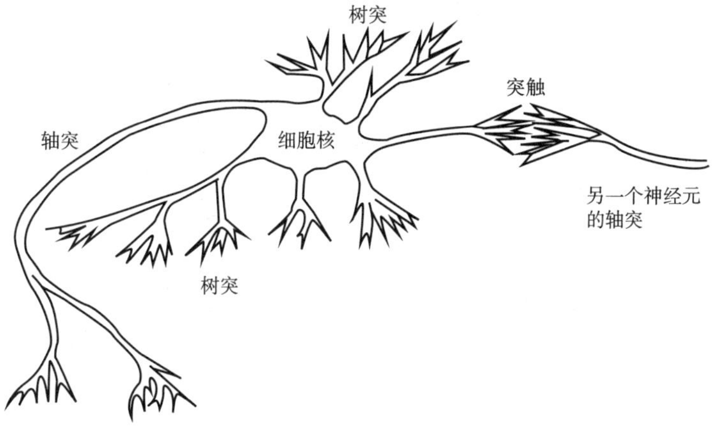

图1－1 单个生物神经元结构示意

1.1.2 生物神经元信息的传递与接收

图1－2所示为两个生物神经元相互连接的结构示意，该图左下角是两个生物神经元轴突和树突相连接的突触放大图。从该放大图中可以看到，上面的轴突将一个生物神经元的信息进行输出；下面的另一个生物神经元的树突将上一个生物神经元的信息进行接收，然后输入该生物神经元中。两个神经元相互连接的突触之间存在缝隙，不是完全接触，缝隙为15～50nm。细胞体具有内外膜电压，内部带有负离子电压，外部带有正离子电压。当一个生物神经元轴突传递的信息与另一个生物神经元的树突接触时，接收信息的细胞体会释放一些化学物质，这种化学物质会改变这个突触中的细胞膜通透性，使得细胞体内的正负离子可以自由进出，每一个轴突传递的信息都会影响信息接收神经元细胞膜电位(膜电压)的变化。这种增大的电位就称为激励，减小的电位就称为抑制，所有的生物神经元对另一个生物神经元作用时都具有激励或者抑制效果。

突触记忆着两个生物神经元相互连接的强度，它可以通过不断的学习使这个连接强度的耦合关系发生改变。一个生物神经元连接强度的改变从微观上并不会感觉到什么变化，当成千上万的连接强度发生改变时，则整个生物神经网络就会发生翻天覆地的变化，这说明突触具有可塑性。就像一个刚出生的婴儿，它的突触是一种特有模式，当通过后天的不断学习，即不同的生物神经元不断激励或者抑制突触，突触的连接强度就会发生变化(耦合强度会发生改变)。神经元学习到的知识也都存储在这些突触的地方，它是经典人工神经网络调整权值方法的思想源泉，也奠定了今天人工神经网络算法的理论基础。

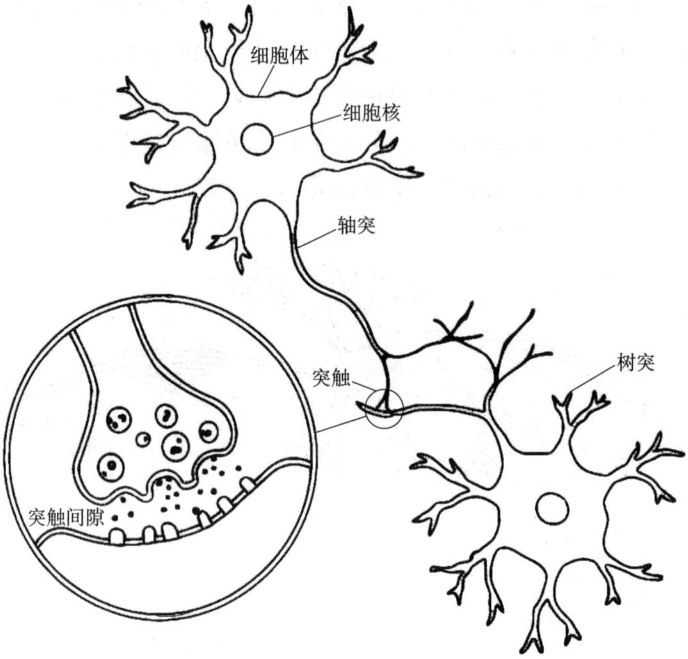

图1－2　两个生物神经元相互连接的结构示意

1.1.3　生物神经元信息的整合

在同一个时刻，一个生物神经元会接收到成千上万个其他生物神经元轴突的信息输入，而这些信息的输入将引起该生物神经元膜电位的变化。这种膜电位的变化主要分为两种：

(1)当成千上万的生物神经元和某个生物神经元相连接时，有的生物神经元会使这个生物神经元的膜电位降低，有的生物神经元会使这个生物神经元的膜电位升高，这种同一时刻产生刺激所引起的膜电位变化，大致等于各单独刺激引起的膜电位变化代数和，这一过程被称为空间整合；

(2)不同生物神经元引起膜电位变化肯定有先后关系，那么这个生物神经元总膜电位变化应该是一段时间内各个生物神经元引起膜电位变化的积分或者累积，这一过程称为时间整合。

生物神经元的动作过程如图1－3所示。

图1－3(a)中箭头表示其他生物神经元传递来的信息，它是由其他生物神经元的轴突接触到该生物神经元的树突之后形成的信息输入，图中两个生物神经元轴突和树突接触的

地方称为突触。通过这个突触，信息就传输进来。当然，通过这个突触有的会使该生物神经元的膜电位升高，有的会使该生物神经元的膜电位降低，而最终膜电位的大小取决于空间整合和时间整合的综合结果。如图 1－3(b)所示，当所有生物神经元的信息都传输进来时，通过时间整合和空间整合后的最终膜电位就确定下来了。当这个膜电位的值超过某个阈值时[图 1－3(c)]，它通过脉冲的方式输出，然后这个生物神经元的所有轴突的末梢神经又去寻找其他生物神经元的树突进行信息传递[图 1－3(d)]。注意：虽然轴突的末梢神经有很多，但其输出脉冲均相同。

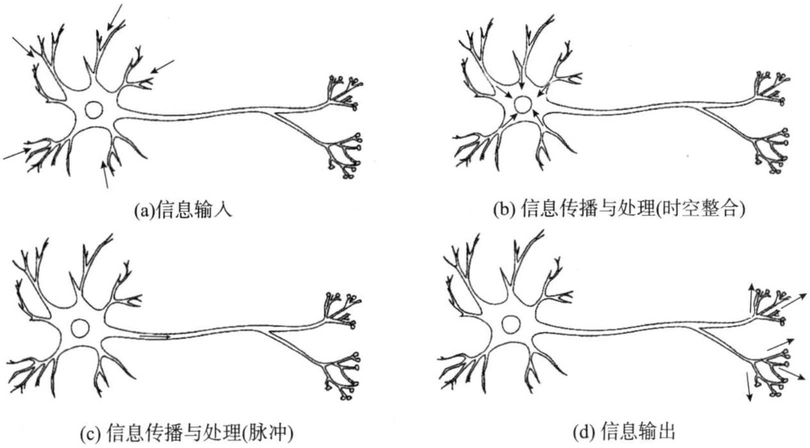

图 1－3　生物神经元的动作过程

生物神经元刚开始处于一种静息状态(休息状态)，如图 1－4 所示横线的静止膜电位。当对输入进行空间整合和时间整合后，生物神经元的膜电位如果超过图 1－4 中的阈值电位，则该生物神经元就会发出一个脉冲，只有发出脉冲之后轴突才能传递信息到其他生物神经元，该脉冲的宽度约为 1ms，幅值约为 100mV。产生这样一个脉冲后，这个生物神经元就会休息一段时间(不应期)，然后再进行后续信息处理。

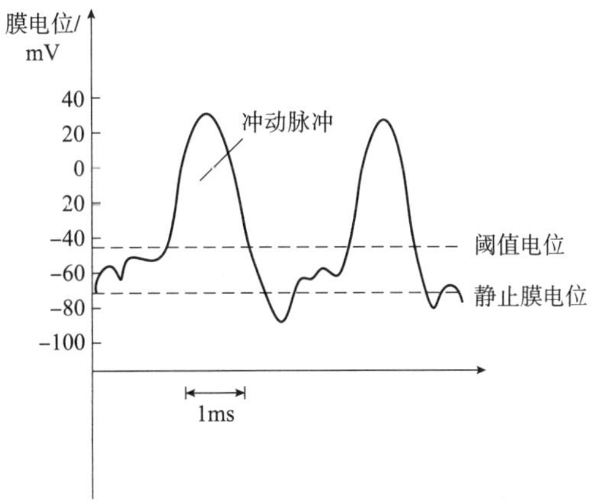

图 1－4　膜电位变化

1.1.4 生物神经网络

由多个生物神经元以确定方式和拓扑结构相互连接形成生物神经网络。这样使得生物神经网络的功能并不是单个生物神经元信息处理功能的简单叠加，而是由其所有生物神经元的复杂非线性相互作用和拓扑结构的特性共同决定的。各个生物神经元之间通过训练或学习来改变彼此之间的连接强度，将会使得生物神经网络能够适应不断变化的外部环境。

通过研究生物神经网络，人们能够更好地理解神经信号传递和细胞间通信的不同类型，这对于模拟生物系统的功能和行为至关重要。同时，通过探索生物神经网络在不同时间和空间的特性，有助于理解神经回路在学习和记忆中的作用，为人工智能和生物学的发展提供理论基础，从而建立更加准确、高效、智能和可靠的人工神经网络模型，设计相应的学习算法，模拟人脑的智能活动，以解决实际问题，使其在不同的应用领域发挥更加广泛和深远的作用。

视频简介

本视频主要讲解生物神经网络的生物神经元结构、生物神经元信息的传递与接收、生物神经元信息的整合、生物神经连接，观看以上内容讲解视频请扫描二维码。

1.2 人工神经元

为了模拟生物神经元的生物过程，反映人脑某些特性的计算结构，美国心理学家 McCulloch W. 和数理逻辑学家 Pitts W. 基于生物神经元的特点，将生物神经元处理过程进行了简化和归纳，提出了人工神经元这一理念。它并非人脑神经系统的真实描述，只是人脑的某种抽象、简化和模拟，并用符号语言以及数学模型予以描述和表达。

1.2.1 人工神经元的符号描述

根据生物神经元具有连续性膜电位、突触可塑性以及时空整合的特点，McCulloch W. 和 Pitts W. 提出用语言描述的 6 点假设，这就是著名的 M－P 模型，也是最早的人工神经元模型。其 6 点假设如下：

(1) 每个神经元都是一个多输入单输出的信息处理单元；

(2) 神经元输入分为兴奋性输入和抑制性输入两种类型；

(3) 神经元具有空间整合特性和阈值特性；

(4) 神经元输入与输出间有固定的时滞，主要取决于突触延搁；

(5)忽略时间整合作用和不应期；

(6)神经元本身在无外界干扰下处于非时变状态，其突触时延和突触强度均为常数。

基于以上6点假设，人们建立了如图1-5所示的人工神经元在各种不同情况下的符号描述。图1-5(a)所示为第j个人工神经元的多输入单输出情况，它就是6点假设中的第一种情形，其中圆圈代表神经元中的细胞体，输入x_1，x_2，…，x_i，…，x_n表示有多个神经元信息输入该生物神经元中，而输出为o_j表示该神经元只有一个轴突输出。任何一个神经元和另一个神经元进行连接时不是短路连接，它们之间存在突触强度。如图1-5(b)所示，每个输入神经元的轴突和该第j个神经元的树突之间结合突触的连接强度或者耦合强度，一般数学上处理这种问题用权值表示，所以在图1-5(b)中用w_{ij}来表示输入神经元x_i作用情况或者占多大分量。另外，为了表示神经元具有的空间整合能力，形成了图1-5(c)的加权求和$\sum$方式，这样时空整合就变成所有输入神经元乘以权值后的线性相加。经过时空整合后，当这个整合的值超过某个阈值时，该人工神经元就会发出一个脉冲，这样轴突就可以传递信息，从而人工神经元就具有阈值特性。在人工神经元具有阈值特性的过程中，从图1-4的膜电位变化可知，神经元输出的脉冲并不为线性，而是一个随时间变化的非线性过程。为此，在进行实际的人工神经元输出模拟过程中，还需要将整合后超出阈值的数值进行非线性化，这个非线性化在人工神经元中则通过一个激活函数实现，即以图1-5(d)中的f来表示，通过该函数就可以输出该人工神经元的输出值o_j。

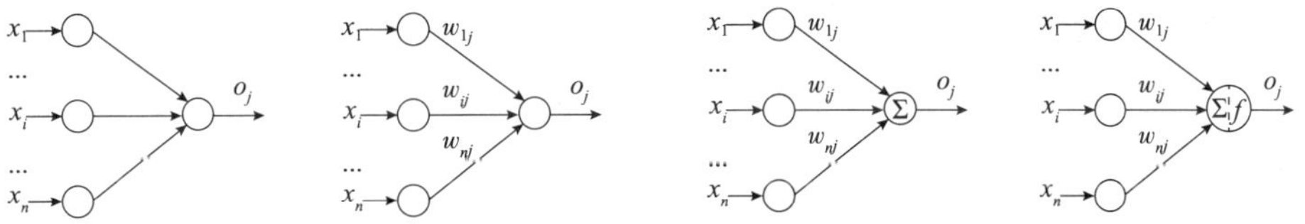

图1-5　人工神经元符号描述

由此，形成了表1-1所示的生物神经元和人工神经元的对照。

表1-1　生物神经元和人工神经元的对照

生物神经元	神经元	输入	突触强度	输出	时空整合	膜电位
人工神经元	j	x_i	w_{ij}	o_j	$\sum$	$\sum_{i=1}^{n} w_{ij}x_i$

注意：激活函数产生的非线性过程非常重要，是神经网络处理复杂信息的关键所在，如果将这一过程改为线性，神经网络将会变得几乎无任何价值。

1.2.2　人工神经元的数学模型

将人工神经元用数学表达式的形式表示，t时刻的第j个人工神经元输出$o_j(t)$的一般数学表达式为：

$$o_j(t) = f\left\{ \left[\sum_{i=1}^{n} w_{ij} x_i (t - \tau_{ij}) \right] - T_j \right\} \tag{1-1}$$

式中 τ_{ij}——输入输出间的突触时延；

w_{ij}——神经元 i 到 j 的突触强度或连接权值；

T_j——神经元 j 的阈值(或偏置)；

$f()$——神经元的激活函数。

式(1-1)完整地反映了人工神经元的6点假设与符号表示的全部内涵。

为了简化式(1-1)，将突触时延 τ_{ij} 设置为1，则式(1-1)可以表示为：

$$o_j(t+1) = f\left\{ \left[\sum_{i=1}^{n} w_{ij} x_i (t) \right] - T_j \right\} \tag{1-2}$$

为了便于记忆，式(1-2)中的累加和可以表示为：

$$net'_j(t) = \sum_{i=1}^{n} w_{ij} x_i (t) \tag{1-3}$$

假设 $X = (x_1, x_2, \cdots, x_n)^{\mathrm{T}}$，$W_j = (w_{1j}, w_{2j}, \cdots, w_{nj})^{\mathrm{T}}$，则式(1-3)可以表示为：

$$net'_j = W_j^{\mathrm{T}} X \tag{1-4}$$

如果将阈值看作一个特殊的权值 w_0，令 $x_0 = -1$，$w_0 = T_j$，则有 $-T_j = x_0 w_0$。则式(1-3)可得到进一步简化为：

$$net'_j - T_j = net_j = \sum_{i=0}^{n} w_{ij} x_i = W_j^{\mathrm{T}} X \tag{1-5}$$

则人工神经元更为一般的数学表达式可以表示为：

$$o_j = f(net_j) = f(W_j^{\mathrm{T}} X) \tag{1-6}$$

1.2.3 人工神经元的激活函数

为了描述人工神经元的非线性变换这一关键环节，在数学上一般采用一种称为激活函数的处理方法。激活函数的选择将影响神经元处理复杂信息的过程，从而使得神经元具有不同的信息处理能力。前面讲述的生物神经元在工作时具有激励和抑制两种状态的跳变，那么人工神经元理想的激活函数就应该像图1-6所示的sign函数(符号函数)，该sign函数的数学公式为：

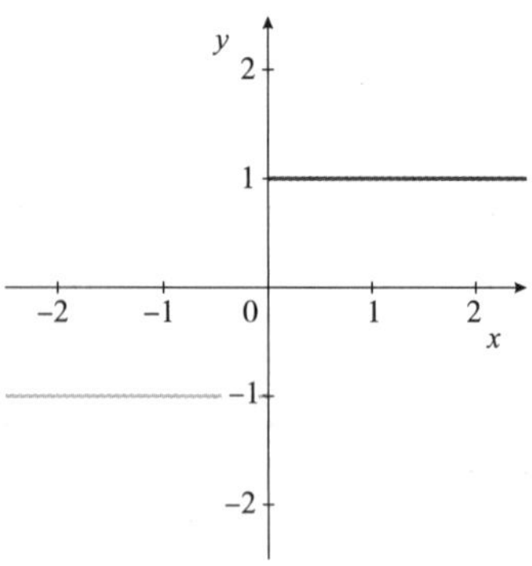

图1-6 sign函数

$$\mathrm{sign}(x) = \begin{cases} +1 & x > 0 \\ 0 & x = 0 \\ -1 & x < 0 \end{cases} \tag{1-7}$$

但在实际使用中，sign函数具有不光滑、不连续等众多不“友好”的特性。为什么不“友好”呢？因为在后面讲述误差反传训练算法调整权值时，需要对该激活函数求偏导，但不光滑和不连续的曲线无法“连续可导”。因此在实际使用中，常常用sigmoid函数来代替sign函数，其sigmoid函数的数学公式为：

$$f(x) = \frac{1}{1 + e^{-x}} \tag{1-8}$$

导数为：

$$f'(x) = \frac{e^{-x}}{(1 + e^{-x})^2} = f(x)[1 - f(x)]$$

曲线(图1-7)为：

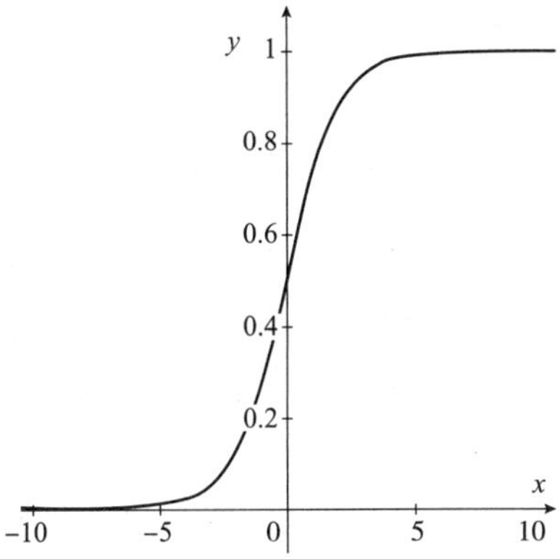

图1-7　sigmoid 函数曲线

通过该激活函数的曲线图可知：该激活函数将较大变化范围内的输入值挤压输出到[0，1]范围内，这非常适合概率性的分类问题，且其导数是一个固定的函数表达式，这使得在进行后面讲述的误差反传训练算法调整权值时可以用固定的函数表达式进行调整，极大地减少了计算的时间。

由图1-7可知：当输入值 x 较大或者较小时，该函数输出趋近于0或1，其导数接近于0。当使用该激活函数神经元进行级联时，若采用误差反传训练算法调整权值，则接近于0的导数相乘结果会更加接近于0。比如，sigmoid 函数的导数最大值为0.25，说明导数在每一层至少会被压缩为原来的1/4，通过两层后被变为1/16，…，通过10层后为1/1048576，这种情况就是后续内容要讲到的梯度消失问题。梯度一旦消失，网络权值参数很难得到有效调整。正是基于上述的缺点，该函数近年来使用频率在逐渐减少。

为了改变 sigmoid 函数输出范围的缺陷，人们找到了输出范围在[-1，1]之间的 tanh 激活函数。它的输出具有零均值，这说明它在通过神经网络层传播时可以更好地归一化数据(均值为0)，该 tanh 函数的数学公式为：

$$f(x) = \frac{e^x - e^{-x}}{e^x + e^{-x}} \tag{1-9}$$

其导数为：

$$f'(x) = 1 - \left(\frac{e^x - e^{-x}}{e^x + e^{-x}}\right)^2$$

同时它的曲线(图1-8)为：

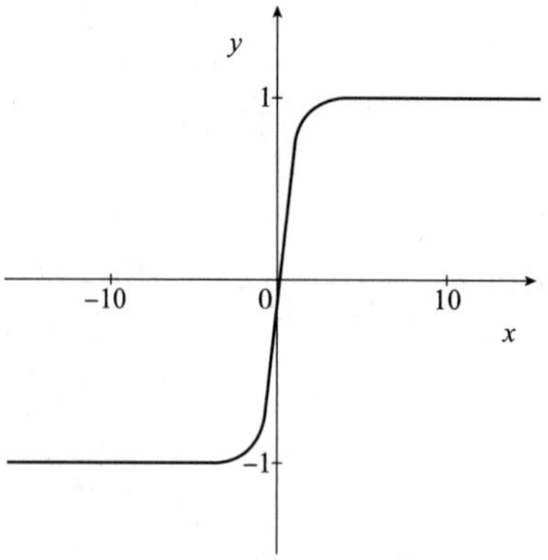

图 1－8　tanh 函数曲线

由于该激活函数的输出范围在[－1，1]之间，当输入值较大或较小时，其导数值也会接近于 0，这就像 sigmoid 函数一样，该激活函数向下传导的过程中如果涉及多个神经元的级联，则权值调整时也会遇到多个小数相乘，导致其结果接近于 0，从而梯度消失问题再次出现，其神经网络权值参数很难得到有效调整。

由于 sigmoid 函数和 tanh 函数容易出现梯度消失问题，ReLU 激活函数随之产生。该激活函数的求导在输入值大于 0 时，其导数始终为 1，这使得在使用该激活函数调整权值时计算简单，且极大程度降低梯度消失问题。该 ReLU 函数的数学表达式为：

$$f(x)=\begin{cases}x & x>0\\0 & x\leqslant 0\end{cases}\tag{1-10}$$

其导数为：

$$f'(x)=\begin{cases}1 & x>0\\0 & x\leqslant 0\end{cases}$$

同时它的曲线(图 1－9)为：

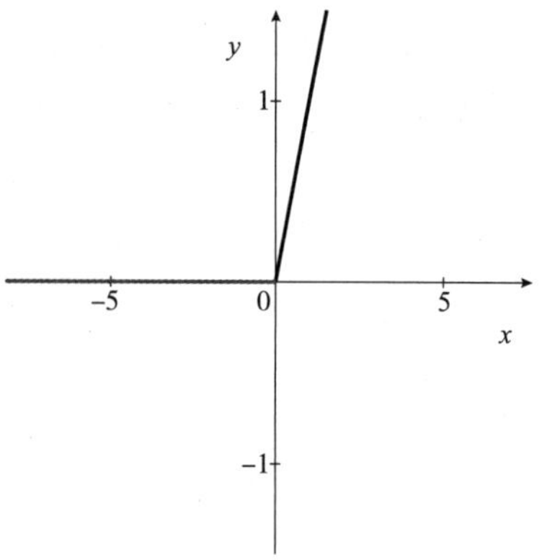

图 1－9　ReLU 函数曲线

由于该函数输出不是以 0 为中心，这会导致后一层的神经元将以非 0 均值的信号作为输入，随着网络结构层数的加深，将会改变输入信号的原始分布。另外，该函数在输入信号小于0时，输出的值全部为0，使得其在进行权值调整时，如果输入信号为负数，由于其导数为0，使得该神经元不会被激活，即神经元将“死亡”，其神经元将失去原有的作用。

为了弥补 ReLU 函数在神经网络结构中可能使神经元“死亡”问题的缺陷，出现了 Leaky ReLU 激活函数。该函数不像 ReLU 函数将输入信号小于0的输出全部输出为0，而是给所有输入信号小于0的输出赋予一个非零斜率 α。该 α 的值选择不宜过大，因为太大的斜率可能会导致后续要讲到的梯度爆炸问题出现，即梯度计算的绝对值会变得非常大，训练过程变得不稳定。因此，常见的做法是选择一个较小但非0的斜率值，如0.01。这个小斜率可以确保负数区间上的激活，避免“死亡”神经元的出现，同时又能使该激活函数进行权值调整时，保证梯度的可控性和稳定性。其数学公式为：

$$f(x)=\begin{cases}x & x>0\\ \alpha x & x\leqslant 0\end{cases} \tag{1-11}$$

其导数为：

$$f'(x)=\begin{cases}1 & x>0\\ \alpha & x\leqslant 0\end{cases}$$

同时它的曲线(图1-10)为：

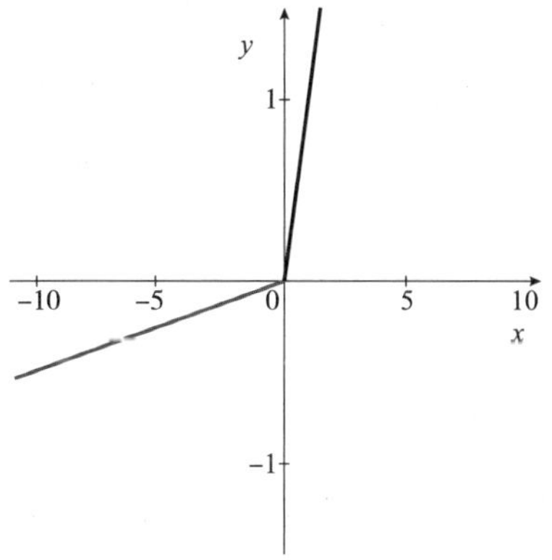

图1-10　Leaky ReLU 函数曲线

在很多场景中会出现多种分类问题，即针对一些输入，经过该激活函数后期望能对每个输出分类的结果都赋予一个概率值，表示这个输入属于每个类别的可能性。前面介绍的激活函数都不具有这种功能，这时出现了 softmax 激活函数。一般地，在后面讲述的多层人工神经网络中，网络的倒数第二层会输出一组数字，如果不将这组数字适当缩放，那么这组数字将难以使用和理解，这时使用 softmax 激活函数可以将倒数第二层输出的实值向量转换为归一化的概率分布，向用户显示或用作其他系统的输入。基于此，在后面讲述的很多人工神经网络中，通常会附加一个 softmax 激活函数作用于最后一层作为网络的输出层。其数学表达式为：

$$y_i=\frac{e^{x_i}}{\sum_{j=1}^{K}e^{x_j}} \tag{1-12}$$

式中，所有 x_i 值都是最后一层神经元输入信号的元素，可以是任何实数值；K 为输出层神经元的个数，即分类的类别。式(1－12)是第 i 个输出层神经元的输出 y_i，其中分子是输入信号 x_i 的指数函数，分母是所有输入信号的指数函数的和。通过该函数可以将多分类的输出值转换为范围为(0，1)且累加和为 1 的概率分布。

以上介绍了激活函数的演变过程，但并不是说较早出现的激活函数不再使用，实际上激活函数的选择既要考虑激活函数本身的特性，还要考虑实际的应用要求，具有较大的灵活性。

1.3 单层感知机

最早提出的人工神经网络通常称为单层感知机。感知机从其名称上可知："感"就是感受，必然要输入；"知"就是知道，一定有输出。所有感知机其实可以理解为对输入进行处理，得到并输出处理结果的机器。例如：一个人朝你走来，人的五官信息作为输入被你的眼睛感受到，然后大脑经过分析与处理，得到一些常识性的认识。在这个过程中，大脑其实扮演的就是感知机的角色。虽然相对于现在的深度学习，其表达能力有限，但其对于理解后面以神经网络为基础的卷积神经网络、循环神经网络、LSTM 神经网络、Transformer 模型和深度强化学习等有重要的参考价值。单层感知机的基本架构由一层能够处理信息的人工神经元构成，每个神经元的基本功能与 M－P 人工神经元相同。

1.3.1 单层感知机的表达

1.3.1.1 单层感知机的符号表达

单层感知机即只有一层处理单元的感知机，如果输入层包括在内，即为两层。图 1－11 所示为单层感知机的符号表达(或拓扑结构)。

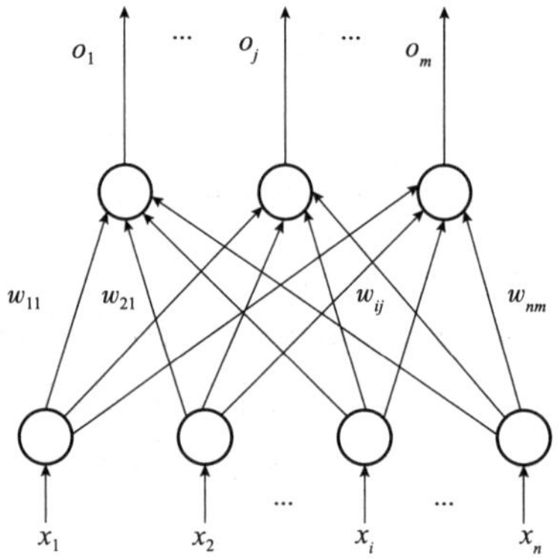

图 1－11　单层感知机的符号表达

图1－11中输入层神经元的输入分别为 x_1，x_2，…，x_i，…，x_n，输入神经元只负责引入外部信息，其本身并没有信息处理能力；输出层神经元既具有信息处理的能力，又能够向外部输出处理信息 o_1，o_2，…，o_j，…，o_m。由图1－11可知：由于输入层神经元以及输出层神经元的个数已知，则单层感知机的所有层神经元个数是确定值，但权值 w_{11}，w_{21}，…，w_{ij}，…，w_{nm}是不确定的人工神经网络结构。

1.3.1.2　单层感知机的数学表达

为了将单层感知机的符号描述或拓扑结构用数学的形式进行表达，将图1－11中的输入信息、权值与输出信息写成向量的形式为：

$$\boldsymbol{X}=(x_1,\ x_2,\ \cdots,\ x_i,\ \cdots,\ x_n)^{\mathrm{T}},\ O=(o_1,\ o_2,\ \cdots,\ o_j,\ \cdots,\ o_m)^{\mathrm{T}}$$

$\boldsymbol{W}_j=(w_{1j},\ w_{2j},\ \cdots,\ w_{ij},\ \cdots,\ w_{nj})^{\mathrm{T}}$，其中 $j=1,\ 2,\ \cdots,\ m$

则图1－11中输出神经元的输入为：$net'_j=\sum_{i=1}^{n}w_{ij}x_i$，其中 $j=1,\ 2,\ \cdots,\ m$。

其向量形式的输入为：$net'_j=W_j^{\mathrm{T}}X$，$j=1,\ 2,\ \cdots,\ m$。

假设该单层感知机的激活函数为sign函数，且 $x_0=-1$，$w_0=T_j$，则有 $-T_j=x_0w_0$，其输出为：

$$o_j=\mathrm{sign}(net'_j-T_j)=\mathrm{sign}\left(\sum_{i=0}^{n}w_{ij}x_i\right)=\mathrm{sign}(W_j^{\mathrm{T}}X) \tag{1-13}$$

式中，$j=1,\ 2,\ \cdots,\ m$。

为了使该感知机的输出与期望的输出之差尽可能接近于0，需要不断调整权值向量 $\boldsymbol{W}_j$ 来尽可能使该感知机的输出 o_j 逼近期望的输出。

实际上，只要弄明白单个人工神经元的数学表达，单层感知机的数学表达就会一目了然。

视频简介

本视频主要讲解人工神经元的各种表达方法、常用激活函数、单层感知机的符号描述与单层感知机的数学表达（部分），观看以上内容讲解视频请扫描二维码。

1.3.1.3　单层感知机的功能

单层感知机的输出层可以包含很多神经元，首先需要研究输出层只有一个神经元时，感知机能做什么事情，这也是最简单的单层感知机。

（1）两个输入信息的单神经元感知机

设两个输入信息的向量为：$\boldsymbol{X}=(x_1,\ x_2)^{\mathrm{T}}$，其拓扑结构如图1－12所示。

设其激活函数为 sign 函数，则其输出为：

$$o_j = \begin{cases} 1 & w_{1j}x_1 + w_{2j}x_2 - T_j > 0 \\ -1 & w_{1j}x_1 + w_{2j}x_2 - T_j < 0 \end{cases}$$

从其输出的二维平面图(图 1－13)可知：由方程 $w_{1j}x_1 + w_{2j}x_2 - T_j = 0$ 可以确定二维平面上的一条分界线。

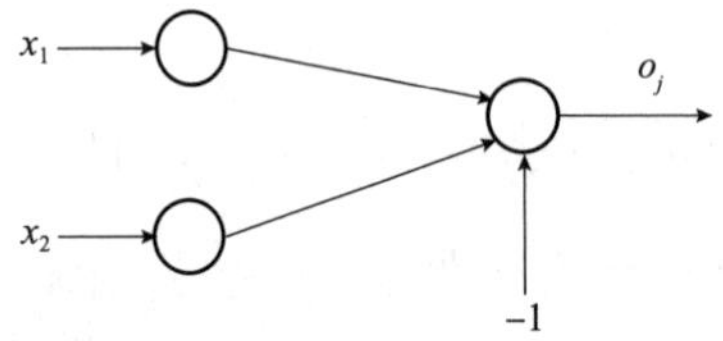

图 1－12　两输入单神经元感知机拓扑结构

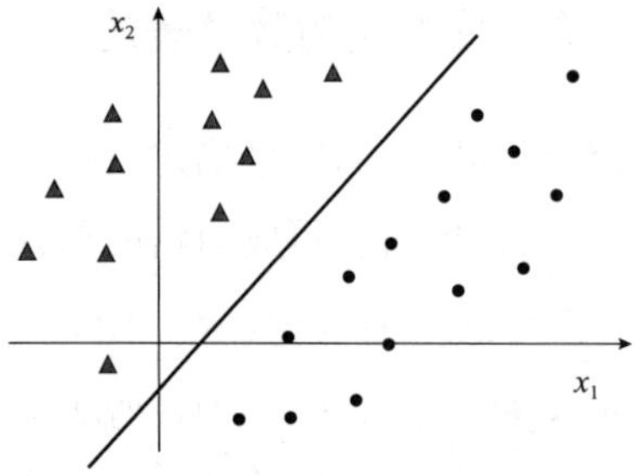

图 1－13　二维平面分界线

(2)三个输入信息的单神经元感知机

设三个输入信息的向量为：$\boldsymbol{X} = (x_1, x_2, x_3)^{\mathrm{T}}$，其拓扑结构如图 1－14 所示。

设其激活函数为 sign 函数，则其输出为：

$$o_j = \begin{cases} 1 & w_{1j}x_1 + w_{2j}x_2 + w_{3j}x_3 - T_j > 0 \\ -1 & w_{1j}x_1 + w_{2j}x_2 + w_{3j}x_3 - T_j < 0 \end{cases}$$

从其三维空间的输出(图 1－15)可知：由方程 $w_{1j}x_1 + w_{2j}x_2 + w_{3j}x_3 - T_j = 0$ 可以确定三维空间上的一个分界平面。

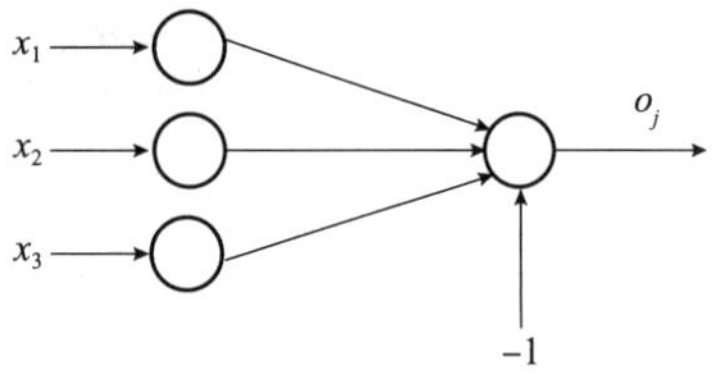

图 1－14　三输入单神经元感知机拓扑结构

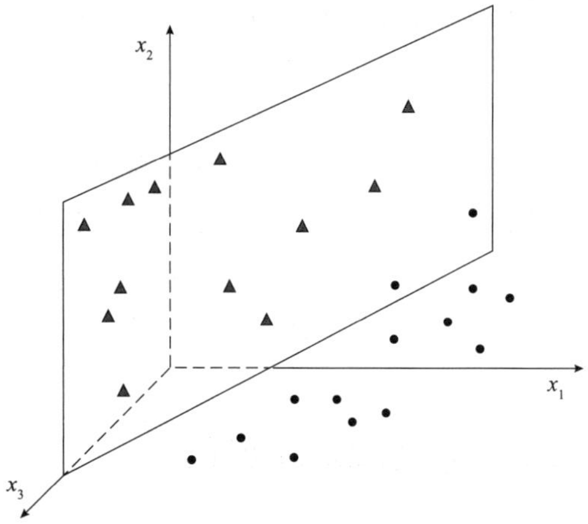

图 1－15　三维空间分界平面

(3)多输入信息的单神经元感知机

设多输入信息的向量为：$\boldsymbol{X} = (x_1, x_2, \cdots, x_n)^{\mathrm{T}}$，其拓扑结构如图 1－16 所示。

设其激活函数为 sign 函数，则其输出为：

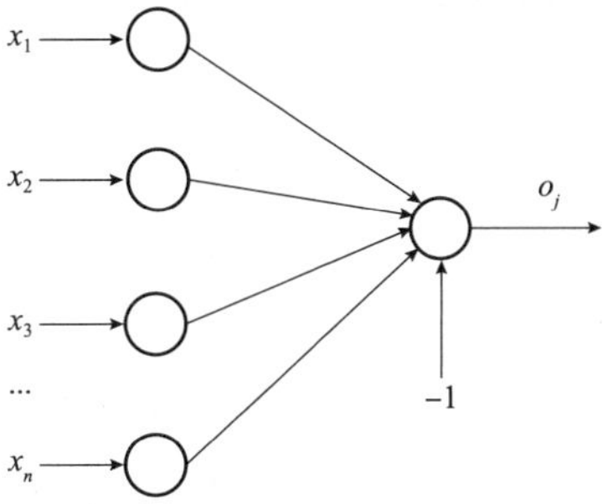

图 1－16　多输入单神经元感知机拓扑结构

$$o_j=\begin{cases}1 & w_{1j}x_1+w_{2j}x_2+\cdots+w_{nj}x_n-T_j>0\\ -1 & w_{1j}x_1+w_{2j}x_2+\cdots+w_{nj}x_n-T_j<0\end{cases}$$

从其 n 维空间输出图可知：由方程 $w_{1j}x_1+w_{2j}x_2+\cdots+w_{nj}x_n-T_j=0$ 可以确定 n 维空间上的一个分界超平面。

通过前面两个输入信息、三个输入信息以及多个输入信息输入单神经元感知机可知：最简单的单神经元感知机具有分类功能，其分类原理是将分类知识存储于感知机的权值向量(包含阈值)中，然后由权值向量确定分类判决界面将输入模式分为两类。

1.3.2　单层感知机的训练算法及实例

为了确定式(1－13)中的权值参数，美国学者 Frank R. 首次定义了一个具有单层感知机的学习规则，其中 r 为单层感知机中的神经元期望输出与实际输出之差：

$$r=d_j-o_j \tag{1-14}$$

式中　d_j——期望的输出；$o_j=\text{sign}(W_j^{\mathrm{T}}X)$。

其学习规则的训练算法为：

(1)对初始的各权值 $w_{0j}(0)$，$w_{1j}(0)$，…，$w_{nj}(0)$赋予较小的非零随机数，$j=1,2,\cdots,m$(m 为输出神经元个数)；

(2)输入样本标签对$\{X^p, d^p\}$，其中 $X^p=(-1, x_1^p, x_2^p, \cdots, x_n^p)$，$d^p$ 为期望的输出，上标 p 代表样本标签对的模式序号，设样本集中的样本总数为 P，则 $p=1,2,\cdots,P$；

(3)计算各神经元的实际输出 $o_j^p(t)=\text{sign}[W_j^{\mathrm{T}}(t)X^p]$，$j=1,2,\cdots,m$；

(4)对比实际输出结果和期望输出结果，如果两者之差接近于零或达到某个设定值则结束，如果两者之差相差较大，则进入下一步骤；

(5)调整各神经元对应的权值 $W_j(t+1)=W_j(t)+\eta[d_j^p-o_j^p(t)]X^p$，$j=1,2,\cdots,m$，其中 η 为学习率，用于控制调整步长，太大会影响训练的稳定性，太小则使训练的收敛速度变慢，一般取 $0<\eta\leqslant 1$；

(6)返回步骤(2)，输入下一对样本，周而复始直到对所有样本，感知机的实际输出与期望输出接近相等或达到某个设定值则结束。

下面通过一个例子来说明单层感知机的学习规则：

【例题】有以下 3 组输入样本标签对：

$X^1=(-1,\ 1,\ -2,\ 0)^T \qquad d^1=-1$

$X^2=(-1,\ 0,\ 1.5,\ -0.5)^T \qquad d^2=-1$

$X^3=(-1,\ -1,\ 1,\ 0.5)^T \qquad d^3=1$

设初始权向量 $W(0)=(0.5,\ 1,\ -1,\ 0)^T$，$\eta=0.1$，激活函数为 sign 函数。注意：输入向量中第一个分量 x_0 恒等于 -1，权向量中第一个分量为阈值，试根据以上学习规则训练该感知机。

问题分析：

1) 输入 X^1，得

$$W^T(0)X^1=(0.5,\ 1,\ -1,\ 0)(-1,\ 1,\ -2,\ 0)^T=2.5$$

$$o^1(0)=\mathrm{sign}(2.5)=1$$

$$W(1)=W(0)+\eta[d^1-o^1(0)]X^1$$

$$=(0.5,\ 1,\ -1,\ 0)^T+0.1(-1-1)(-1,\ 1,\ -2,\ 0)^T$$

$$=(0.7,\ 0.8,\ -0.6,\ 0)^T$$

由于 $o^1(0)=1$，与 $d^1=-1$ 不一致，需要调整权值。

2) 输入 X^2，得

$$W^T(1)X^2=(0.7,\ 0.8,\ -0.6,\ 0)(-1,\ 0,\ 1.5,\ -0.5)^T=-1.6$$

$$o^2(1)=\mathrm{sign}(-1.6)=-1$$

$$W(2)=W(1)+\eta[d^2-o^2(1)]X^2$$

$$=(0.7,\ 0.8,\ -0.6,\ 0)^T+0.1[-1-(-1)](-1,\ 0,\ 1.5,\ -0.5)^T$$

$$=(0.7,\ 0.8,\ -0.6,\ 0)^T$$

由于 $o^2(1)=-1$，与 $d^2=-1$ 相等，实际上不用调整权值。

3) 输入 X^3，得

$$W^T(2)X^3=(0.7,\ 0.8,\ -0.6,\ 0)(-1,\ -1,\ 1,\ 0.5)^T=-2.1$$

$$o^3(2)=\mathrm{sign}(-2.1)=-1$$

$$W(3)=W(2)+\eta[d^3-o^3(2)]X^3$$

$$=(0.7,\ 0.8,\ -0.6,\ 0)^T+0.1[1-(-1)](-1,\ -1,\ 1,\ 0.5)^T$$

$$=(0.5,\ 0.6,\ -0.4,\ 0.1)^T$$

由于 $o^3(2)=-1$，与 $d^3=1$ 不一致，需要调整权值。

4) 返回 1)，继续训练直到 $d^p-o^p\to 0$，$p=1,\ 2,\ 3$。

以上介绍的是以单个样本为一组进行的权值调整方法，调整过程不稳定，更为有效的方法是以几个样本为一组，首先记录这一组样本的所有输出误差，然后根据平均误差进行集中权值调整。

1.3.3　单层感知机的局限性

单层感知机可以实现逻辑“与”功能，如表 1－2 所示的真值表。这里输出 y 为 0 时以 －1 表示，所以相应的期望值为 －1。由图 1－17 可知：单层感知机能够实现逻辑“与”功能，也就是实现了前 3 个点与最后 1 个点的分类。

表 1－2　逻辑“与”真值表

x_1	x_2	y
0	0	0
0	1	0
1	0	0
1	1	1

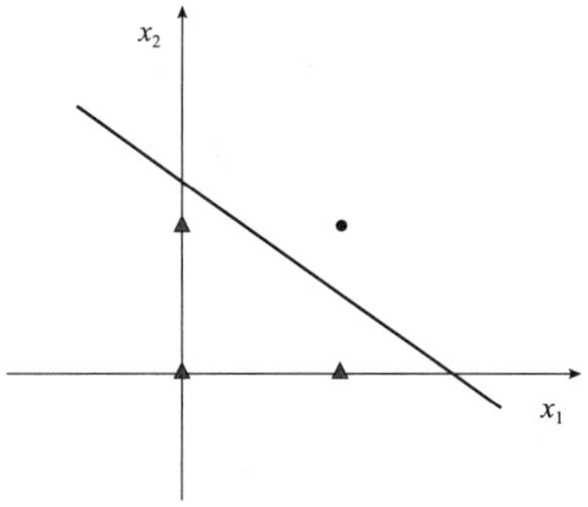

图 1－17　逻辑“与”分类

表 1－3 所示为逻辑“异或”真值表。

表 1－3　逻辑“异或”真值表

x_1	x_2	y
0	0	0
0	1	1
1	0	1
1	1	0

从该真值表可以分析得知：

$$\begin{cases} w_0 + 0 \times w_1 + 0 \times w_2 < 0 \\ w_0 + 0 \times w_1 + 1 \times w_2 > 0 \\ w_0 + 1 \times w_1 + 0 \times w_2 > 0 \\ w_0 + 1 \times w_1 + 1 \times w_2 < 0 \end{cases} \Rightarrow \begin{cases} w_0 < 0 \\ w_2 > -w_0 \\ w_1 > -w_0 \\ w_1 + w_2 < -w_0 \end{cases} \Rightarrow \begin{cases} w_0 < 0 \\ -2w_0 < w_1 + w_2 < -w_0 \end{cases}$$

上面的最后两个不等式产生矛盾，这使得单层感知机无法实现逻辑“异或”这种线性不可分的问题(见图 1－18)。当在二维平面图上将“异或”用输入值和输出值表示时，从该图上无论用怎样的一条直线都无法将这两类点分开，这间接验证了单层感知机只能解决简单的线性可分问题，对于像逻辑“异或”这种线性不可分问题仅仅用单层感知机根本无法解决，肯定要另辟蹊径，将这些点进行其他维度的映射或转换，这样才能对其进行区分。

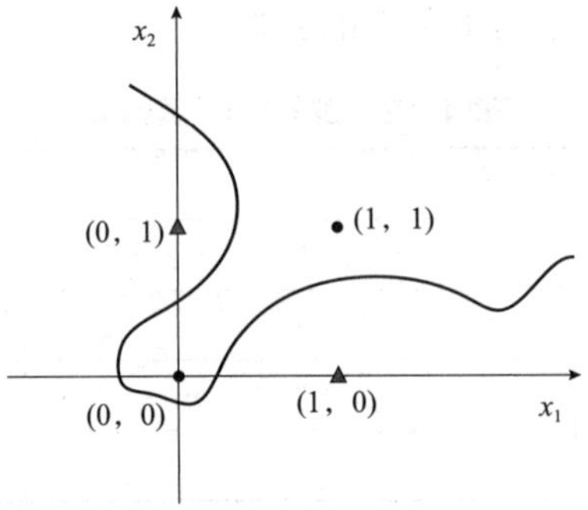

图 1－18　逻辑“异或”线性不可分类

研究表明，只要是线性可分问题的分类任务，单层感知机可以胜任，而对于线性不可分的分类任务，即使输出层采用很多神经元也无能为力，已超出单层感知机的能力范围。

1.4　多层感知机

为了解决单层感知机针对线性不可分问题无法解决的难题，人们提出了多层人工神经网络，通常称为多层感知机。它是由多个神经元组成的多层网络结构，成功解决了线性不可分的分类问题。

1.4.1　多层感知机的功能

多层感知机最典型的是三层网络，即三层感知机。输入的第一层为接线端子，无信息处理功能，称为输入层，该层需要有足够多数量的输入信息(神经元)来满足描述输入特征的需求。例如，需要识别一张像素为 32×32 的图片，那么输入层就需要用到 32×32 个神经元，每个神经元对应图片上一个像素，这样输入层就可以将整张图片的信息输入神经网络中。第二层属于隐层，具有信息处理功能。隐层与输入层不同的是，它在多层感知机刚刚出现时只有一层，但随着技术的进步，现在的隐层并不局限于一层，它可以有二层、三层甚至更多层，这就涉及后面需要学习的深度学习，本章将重点讲述只有一个隐层的多层感知机。第三层是多层感知机的输出，称为输出层，输出层的神经元个数一般由输出类别数量决定。比如，要通过多层感知机将样本分成 20 类，输出层一般需要设计成 20 个神经元，然后根据每个神经元上输出值的大小来综合判断输入最有可能属于哪一类。

三层感知机处理信息的单元只有两层，输入的第一层(接线端子)根本不处理任何信息，其信息处理有两层，即隐层和输出层。图 1－19 所示为三层感知机的符号表达，其中

的 x_1，x_2，…，x_i，…，x_n 为输入信息，y_1，y_2，…，y_j，…，y_m 是隐层的输出，o_1，o_2，…，o_k，…，o_l 为输出层的输出，它将处理后的结果作为三层感知机的输出。

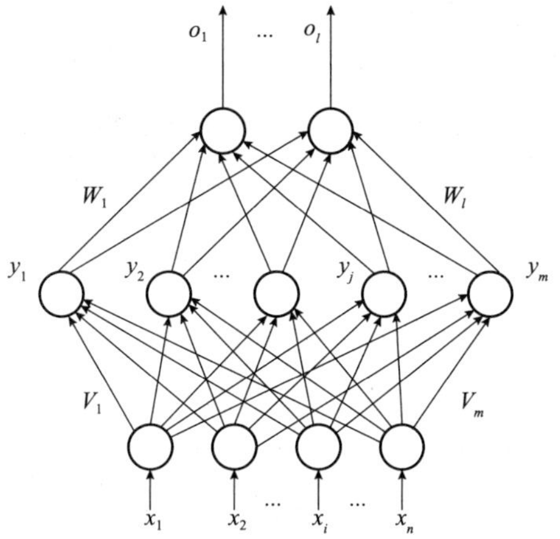

图 1－19 三层感知机的符号表达

对于前面单层感知机无法解决的逻辑“异或”问题，下面将通过一个最简单的多层感知机例子来解决。图 1－20 所示为两个输入 x_1，x_2，一个输出 o 的多层感知机，其中隐层的输出为 y_1，y_2，阈值 T_1，T_2，T_3 可以看作一个固定输入为－1 的神经元权值。

目前虽然还未介绍权值如何训练，但对于这样一个简单的多层感知机，权值很容易试凑出来。

注意：在单层感知机中，包括不处理信息的输入层，实际上共有两层神经元，但习惯上一般称为单层感知机；对于三层感知机来说，实际上将不处理信息的输入层也包含其中，如果按照单层感知机的叫法，应该称为双层感知机，然而习惯上却称为三层感知机。这种矛盾完全是由习惯叫法引起的。

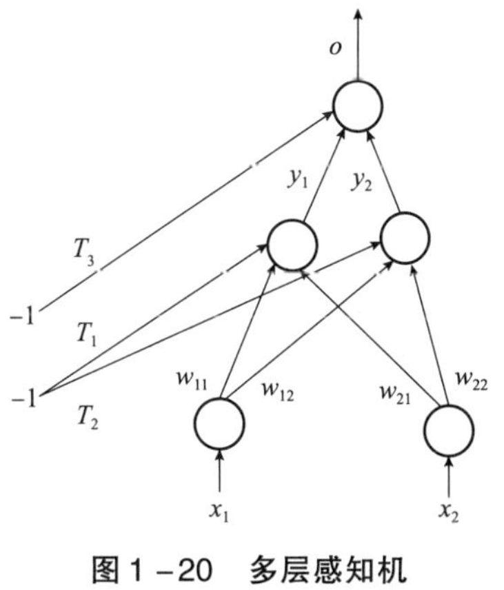

图 1－20 多层感知机

通过输入信息 x_1，x_2，可以获得隐层神经元的输出 y_1，y_2，其真值如表 1－4 和表 1－5 所示。最后输出结果 o 的真值表见表 1－6，它完美地解决了单层感知机无法进行逻辑“异或”问题。由图 1－20 可知，通过多个单层感知机的组合形成了一种多层感知机，它其实就是通过两个隐层神经元将原来不可分的问题变成了线性可分的问题，每个神经元可画出一条分界线，两个神经元可画出两条分界线，即图 1－21 中的二维平面中的两条可分界线 s_1，s_2。s_1 与 s_2 两条分界线将空间划分成了两个区域，对于输出神经元 o 来说，只是简单地将域内与域外分开即可，这降低了输出神经元的分类难度。

表 1－4　隐层输出 y_1 真值表

x_1	x_2	y_1
0	0	1
0	1	1
1	0	0
1	1	1

表 1－5　隐层输出 y_2 真值表

x_1	x_2	y_2
0	0	1
0	1	0
1	0	1
1	1	1

表 1－6　三层感知机输出真值表

x_1	x_2	y_1	y_2	o
0	0	1	1	0
0	1	1	0	1
1	0	0	1	1
1	1	1	1	0

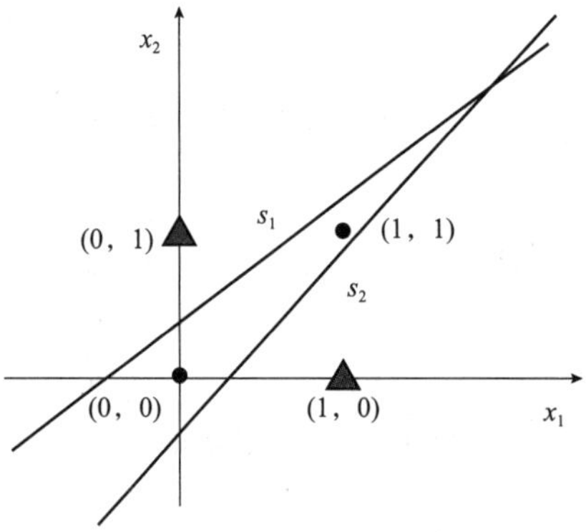

图 1－21　逻辑"异或"分类

视频简介

本视频主要讲解单层感知机数学表达(部分)、单层感知机功能、单层感知机训练算法及局限、多层感知机功能(部分)，观看以上内容讲解视频请扫描二维码。

在图 1－20 多层感知机中，如果隐层具有多个神经元，每个隐层神经元都会形成一个线性分界线。尽管多层感知机解决问题的机理至今也不十分清楚，但可以形成以下的一些猜想：

(1)如果隐层神经元不多时就形成像图 1－22(a)那样的开域；随着隐层神经元个数增加，线性分界线也会增多，就会在二维平面上形成像图 1－22(b)那样不同形状的闭域；渐渐地，随着隐层神经元的继续增多，就会形成曲线或者是像图 1－23 那样的多边凸域，从而输出神经元就简单地分成了域内与域外。

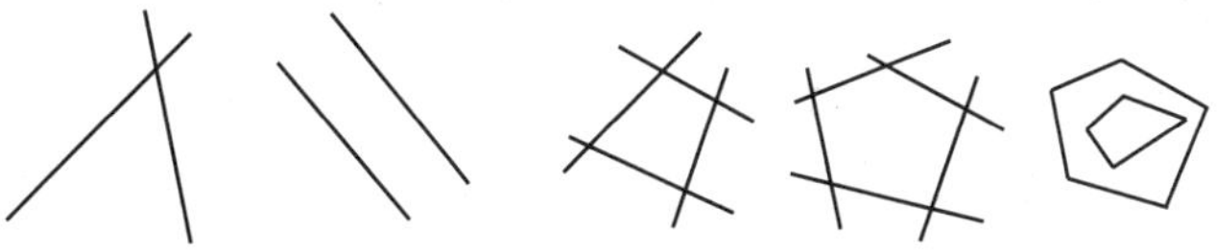

图 1－22　平面开闭域

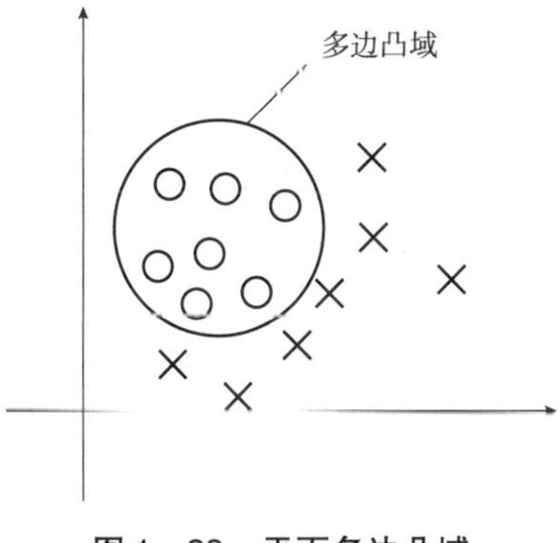

图 1－23　平面多边凸域

(2)通过表 1－4～表 1－6 的真值表分析可知，在三层感知机进行逻辑“异或”问题的解决过程中，由于隐层的加入，原来输入输出逻辑“异或”问题，经过隐层输出 y_1 与 y_2，将最终感知机输出 o 的逻辑转变为“与非”问题(见图 1－24)，逻辑关系彻底进行了改变，即以前的那种线性不可分的问题变成隐层与最终感知机的输出层之间的线性可分问题，这极大地简化了问题的解决。

与非问题

x_1	x_2	y_1	y_2	o
0	0	1	1	0
0	1	1	0	1
1	0	0	1	1
1	1	1	1	0

隐藏

图 1－24　真值表逻辑关系改变

(3)将逻辑“异或”问题的输入、输出以及隐层输出和最终的输出画在笛卡儿坐标系上，从这两个坐标数据可以看出，以前无法进行线性分类的问题，由于隐层的加入，其输入和输出的映射关系发生了变化。在隐层输出的结果中，输入信息以前在原点的数据点，在隐层坐标系中变成了(1，1)点，这样以前输入的线性不可分问题通过隐层变成了线性可分问题，其非线性关系发生了显著变化(见图1-25)。

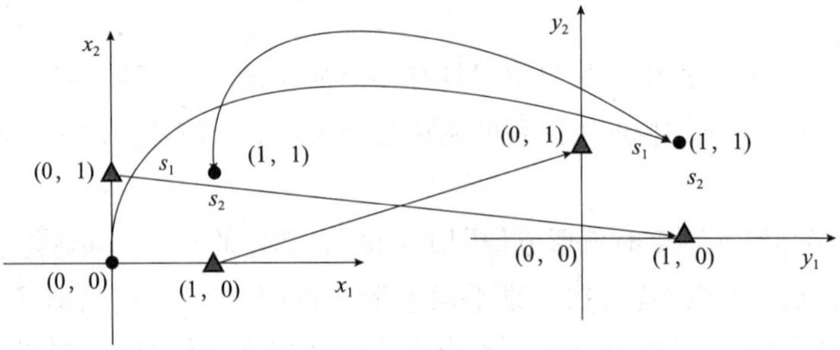

图1-25　非线性变化结果

如果隐层的神经元个数多于输入神经元的个数，其实质是将以前的低维空间上的数据变成了高维空间上的数据，这样使得以前在低维空间上线性不可分的问题可能在高维空间上就变成了线性可分的问题，在后面讲支持向量机时会有很多这种低维空间到高维空间的映射关系的转换。

研究结果已经表明，只要隐层神经元数量选择合适，多层感知机就能够解决任意线性不可分问题。

1.4.2　多层感知机的数学表达

为了将多层感知机用数学表达式的形式表示，图1-19中的输入信息、各层权值以及实际输出信息和期望输出可以写成下面向量的形式：

输入向量：$\boldsymbol{X}=(x_1, x_2, \cdots, x_i, \cdots, x_n)^{\mathrm{T}}$；

隐层的输出向量：$\boldsymbol{Y}=(y_1, y_2, \cdots, y_j, \cdots, y_m)^{\mathrm{T}}$；

输出层的输出向量：$\boldsymbol{O}=(o_1, o_2, \cdots, o_k, \cdots, o_l)^{\mathrm{T}}$；

期望的输出向量：$\boldsymbol{d}=(d_1, d_2, \cdots, d_k, \cdots, d_l)^{\mathrm{T}}$；

输入层到隐层之间的权值矩阵：$\boldsymbol{V}_j=(V_{1j}, V_{2j}, \cdots, V_{ij}, \cdots, V_{mj})^{\mathrm{T}}$；

隐层到输出层之间的权值矩阵：$\boldsymbol{W}_k=(W_{1k}, W_{2k}, \cdots, W_{jk}, \cdots, W_{lk})^{\mathrm{T}}$；

图1-19中输出层的输出为：$o_k=f(net_k) \quad k=1, 2, \cdots, l$

$$net_k = \sum_{j=0}^{m} W_{jk} y_j \quad k = 1, 2, \cdots, l$$

图1-19中隐层的输出为：$y_j=f(net_j) \quad j=1, 2, \cdots, m$

$$net_j = \sum_{i=0}^{n} V_{ij} x_i \quad j = 1, 2, \cdots, m$$

假设该多层感知机隐层输出的激活函数和输出层的激活函数均为 sigmoid 函数，则其输出层的输出为：

$$o_k = \frac{1}{1 + e^{-\sum_{j=0}^{m} W_{jk} y_j}} = \frac{1}{1 + e^{-net_k}} = f(net_k) \quad k = 1, 2, \cdots, l$$

隐层的输出为：

$$y_j = \frac{1}{1 + e^{-\sum_{i=0}^{n} V_{ij} x_i}} = \frac{1}{1 + e^{-net_j}} = f(net_j) \quad j = 1, 2, \cdots, m$$

视频简介

本视频主要讲解多层感知机的功能(部分)、对多层感知机功能原理的猜测、多层感知机的数学表达与信息传递过程，观看以上内容讲解视频请扫描二维码。

1.4.3 多层感知机的网络误差

当图 1－19 中的多层感知机网络输出与期望输出不等时，即两者之间存在输出误差 E，其一般公式如下：

$$E = \frac{1}{2}(\boldsymbol{d} - \boldsymbol{o})^2 = \frac{1}{2}\sum_{k=1}^{l}(d_k - o_k)^2 \tag{1-15}$$

多层感知机网络输出层的输出与期望输出误差已知，可以通过调整权值 W_{jk} 来减小，但对于隐层来说，根本就不知道它的期望输出是什么，也无法确定隐层神经元的输出误差，导致没有一种有效的学习规则可以通过调整权值 V_{ij} 来减小其误差，这一问题困扰了学术界很长时间，终于在 1986 年 Rumelhart、Hinton 和 Williams 提出了解决隐层期望误差的误差反传训练算法(Back Propagation，即 BP 算法)，推动了多层感知机的快速发展与大规模应用，所以多层感知机被广泛地称为 BP 人工神经网络。

1.5 BP 人工神经网络

BP 人工神经网络方法是在多层感知机的基础上发展起来的，它是一种按照误差反传训练算法训练的多层神经网络，其网络结构如图 1－19 所示。在该神经网络进行正向传播时，输入信号 x_1，x_2，…，x_i，…，x_n 从图 1－19 中的输入层进行输入，这些信号经过各个隐层的处理后，最后从输出层输出 o_1，o_2，…，o_k，…，o_l。之后网络实际输出的 o_1，o_2，…，o_k，…，o_l 与期望输出 d_1，d_2，…，d_k，…，d_l 之间进行对比，获得两者之间的误差，然后再根据误差信息通过反传获取各隐层神经元的误差信息，依此来调整网络结构中各层神经元的权值，直到该网络结构的实际输出 o_1，o_2，…，o_k，…，o_l 逼近期望输出

d_1，d_2，…，d_k，…，d_l 时才结束权值调整。这种通过误差信息来调整各层神经元权值的方法就是误差反传训练算法，而快速调整权值策略需要结合后面讲述的梯度下降法。

1.5.1 误差反传训练算法

在神经网络的信息传播中，如果输入信号样本从输入层传入神经网络中，经过各隐层逐层神经元处理后，传输到输出层为止，则称为前向传播。如果输出层的实际输出与期望的输出不一致，这时就需要将输出层的实际输出与期望的输出两者之间误差以某种形式从输出层神经元向隐层神经元进行逐层反传，并将误差分摊到各隐层的神经元中，这样各层的神经元将获得各自的误差信号，然后再用它们对各层神经元的权值参数进行调整，循环不断地利用输入输出样本集来对权值进行调整，以便使得所有输入信号的样本经过该神经网络结构后的实际输出与期望输出之差都减小到满意精度或者找到最优值，这就是神经网络的学习训练过程。当神经网络训练结束后，该网络结构中的权值参数就得到确定，它相当于映射了输入输出样本之间的函数关系，即该训练过程就是找出一个最好函数的过程，这就是误差反传训练算法。

为了清晰讲述误差反传训练算法，下面通过三层的网络结构进行公式推导。事先约定，在全部推导说明过程中，对输出层均有 $j=0, 1, 2, \cdots, m$；$k=0, 1, 2, \cdots, l$。对隐层均有 $i=0, 1, 2, \cdots, n$；$j=0, 1, 2, \cdots, m$。显然，调整权值的原则是使误差不断地减小，而将式(1－15)的误差定义式展开至隐层有：

$$E=\frac{1}{2}\sum_{k=1}^{l}[d_k-f(net_k)]^2=\frac{1}{2}\sum_{k=1}^{l}\left[d_k-f\left(\sum_{j=0}^{m}W_{jk}y_j\right)\right]^2 \tag{1-16}$$

进一步展开至输入层：

$$E=\frac{1}{2}\sum_{k=1}^{l}\left\{d_k-f\left[\sum_{j=0}^{m}W_{jk}f(net_j)\right]\right\}^2=\frac{1}{2}\sum_{k=1}^{l}\left\{d_k-f\left[\sum_{j=0}^{m}W_{jk}f\left(\sum_{i=0}^{n}V_{ij}x_i\right)\right]\right\}^2 \tag{1-17}$$

为了使权值的调整量与误差的梯度下降成正比(其原理见后续梯度下降法)，即：

$$\Delta W_{jk}=-\eta\frac{\partial E}{\partial W_{jk}}\quad j=0, 1, 2, \cdots, m; k=1, 2, \cdots, l \tag{1-18}$$

$$\Delta V_{ij}=-\eta\frac{\partial E}{\partial V_{ij}}\quad i=0, 1, 2, \cdots, n; j=1, 2, \cdots, m \tag{1-19}$$

式(1－18)与式(1－19)中的负号表示梯度下降，常数 $\eta\in(0, 1)$ 表示比例系数，在训练中反映了学习速率。

对于输出层，式(1－18)可以写成：

$$\Delta W_{jk}=-\eta\frac{\partial E}{\partial W_{jk}}=-\eta\frac{\partial E}{\partial net_k}\frac{\partial net_k}{\partial W_{jk}} \tag{1-20}$$

对于隐层，式(1－19)可以写成：

$$\Delta V_{ij}=-\eta\frac{\partial E}{\partial V_{ij}}=-\eta\frac{\partial E}{\partial net_j}\frac{\partial net_j}{\partial V_{ij}} \tag{1-21}$$

对输出层和隐层各定义一个误差信号，令：

$$\delta_k^o = -\frac{\partial E}{\partial net_k},\ \delta_j^y = -\frac{\partial E}{\partial net_j}$$

则输出层到隐层的权值调整公式可改写为：

$$\Delta W_{jk} = \eta\delta_k^o y_j \tag{1-22}$$

隐层到输入层的权值调整公式可改写为：

$$\Delta V_{ij} = \eta\delta_j^y x_i \tag{1-23}$$

综上可知，只要计算出式(1－22)和式(1－23)中的误差信号 δ_k^o 和 δ_j^y，则权值调整量的计算推导过程即可完成。

为此，对于输出层的误差信号 δ_k^o 可以展开为：

$$\delta_k^o = -\frac{\partial E}{\partial net_k} = -\frac{\partial E}{\partial o_k}\frac{\partial o_k}{\partial net_k} = -\frac{\partial E}{\partial o_k}f'(net_k) \tag{1-24}$$

式中，$f'()$——输出层激活函数的导数，如输出层激活函数为 sigmod 函数，则 $f'(net_k) = 1/(1+e^{-net_k})[1-1/(1+e^{-net_k})] = f(net_k)[1-f(net_k)]$。

由式(1－15)可知：

$$\frac{\partial E}{\partial o_k} = -(d_k - o_k) \tag{1-25}$$

结合式(1－24)和式(1－25)，则输出层的误差信号 δ_k^o 可以写成：

$$\delta_k^o = (d_k - o_k)f'(net_k) = (d_k - o_k)o_k(1-o_k)$$

对于隐层的误差信号 δ_j^y 可以展开为：

$$\delta_j^y = -\frac{\partial E}{\partial net_j} = -\frac{\partial E}{\partial y_j}\frac{\partial y_j}{\partial net_j} = -\frac{\partial E}{\partial y_j}f'(net_j) \tag{1-26}$$

由式(1－16)可知：

$$\frac{\partial E}{\partial y_j} = -\sum_{k=1}^{l}(d_k - o_k)f'(net_k)W_{jk} \tag{1-27}$$

其误差信号 δ_j^y 可以写成：

$$\delta_j^y = \left[\sum_{k=1}^{l}(d_k - o_k)f'(net_k)W_{jk}\right]f'(net_j) = \left(\sum_{k=1}^{l}\delta_k^o W_{jk}\right)y_j(1-y_j)$$

则输出层到隐层以及隐层到输入层的权值调整计算公式为：

$$\Delta W_{jk} = \eta\delta_k^o y_j = \eta(d_k - o_k)o_k(1-o_k)y_j \tag{1-28}$$

$$\Delta V_{ij} = \eta\delta_j^y x_i = \eta\left(\sum_{k=1}^{l}\delta_k^o W_{jk}\right)y_j(1-y_j)x_i \tag{1-29}$$

因此，为了减小输出误差 E，只能将其以某种形式通过输出层向隐层逐层反向传播，将误差分摊到各层的所有神经元中，从而获得各层神经元的误差信息，此误差信息即作为修正各神经元权值的依据。在此过程中，当有多层隐层时，如果每一层神经元对上一层输出的偏导乘上权值$[W_{jk}y_j(1-y_j)]$的结果都小于1，那么即使这个结果是0.99，在经过足够多层传播之后，误差对输入层的偏导也会趋向于0，这就是后续内容要讲到的梯度消失；反之，如果 $W_{jk}y_j(1-y_j)$ 结果都大于1，则随着反向传播层数的增多，其误差会呈指数增长，导致梯度爆炸。

这种信息正向传播与误差反向传播到各层权值的调整过程，周而复始地进行。为了实现误差反传训练算法，其实现的一般流程如下。

(1)初始化隐层和输出层的权值 V、W，实际输出与期望输出的误差最小值 $E_{\min}$，计数器(样本数、总循环次数) $q=1$，$p=1$，$E=0$；

(2)输入训练样本对 $X \Leftarrow X^p$、$d \Leftarrow d^p$，计算各层输出：

$$y_j = f(V_j^{\mathrm{T}} X) \quad j=1,2,\cdots,m$$

$$o_k = f(W_k^{\mathrm{T}} Y) \quad k=1,2,\cdots,l$$

(3)计算输出层的输出误差：

$$E^p = \frac{1}{2}\sum_{k=1}^{l}(d_k^p - o_k^p)^2$$

(4)计算各层的输出误差：

$$\delta_k^o = (d_k - o_k)o_k(1-o_k) \quad k=1,2,\cdots,l$$

$$\delta_j^y = \left(\sum_{k=1}^{l}\delta_k^o W_{jk}\right)y_j(1-y_j) \quad j=1,2,\cdots,m$$

(5)调整各层权值：

$$W_{jk} \Leftarrow W_{jk} + \eta\delta_k^o y_j \quad k=1,2,\cdots,l;\ j=0,1,\cdots,m$$

$$V_{ij} \Leftarrow V_{ij} + \eta\delta_j^y x_i \quad j=1,2,\cdots,m;\ i=0,1,\cdots,n$$

(6)判断是否对所有样本对完成了一次训练；

(7)判断网络输出的总误差是否达到了设定的初始精度 $E_{\min}$，如果没有则继续重复步骤(2)~(6)，否则结束训练，其最终的 V、W 的值即为该样本对学习到的权值。

为了更通俗地理解误差反传训练算法的内涵，特画出一张反传图(图1-26)。由图1-26

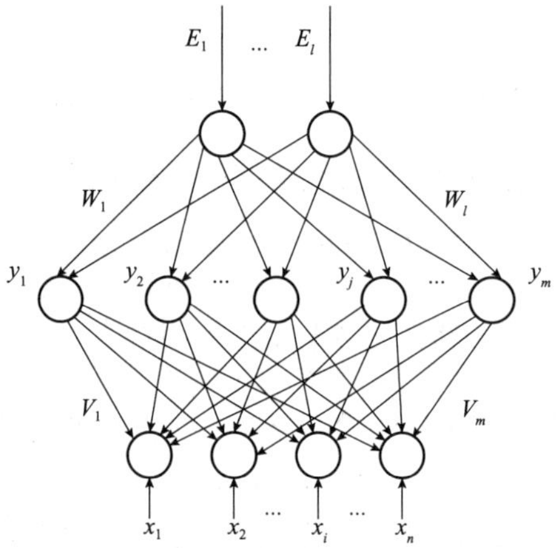

图1-26 误差反传训练

可知，该图将多层神经网络结构(图1－19)的输出变输入，输入信息为误差 E_1，E_2，…，E_k，…，E_l。它同样利用了神经网络权值与加权求和方式，与正向传播极为相似，这也是误差反传训练算法的由来。

视频简介

本视频主要讲解多层感知机网络误差与权值的调整思路、BP算法的完整理论推导过程以及对误差反传思想的直观理解，观看以上内容讲解视频请扫描二维码。

1.5.2　梯度下降法

为了让BP人工神经网络可以主动地从数据中学习到合适的权值参数，就需要通过梯度下降法来寻找误差下降最快的方向更新参数，这种方法就是梯度法(梯度就是广义的导数)。虽然梯度指示的下降方向是各点处的误差值减小最多的方向，但沿着该方向不一定就能找到误差的最小值，只能是最大限度地减少误差的值。因此，在寻找误差最小值的过程中，以梯度的反方向信息为线索，可以确定前进的方向。就像一个人处于高山上的某一处位置，为了较快到达山脚，一般查看最陡峭的下坡路就是最快到达山脚的路(假设不考虑下山的安全性)。并且每走一段距离，都要重新测量山坡陡峭程度(梯度的反方向)，通过这种反复测量和行走的方式显然是到达山脚最短路径(最快到达山脚的办法)。像这样，通过不断地沿着梯度的反方向前进，逐渐向着误差最小值方向寻找最优值的过程就是梯度下降法。

在整个到达山脚的过程中，出现一个问题，每一次多长距离后重新进行测量山坡陡峭程度？走太长，整体的测量次数就会比较少，导致到达山脚走的并不一定是最佳路线，可能错过山脚；走太短，测量次数过于频繁，整体耗时太长，根本没有足够时间行走。因此，需要根据实际情况设置合适的步长，这样的过程可以用图1－27来进行形象化的示意。这里的梯度下降法，是指随机梯度下降法，也就是每次取一个随机梯度样本进行计算。

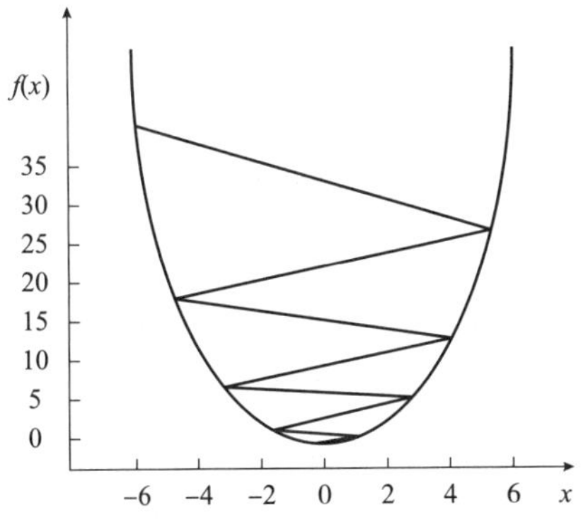

图1－27　梯度下降法示意

因此，将上述过程用数学公式表示为：

$$\theta^{k+1}=\theta^{k}-\eta\frac{\partial L}{\partial\theta^{k}} \tag{1-30}$$

式中 θ——需要调整的行走路线或权值 W；

η——行走的设置步长或学习率；

L——当前行走位置与山脚之差或实际输出与期望输出之差。

式(1-30)中学习率 η 前面的负号说明：如果到达山脚的过程中一个人处在图1-27中曲线最低点左侧位置，这时梯度为负，如果向右走，其增量应为正，即梯度的反方向(负梯度方向)，所以学习率 η 前面是负号，表示向右调整路线或权值；如果这个人是在最低点右侧位置，这时梯度为正，如果向左走，其增量应为负，即梯度的反方向(负梯度方向)，所以学习率 η 前面仍需要加负号，表示向左调整路线或权值。

1.5.3 BP人工神经网络设计方法

虽然BP人工神经网络的研究和应用取得了巨大成功，但其网络设计方面并没有完善的理论作指导，应用中采取的主要设计方法是在充分了解待解决问题的基础上将人们的经验与试探相结合，通过多次训练和试验后最终选取一种较好的设计方案。以下是一些在BP人工神经网络设计中较为常用的基本方法。

(1)输入层神经元数量选择

输入量一般为待处理对象的特征向量，特征向量有几维就有多少个输入神经元数量。比如，输入的是64×64的图像，按照像素特征来表示，这样的一张图像所有的像素特征就形成4096维的向量，则需4096个输入神经元数量。当然对于实际的图像输入，一般对该图像进行特征提取，不用像素当作特征，否则维数太高。因此，BP人工神经网络早期不用像素作为其特征量，而是通过特殊技巧提取图像特征，这导致那段时期图像特征提取方法的快速发展。

(2)输出层神经元数量选择

输出量一般用“n中取1”表示法，该表示法是令输出向量的分量数等于类别数，输入样本被判为哪一类，对应的输出分量取1，其余$n-1$个分量全取0。例如，用0001、0010、0100和1000可分别表示优、良、中及差4个类别，这样输出量的神经元数量为4。如果用$n-1$个全为0的输出向量表示某个类别，则是“$n-1$”表示法，这样可以节省一个输出神经元。例如，用000、001、010及100也可表示优、良、中及差4个类别，这样输出神经元数量为3，这种表示方法确保了不同类别之间的差异一致。如果用实数值对输出量进行表示，例如，优用0.9、良用0.8、中用0.7、差用0.6，这样用一个输出神经元就可以表示优、良、中及差，但无法保证不同类别之间的差异一致，优与良之间的差异为0.1，而优与中的差异却为0.2，显然不合理。另外，还需要注意的是，输出的数值选择还应考虑输出层神经元激活函数的取值范围，否则该神经网络不会收敛。

(3)输入数据的归一化

在实际的数据输入过程中，输入的数据常常具有不同的物理意义和不同量纲，为了将不同输入数据赋予同等重要地位，防止大数吃小数并便于权值训练，一般使用归一化或标准化的处理方法将网络的输入数据限制在[0，1]或[-1，1]区间内。早期的BP人工神经网络通常采用sigmoid激活函数来进行处理，这样可以防止因净输入量的绝对值过大而使输出神经元输出饱和，继而造成权值调整进入误差曲面的平坦区(见图1-28)。

(4)隐层神经元数量选择

在BP人工神经网络设计中，隐层神经元有若干权值，而每个权值都是增强网络映射能力的一个参数，这导致隐层神经元数量的选择非常重要。隐层神经元数量太少，网络从样本中获取信息的能力就差，不足以概括和体现集中的样本规律；隐层神经元数量太多，可能把样本中非规律性内容如噪声等也学会并产生记忆，从而导致“过拟合”现象出现，造成网络泛化能力减弱。确定最佳隐层神经元数量的一个常用方法是试凑法：可先设置较少的隐层神经元数量进行训练，然后逐渐增加隐层神经元数量；同时用同一个样本集进行训练，从中确定网络误差最小时对应的隐层神经元数量。

一般增加隐层的层数可以降低网络误差、提高精度，但也使得网络复杂化，从而延长了网络训练的时间和出现“过拟合”的倾向。因此，在BP人工神经网络设计时，一般先设一个隐层，当一个隐层的神经元数量不能改善网络性能时，才考虑再增加一个隐层。实际应用经验表明：采用两个隐层时，如在第一个隐层设置较多的神经元数量而在第二个隐层设置较少的神经元数量，有利于改善多层前馈网络的性能，这也是现今流行的深度学习能够很好地解决问题的原因。此外，对于有些实际问题，采用双隐层所需的神经元数量可能少于单隐层所需的神经元数量。所以，当某个网络结构隐层神经元数量仍不能明显降低训练误差时，可以尝试适当增加隐层的层数。

1.5.4 BP人工神经网络的局限性及改进

1.5.4.1 BP人工神经网络的局限性

(1)参数调整缓慢

在使用梯度下降法进行逼近最小值的过程中，由于使用不同的误差信息可能带来不同的函数曲线。如图1-28所示的曲线，假设刚开始时参数是在该图曲线的最右端，在逐次逼近最优值的过程中，由于处于平坦区，这时梯度就会很小，参数调整就会变得很慢。并且有时候在参数调整过程中，可能会出现在曲线很平的谷底或者在曲线的鞍点等情况，这时候也会有梯度很小、参数调整缓慢的问题出现。

(2)收敛于局部极小值

由图1-28可知，如果刚开始时参数在曲线的最左端，在进行参数逐次逼近最优值的调整过程中，可能会调整到图中的局部极小值区域，这使得参数的调整并不会出现在全局最小值处。

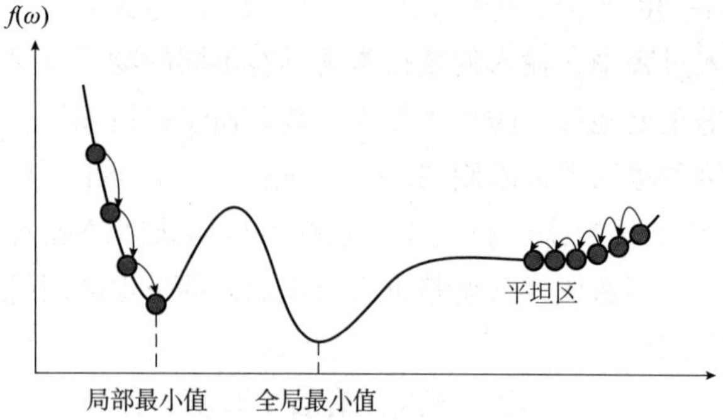

图 1-28 梯度下降法调整示意

(3)梯度消失

在 BP 学习算法中，当通过误差反传训练算法进行网络权值参数调整时，当每一层的梯度都小于 1 时，由于每层网络权值参数调整都是后一层的梯度与前一层梯度的乘积获得，这样会出现某些参数的梯度变得非常小的现象。这导致在更新这些梯度时，这些参数值几乎不发生变化，从而使 BP 人工神经网络训练停滞，网络模型无法继续优化，即产生了梯度消失现象。

(4)梯度爆炸

梯度爆炸现象恰好与梯度消失相反，在通过误差反传训练算法进行网络权值参数调整时，由于初始权值设置较大，导致每一层反传误差梯度计算的值都大于 1，这样进行每层网络的权值参数调整会使得某些参数的反传误差梯度逐渐变大，最终变得非常大。这导致在更新这些梯度时，网络的参数值更新过大，从而使得 BP 人工神经网络无法收敛，即产生了梯度爆炸。

1.5.4.2 BP 人工神经网络的改进

BP 学习算法的学习目的是找到一种人工神经网络结构使得其实际输出和期望输出之间的误差值尽可能小，这其实就是寻找最优化参数的问题。为了不胡乱地搜索参数空间，可以使用“聪明”的梯度下降法，但通过前面介绍的梯度下降法可知，该方法在 BP 学习算法的使用中存在一些问题，如参数调整缓慢、收敛于局部极小值等。为了解决这些问题，人们提出了以下几种 BP 人工神经网络的优化方法。

(1)初始值法

由图 1-28 可知，BP 人工神经网络从不同的初始状态出发，其收敛效果差异较大，需要不断改变神经网络的初始值，以便快速寻找到全局最小值点。

(2)动量梯度下降法

由图 1-28 可知，前面介绍的梯度下降法更新方向完全依赖于当前的数据，因此当数据到达局部最优解或者鞍点时，算法会认为梯度等于 0，此时数据将不再更新。解决这一问题的一个简单方法是模拟物体运动时的惯性，即更新时在一定程度上保留之前更新的信息，同时利用当前数据的梯度微调最终的更新方向。这样可以在一定程度上增加稳定性，其学习效率更高，并且还有一定摆脱局部最优的能力，其公式可以表示为：

$$V^{k+1}=\alpha V^{k}+(1-\alpha)\frac{\partial L}{\partial \theta^{k}}$$

$$\theta^{k+1}=\theta^{k}-\eta V^{k+1}$$

式中　V^{k+1}——$k+1$ 次的梯度；

α——动量参数，一般初始值不大于0.9。

从上述公式可以看出，k 次的梯度是将当前样本的梯度以及上一步梯度进行融合的结果。初始时 V^0 取值为0，因此给定某个神经网络的实际输出与期望输出之差 L、学习率 η、权值参数初始值 θ^0（该初始值可以通过随机方式选取）、动量参数 α，则可以根据误差反传训练算法进行权值参数的调整。因此，当本次梯度方向与上一次梯度方向相同时，则加大权值更新力度；当本次梯度方向与上一次梯度方向不同时，则减小权值的更新力度，即在本次梯度方向的更新减慢，从而通过该方法可以更快收敛，并且振荡减少。当然，如果该神经网络中有阈值参数，则该阈值参数也可以使用权值参数的动量梯度下降法来对其进行参数空间搜索。同时，在这里需要注意的是该方法有两个超参数 η 和 α。

（3）AdaGrad 法

从前面介绍的梯度下降法以及优化的动量梯度下降法可知，方法中的学习率 η 固定，能否根据参数的重要性自适应学习呢？AdaGrad 法就是基于在学习的过程中自动调整学习率 η。其公式可以表示为：

$$h^{k+1}=h^{k}+\frac{\partial L}{\partial \theta^{k}}\odot\frac{\partial L}{\partial \theta^{k}}$$

$$\theta^{k+1}=\theta^{k}-\frac{\eta}{\sqrt{h^{k+1}}}\odot\frac{\partial L}{\partial \theta^{k}}$$

式中　h^{k+1}——$k+1$ 次前的所有梯度值的平方和（式中的 $\odot$ 表示对应矩阵元素的乘法）；

η——学习率参数。

从上式可知：在进行参数调整时，通过乘以 $1/\sqrt{h^{k+1}}$，就可以调整学习的尺度。这说明在参数的元素变动较大时，其学习率将变小；在参数的元素变动较小时，其学习率将变大，这样可使得学习率将根据参数元素变化来动态调整。因此，在刚开始训练阶段，梯度累积量比较小，此时学习率比较大，收敛速度比较快，但训练后期，梯度累积量比较大，此时学习率减小，收敛速度会较慢。

该方法在实际使用中，常常会使用下面的公式：

$$\theta^{k+1}=\theta^{k}-\frac{\eta}{\delta+\sqrt{h^{k+1}}}\odot\frac{\partial L}{\partial \theta^{k}}$$

（4）Adam 法

Adam 法由 Kingma 等在 2014 年提出，该方法通过计算梯度的一阶矩估计（过往梯度与当前梯度的平均）和二阶矩估计（过往梯度平方与当前梯度平方的平均）而为不同参数设计了独立自适应性学习率。它是在动量梯度下降法和 AdaGrad 法基础上发展起来的一种优化算法。其公式可以表示为：

$$V^{k+1}=\alpha V^{k}+(1-\alpha)\frac{\partial L}{\partial \theta^{k}}$$

$$h^{k+1}=\beta h^{k}+(1-\beta)\frac{\partial L}{\partial \theta^{k}}\odot\frac{\partial L}{\partial \theta^{k}}$$

$$\hat{V}^{k+1}=\frac{V^{k+1}}{(1-\alpha^{k+1})}$$

$$\hat{h}^{k+1}=\frac{h^{k+1}}{(1-\beta^{k+1})}$$

$$\theta^{k+1}=\theta^{k}-\lambda\odot\frac{\hat{V}^{k+1}}{\sqrt{\hat{h}^{k+1}}+\delta}$$

式中 V^{k+1}——$k+1$ 次梯度的一阶矩；
α——一阶矩衰减系数；
h^{k+1}——$k+1$ 次梯度的二阶矩；
β——二阶矩衰减系数；
$\hat{V}^{k+1}$——V^{k+1}的矫正，初始值为 0；
$\hat{h}^{k+1}$——h^{k+1}的矫正，初始值为 0；
λ——学习率参数。

从上述公式可知，Adam 法计算方法里包含过往所有梯度与当前梯度的平均，这使得权值每次更新时，上一次更新的梯度与当前更新的梯度不会相差太大，这样使得梯度可以平滑、稳定地过渡，适应性大大增强。同时该方法也包含了过往梯度平方与当前梯度平方的平均，这体现该优化方法可以为不同参数产生自适应的学习速率。

视频简介

本视频主要讲解 BP 误差反传算法训练流程、BP 人工神经网络的主要用途、BP 人工神经网络的局限性及 BP 人工神经网络的改进方法(部分)，观看以上内容讲解视频请扫描二维码。

视频简介

本视频主要讲解 BP 人工神经网络的改进方法(部分)、BP 人工神经网络的设计方法、BP 人工神经网络的训练方法与 BP 人工神经网络的测试方法，观看以上内容讲解视频请扫描二维码。

本章小结

本章首先通过最基础的生物神经元结构介绍，阐述了人工神经网络是受生物神经元启发发展而来的。在此基础上，论述了人工神经元的表示方法，分析了通过多个人工神经元的组合构成单层感知机的方法及其局限。由于单层感知机不能解决最为简单的“异或”线性不可分问题，继而引入多层感知机，即多层神经网络。为了让多层神经网络可以主动地从数据中学习到合适的权值参数，本章详细论述了 BP 人工神经网络的误差反传训练算法。同时对其算法中采取的权值调整策略——梯度下降法以及网络设计方法进行了讲解，并对 BP 人工神经网络的局限性以及一些改进方法进行阐述，为本书第 3 章的深度学习奠定了基础。

本章内容配套 PPT 课件获取链接：https://pan.baidu.com/s/1IkZtVlGwHwDizAjVLPHFmA，提取码：1008。

实践 1　编程环境安装

实践 1 将以 Python(Anaconda 3.5)、Tensorflow 1.13.1 和 Keras 2.2.4 为例介绍实践环节编程环境的搭建，逐步引导读者安装所需的语言环境及深度学习框架，配套讲解视频可扫描右侧二维码获取。

实践 2　利用感知机实现 Mnist 手写数字分类

依次安装 Python、Tensorflow 及 Keras 后，实践 2 将利用所安装的 Tensorflow-keras 框架搭建一个含有一个隐层的感知机，并利用 Mnist 手写数字数据集对感知机模型进行训练，最终完成分类任务。源码下载地址：https://github.com/BookCode-2024/HandWriting_MLP.git，配套讲解视频可扫描右侧二维码获取。

习题

(1)假设有四组数据的特征分别为(3，3)、(5，3)、(1，1)与(2，-1)。其中(3，3)与(5，3)这两组数据特征的类别标签为 1，(1，1)与(2，-1)这两组数据特征的类别标签为 -1。设初始权向量 $W(0)=(0.5, 1, 0)^{\mathrm{T}}$，$\eta -0.1$，激活函数为 sign 函数，且初始权向量中第一个分量为阈值，试用单层感知机的学习规则求出分类正确的权值和阈值。

(2)求 softmax 激活函数的偏导数。

(3)设初始权向量 $W(0)=(0.4, 0.3, 0.2)^{\mathrm{T}}$，$\eta=0.4$，激活函数为

$$f(x)=\begin{cases}1 & x>0\\0 & x\leqslant 0\end{cases}$$

且初始权向量中第一个分量为阈值，请用单层感知机完成逻辑或运算的学习过程。

(4)单层感知机与多层感知机功能有何不同？并猜测这些不同点产生的原因。

(5)假设两个输入信号 x、y，隐层两个神经元的输出分别为 u、v，输出层神经元的输出为 z，这些神经元的激活函数都为 sigmoid，试求输出 z 对输入信号 x、y 的导数。

(6)描述 BP 算法中前向传播和反向传播的过程，并解释它们在算法中的作用。

(7)编程实现梯度下降法求解下列函数的最小值：$f(x, y) = (x^2 + y^2)^2 + (x^2 + 2x + 2y + 1)^2$。

(8)利用 BP 人工神经网络编程实现正弦函数逼近，其中：BP 人工神经网络中隐层只有一层且该层神经元激活函数为 ReLU 函数，输出层神经元激活函数为未带截距的线性函数。

(9)一个三层的感知机网络结构，其输入 $x_1 = 0.5$，$x_2 = 0.7$，假设三层感知机的所有神经元初始阈值均为 0.1，且隐层和输出层的神经元个数都是两个。输入层到隐层的初始权值矩阵为 $\boldsymbol{V}_0 = \begin{bmatrix} v_{11} & v_{21} \\ v_{12} & v_{22} \end{bmatrix} = \begin{bmatrix} 0.4 & -0.2 \\ 0.1 & -0.5 \end{bmatrix}$，隐层到输出层的初始权值矩阵为 $\boldsymbol{W}_0 = \begin{bmatrix} w_{11} & w_{21} \\ w_{12} & w_{22} \end{bmatrix} = \begin{bmatrix} 0.6 & -0.3 \\ 0.2 & 0.5 \end{bmatrix}$，输出神经元的输出分别为 o_1、o_2，该感知机的激活函数均为 sigmoid 函数。

①计算该感知机的输出 o_1、o_2；

②已知两个输出神经元期望的输出是 $d_1 = -0.2$，$d_2 = 0.3$，学习率为 0.5，利用误差反传训练算法计算隐层神经元第一次更新后的权值和阈值。

(10)BP 算法在训练过程中可能会遇到梯度消失或梯度爆炸的问题。请解释这些问题产生的原因，并提出至少两种可行的解决方案。

参考文献

[1]韩力群，施彦．人工神经网络理论及应用[M]．北京：机械工业出版社，2017.

[2]斋藤康毅．深度学习入门：基于 Python 的理论与实现[M]．陆宇杰，译．北京：人民邮电出版社，2020.

[3]WARREN S M，WALTER P. A logical calculus of ideas immanent in nervous activity[J]. The Bulletin of Mathematical Biophysics，1943，(5)：115 – 133.

[4]FRANK R. The perceptron：a probabilistic model for information storage and organization in the brain[J]. Psychological Review，1958，65(6)：386 – 408.

[5]MARVIN M，SEYMOUR P. Perceptrons：an introduction to computational geometry[M]. Cambridge City：MIT Press，1969.

[6]PAUL W. Beyond regression：new tools for prediction and analysis in the behavioral sciences[D]. Cambridge City：Harvard University，1974.

[7]DAVID E R，GEOFFREY E H，RONALD J W. Learning representations by back – propagating errors[J]. Nature，1986，323：533 – 536.

[8]BASHEER I A，HAJMEER M. Artificial neural networks：fundamentals，computing，design，and application[J]. Journal of Microbiological Methods，2000，43(1)：3 – 31.

[9]KINGMA D，BA J. Adam：A method for stochastic optimization[J]. Computer Science，2014. DOI：10.48550/arXiv.1412.6980.

第 2 章　支持向量机

尽管在深度学习算法流行的今天，支持向量机有被淹没之势，然而其作为机器学习领域的典型算法，在处理分类和回归问题方面，仍有其独特的魅力。支持向量机通过使几何间隔最大化的分类超平面来实现对新样本的预测功能，同时可在小样本的情况下，获得较好的泛化性能。对于线性不可分问题，支持向量机通过引入核函数技巧将低维特征空间的输入数据映射到高维特征空间，使得原本在低维空间中线性不可分的数据变得线性可分，同时以低维空间计算量在高维特征空间中构造线性判别函数实现训练样本分类，巧妙地避免了“维数灾难”问题。因此，支持向量机在机器学习领域具有举足轻重的地位，它不仅在理论上具有完善的体系，而且在实践中也展现出了强大的性能，特别是序列最小优化算法的出现，更进一步推动了支持向量机的推广应用。无论是在学术研究还是工业应用中，支持向量机都是一个不可或缺的重要工具。本章重点介绍线性硬可分、线性软可分和非线性这三类支持向量机，并对核函数及序列最小优化算法进行分析。

2.1　支持向量机基本思想

支持向量机(Support Vector Machine，SVM)是一种在统计学习理论框架下发展起来的高效监督学习模型，其基本思想是通过最大化间隔准则在特征空间中寻找一个最优超平面，以实现数据的可靠分类。

2.1.1　从感知机到支持向量机

SVM 的基本原理与感知机很类似，均是在特征空间中寻找一个能够正确划分不同类别样本的分类超平面。然而，在实现这一目标时所采用的策略有所不同。具体地，感知机是利用误分类最小的策略，求得分类超平面，其解可能会有无数多个；相比之下，SVM 的学习策略更为严格，它不仅追求分类的正确性，还致力于找到一个最优的分类超平面，这个超平面通过最大化不同类别样本之间的间隔来实现，其解唯一。

图 2 - 1 所示为一个二维特征空间中的简单二分类问题。图中“•”表示正例，“×”表示负例。在该问题中，训练数据集线性可分，目标是找到一条决策分界线将这两类数据正确划分。

感知机模型在处理上述二分类问题时，主要通过构造基于误分类的损失函数，并利用梯度下降法对损失函数进行最小化，以确定出分类决策边界。这种方式可以轻松地训练出一条线，将两类数据完全分开，并保证误差为零。然而(图 2－1)，可能会遇到多个解的情况，这说明决策边界不唯一。图中分界线的位置，无论是靠近某一类还是位于中间，都取决于权重的初始随机值，但无论初始值如何，只要能够将两类数据分开，误差都为零。因此，在神经网络中，无法判断哪条线更优，哪条线较差。

另外，在图 2－1 所示的二维特征空间中，可以看到虽然三条直线都能正确划分样本，但是只有 2 号直线对训练样本局部扰动的"容忍"性最好。例如，由于训练数据集的局限性或噪声的因素，训练集以外的新样本可能比图 2－1 中的训练样本更接近两个类的分界线，如果待预测样本稍有偏差，以 1 号分界线为判据，将使样本错误分类(图 2－2)，而 2 号分界线受影响最小。换言之，2 号分界线所产生的分类结果最可靠，对未见预测样本的泛化能力最强。

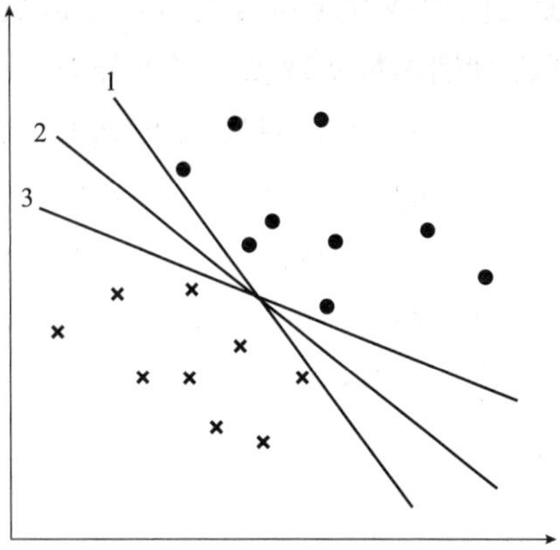

图 2－1　简单二分类模型

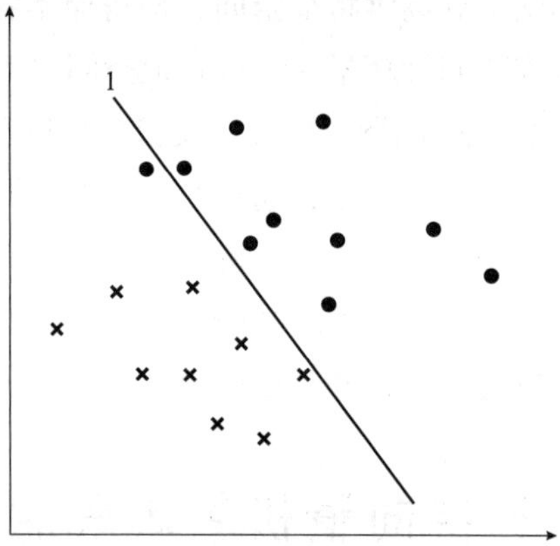

图 2－2　模型泛化能力示意

感知机模型的主要目的是找到一个超平面，能够将输入空间中的样本划分为正、负两类，即只关心训练样本的误分类点，但不考虑间隔的大小。如何选择最优的分类超平面？为此引入 SVM 的概念。SVM 通过最大化间隔来寻找最优分类超平面，使得分类超平面与两类数据之间的间隔最大。这样可以增加模型的泛化能力，减少对待分类数据的误分类。

2.1.2　SVM 解决问题思路

根据前面讨论，需要解决的核心问题是：如何确定最佳的分类超平面。在解决这个问题时，希望找到一种最优的分割方式，使得分类效果最佳并且能够实现最高的分类准确度。

在 SVM 中，实际上构造了两个平行的超平面作为支持超平面来决定最优分类超平面的位置，即分类超平面为两个支持超平面的中间分界，支持超平面之间的区域被称为"间隔"。图 2－3 所示为支持超平面和分类超平面的关系，虚线为支持超平面，实线为分类超平面，位于间隔边界上的正例和负例样本称为支持向量，这就是支持向量机名称的由来。

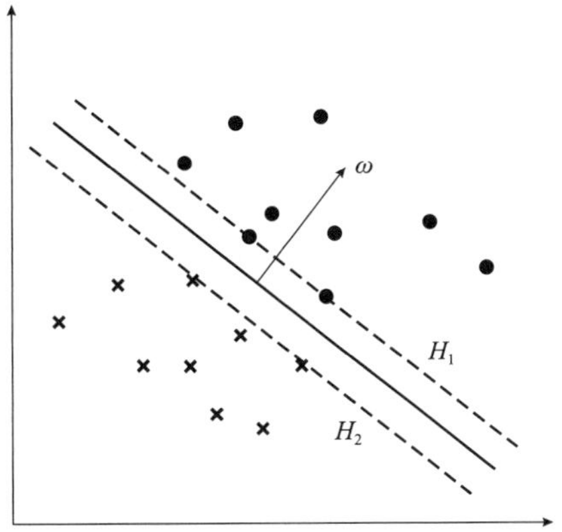

图 2-3　支持超平面和分类超平面的关系

如果特征数据本身难以分类该怎么办呢？如图 2-4 所示的线性不可分情况，仅仅依靠一条线无法实现有效的分割。一般面对这样一个线性不可分问题，可以通过三层 BP 人工神经网络实现分类，但并不能解析出其工作机理。只能猜测，或许是通过画出多个分界超平面或多个超曲面，也或许是通过从低维到高维映射，然而终究不能证实。所以神经网络一直被认为是一个“黑箱结构”。那 SVM 怎么完成这一分类呢？

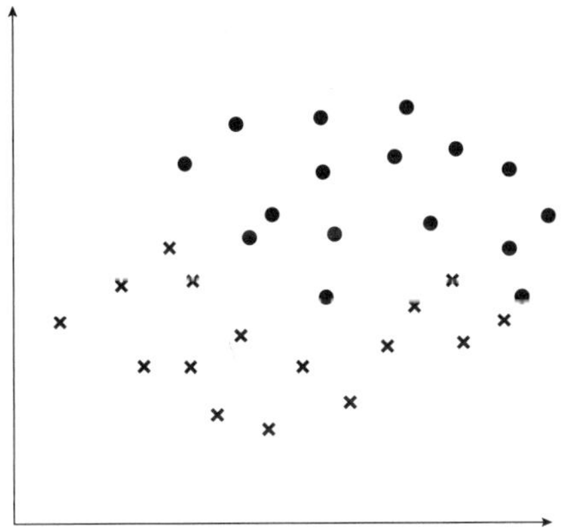

图 2-4　线性不可分情况

如图 2-5 所示，左侧的一维数据难以实现有效的分类，但发现中间“●”样本对应的数值(绝对值)很小，两侧“■”样本对应的数值(绝对值)很大，所以可以考虑增加数据的维度。例如，可以添加一个平方项将其转换为二维数据。通过增加数据的维度，可以将一维上线性不可分的数据，转变为二维上的线性可分(图中水平虚线为分界线)。

针对这样一个简单的线性不可分问题，可以通过观察与思考，很容易构造出升维的方法，但当原始样本维数很大时，再进行更大维数的升维，问题将会变得极为复杂。SVM 最大的创新之处就在于使用了核函数将数据从原始特征空间映射到高维特征空间，使其在新空间中变得线性可分。这样，就可以使用 SVM 算法在新空间中寻找最佳的分类超平面，相关核函数技巧在 2.4.3 节介绍。

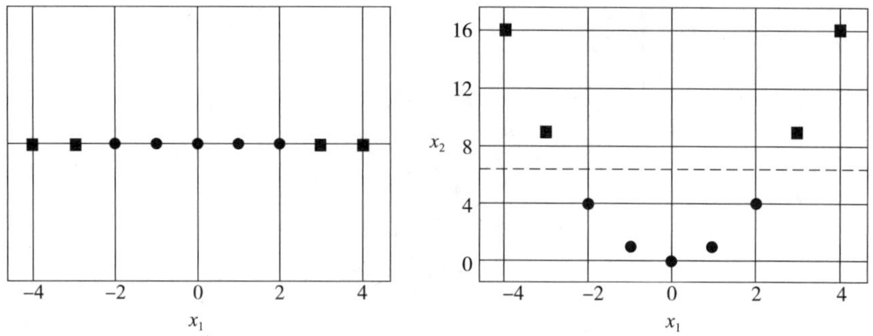

图2–5　升维后线性可分

为了实现分类目标，SVM需要求解一个优化问题。这个优化问题通常是以寻找最优参数为目标，同时满足一定的约束条件。然而，直接求解这个原始优化问题可能比较困难，尤其是在数据量较大或特征维度较高的情况下。这时，可以引入对偶问题的概念来简化求解过程。具体来说，可以通过拉格朗日对偶性将原始优化问题转化为一个对偶问题，两者的最优解等价。而对偶问题通常具有更简单的形式，不但便于使用核函数技巧来处理非线性分类问题，并且可以利用高效的序列最小优化算法(简称SMO算法)进行求解。

为了便于理解，下面首先给出一些关键词，并利用这些关键词对SVM作出概括，希望这些关键词与概括能帮助读者初步了解SVM的基本思想、需要解决的问题以及关键的理论。在掌握了SVM的理论体系之后，可回头补充关键词并完善概括。

关键词：最大间隔、最优分类超平面、线性、泛化性；软间隔、容忍、允许、灵活性；升维、非线性、高维、线性可分；点积、计算复杂度、核函数、替代；序列最小优化算法、α值、收敛、对偶问题。

概括1：最大间隔与线性模型——SVM以最大间隔为出发点，旨在构建可实现最优分类超平面的线性模型。最大间隔表明选择能够与不同类别样本间保持最大距离的超平面，提高模型的泛化性。

概括2：软间隔与噪声处理——考虑数据集中可能存在一些难以分类的奇异噪声点，通过引入软间隔，使SVM具备容忍噪声和允许一定误差的功能。软间隔允许部分样本落在间隔内，增加模型的灵活性。

概括3：非线性模型与升维——SVM通过对数据升维，将模型从线性扩展到非线性。升维可以使原本在低维度空间中线性不可分的数据，在高维度空间中变得线性可分。

概括4：核函数简化非线性运算——升维后，涉及高维或无穷维的点积运算，计算复杂度大大提高。通过引入核函数，替代高维空间中的点积计算，使非线性运算更加高效。

概括5：序列最小优化算法——通过迭代优化最小序列支持向量的权重(α值)，从而简化计算过程。SMO算法以其高效的收敛性质，成为SVM中求解对偶问题的主要优化算法。

2.1.3 SVM 的发展过程

SVM 的发展可追溯至 20 世纪。1963 年，Vapnik 与 Chervonenkis 提出 VC 维理论，为机器学习领域的模型复杂度评估奠定了基础。1974 年，Vapnik 进一步提出最大间隔超平面的概念，奠定了 SVM 的基本思想。90 年代，随着数据集的增长和计算机技术的进步，SVM 迅速发展。1992 年，Boser、Guyon 与 Vapnik 利用高斯核函数实现非线性分类，增强了 SVM 处理复杂数据的能力。1995 年，Cortes 与 Vapnik 在 *Machine Learning* 期刊上正式提出 SVM 分类模型。1998 年，Platt 提出 SMO 算法，解决了大规模数据集上高效地找到最优的分类超平面问题，提高了 SVM 模型的学习准确性和实用性。

进入 21 世纪，SVM 在数据挖掘和模式识别领域得到广泛应用，并扩展至回归与排序任务。同时，多类别 SVM、软间隔 SVM 和多核 SVM 等变体不断涌现。SVM 通过最大化间隔来寻找一个最优的分类超平面，以此实现数据的分类任务，并可利用核函数技巧来处理非线性分类问题，其独特的理论基础和卓越的学习性能使其在分类和回归领域备受青睐。

SVM 的发展是一个不断完善和深化的过程，通过引入核函数、处理多分类问题、应对大规模数据集以及优化算法性能等方面的持续努力，使得 SVM 成为机器学习领域的重要模型之一。

2.2 线性硬可分支持向量机

2.2.1 线性可分与分类间隔

线性可分是指在特征空间中存在某个超平面能够将不同类别的样本完全正确地划分到超平面的两侧。大家来思考：什么样的分类超平面性能较好呢(图 2 –6)?

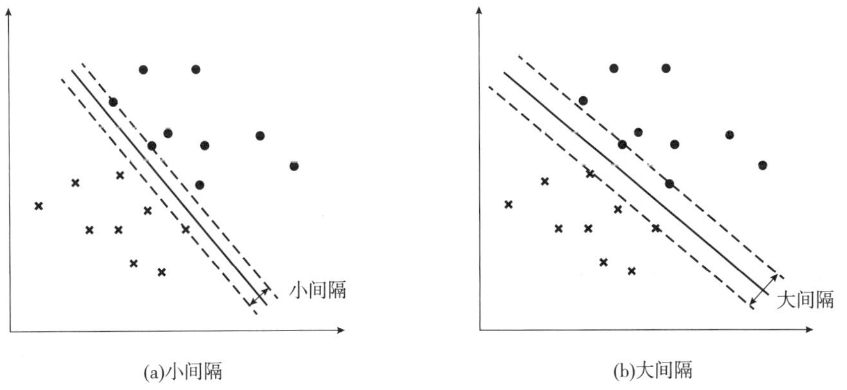

图 2 –6 不同的分类间隔

通过前面的讨论，可以给出两个约束：一是需要区分两类数据，二是每类数据中离分类超平面最近的点到分类超平面的距离要尽可能远。举个例子，将图 2－6 中的数据点“●”和“×”看作“地雷”，现在要在两者之间修建一条公路，不允许地雷在公路上，但允许地雷处于公路的边缘，怎样才能使得公路最宽呢？很显然，选择图 2－6(b)的划分方式会更好。即令分类超平面距离“●”和“×”两类样本的边界都尽可能远。

一般地，在分类问题中，给定一个特征空间上的训练数据集：

$$D=\{(x_1, y_1), (x_2, y_2), \cdots, (x_N, y_N)\}$$

式中，(x_i, y_i)称为样本与标签对，$i=1, 2, \cdots, N$，$x_i \in \chi = R^n$，$y_i \in Y=\{-1, 1\}$。$\boldsymbol{x}_i$ 为第 i 个样本特征向量，y_i 为 x_i 的类标记，是一个二元变量，当 $y_i=+1$ 时，称 x_i 为正例，当 $y_i=-1$ 时，称 x_i 为负例。

如果特征空间中存在一个超平面作为分类超平面，可以将学习目标按照正例和负例分开，那么就称这个分类问题具有线性可分性。对于线性可分训练数据集，分类超平面表示为：

$$S: \boldsymbol{\omega}^{\mathrm{T}}\boldsymbol{x}+b=0 \tag{2-1}$$

即在一维空间中可记为 $\omega x+b=0$，在二维空间中记为 $\omega_1x_1+\omega_2x_2+b=0$，在三维空间中记为 $\omega_1x_1+\omega_2x_2+\omega_3x_3+b=0$。通过间隔最大化准则学习得到最优解 $\boldsymbol{\omega}^*$，b^*。现在把这个超平面用一个符号函数来表达，即超平面的一侧为正类，另一侧为负类，这样得到相应的分类决策函数为：

$$f(x)=\mathrm{sgn}(\boldsymbol{\omega}^{*\mathrm{T}}\boldsymbol{x}+b^*) \tag{2-2}$$

式中　参数 $\boldsymbol{\omega}$ 和 b——超平面的法向量和截距(或称为偏置项)；

　　　$\mathrm{sgn}(\cdot)$——符号函数。

有了这一函数，即可完成分类问题。(特别提醒：为了表达的简化，后续不再对向量以向量形式特别标识。)

2.2.2　几何间隔

那么应该如何寻找该函数呢？首先需要根据点到平面距离公式求距离。

根据高中知识，样本点 x_i 到超平面(ω, b)的距离表示为：

$$d=\frac{|\omega^{\mathrm{T}}x_i+b|}{\|\omega\|} \tag{2-3}$$

为了将式(2－3)分子中的绝对值去掉，可以借助标签 y_i 的作用来实现，即当样本点 x_i 被超平面(ω, b)正确分类时，y_i 必须与式(2－2)中的 $f(x)$ 符号一致，所以可用 $y_i(\omega^{\mathrm{T}}x_i+b)$ 代替绝对值 $|\omega^{\mathrm{T}}x_i+b|$。这个距离 d 被称为超平面(ω, b)关于样本点 x_i 的几何间隔。综上分析可知，式(2－4)成立。

$$d=\frac{y_i(\omega^{\mathrm{T}}x_i+b)}{\|\omega\|} \tag{2-4}$$

一般地，对于给定的训练数据集 D，将所有数据点到分类超平面几何间隔的最小值称为该数据集到分类超平面的几何间隔，即：

$$d=\min_{i=1,\cdots,N} d_i=\min_{i=1,\cdots,N} y_i\left(\frac{\omega^{\mathrm{T}}}{\|\omega\|}\cdot x_i+\frac{b}{\|\omega\|}\right) \tag{2-5}$$

SVM 的核心思想就是希望最大化这个间隔，即求解满足 $\max d$ 的超平面(ω, b)。

2.2.3　硬间隔 SVM 与间隔最大化

硬间隔 SVM 的基本想法是求解能够正确划分训练数据集并且几何间隔最大的分类超平面。对线性可分的训练数据集而言，线性可分分类超平面有无穷多个(等价于感知机)，但是几何间隔最大的分类超平面唯一。

那么如何构造这个超平面？这就是 SVM 首先要解决的问题。间隔最大化的直观解释是：在图 2－6 修公路的例子中，线性可分 SVM 就是要做这么一件事，即找到一条踩不到雷、把两类分开最宽的公路，为此首先需要考虑距预想的中心最近的地雷，然后变化中心线，找到最宽的公路方向。公路有两个边界和一条中心线，要寻找最宽公路的方程，即求出中心线分类决策函数。这样得到的超平面，不仅可以实现将正、负实例点分开，而且对未知的新实例会有很好的分类预测能力。

具体地，希望最大化分类超平面(ω, b)关于数据集的几何间隔 d[见式(2－5)]：

$$\arg\max_{\omega,b} d=\arg\max_{\omega,b}\left\{\frac{1}{\|\omega\|}\min_{i=1,\cdots,N}\left[y_i(\omega^{\mathrm{T}}x_i+b)\right]\right\} \tag{2-6}$$

这就相当于不断地改变 ω，b，找出每一次距离公路中心线最小的点，然后在所有的变化中，找到距离最大(公路最宽时)的点。而关于约束，从距离公式中得到 $y_i(\omega^{\mathrm{T}}x_i+b)$是由绝对值演变而来的，所以必有 $y_i(\omega^{\mathrm{T}}x_i+b)\geqslant 0$，但由于 ω，b 实际上可以不断变换，其作为系数可对其等效缩放而不改变任何规律，为了方便求解，约束条件约定记为 $y_i(\omega^{\mathrm{T}}x_i+b)\geqslant 1$。于是可将最优化问题写为：

$$\begin{gathered}\arg\max_{\omega,b}\left\{\frac{1}{\|\omega\|}\min_{i}\left[y_i(\omega^{\mathrm{T}}x_i+b)\right]\right\}\\ \text{s. t. } y_i(\omega^{\mathrm{T}}x_i+b)\geqslant 1,\ i=1,\ 2,\ \cdots,\ N\end{gathered} \tag{2-7}$$

$\arg\max\limits_{\omega,b}$即表示求出产生最大值时的 ω，b 值。而因为 $y_i(\omega^{\mathrm{T}}x_i+b)\geqslant 1$，有$\min\limits_{i}[y_i(\omega^{\mathrm{T}}x_i+b)]=1$，则最优化问题可记为$\arg\max\limits_{\omega,b}\frac{1}{\|\omega\|}$，相当于$\arg\min\limits_{\omega,b}\|\omega\|$。

另外，容易知道最小化 $\|\omega\|$ 和最小化$\frac{1}{2}\|\omega\|^2$ 实际上等价，因此通过替代可得到如下的最优化问题：

$$\begin{gathered}\min_{\omega,b}\frac{1}{2}\|\omega\|^2\\ \text{s. t. } y_i(\omega^{\mathrm{T}}x_i+b)\geqslant 1,\ i=1,\ 2,\ \cdots,\ N\end{gathered} \tag{2-8}$$

式中　N——样本数。

视频简介

本视频主要讲解支持向量机基本思想、支持向量机解决问题的思路、线性硬可分支持向量机优化问题的处理与推导(部分)，观看以上内容讲解视频请扫描二维码。

2.2.4 硬间隔 SVM 的对偶算法

对于上述最优化问题，有多少个样本就会有多少个约束方程，这样约束问题太过复杂。那么能否将约束问题变为无约束问题，或者将复杂约束问题变为简单约束问题呢？答案是肯定的。要解决这类优化问题，最典型的方法是通过构造拉格朗日函数实现。

构造拉格朗日函数可以将等式约束变为无约束问题，将复杂的不等式约束变为简单的不等式约束。

在硬间隔 SVM 优化问题中，虽然超平面法向量 ω 是唯一优化目标，但学习数据和超平面的截距通过约束条件影响了该优化问题的求解。为了求解线性可分 SVM 的最优化问题，可以引入拉格朗日对偶性来将硬间隔 SVM 最优化问题(原始问题)转化为对应的对偶问题进行求解。这样做的优点，一是对偶问题更容易求解；二是自然引入核函数，进而推广到在后文所讨论的非线性分类问题。

根据前面推导，硬间隔 SVM 的原始问题如下，其中不等式约束要化为标准形式：

$$\min_{\omega,b}\frac{1}{2}\|\omega\|^2 \text{ s. t. } 1-y_i(\omega^{\mathrm{T}}x_i+b)\leqslant 0,\ i=1,\ 2,\ \cdots,\ N \tag{2-9}$$

将式(2-9)中的每一个约束条件乘上拉格朗日乘子 $\alpha_i=\{\alpha_1,\ \cdots,\ \alpha_N\}$，然后再求和，可构造其拉格朗日函数：

$$L(\omega,b,\alpha)=\frac{1}{2}\|\omega\|^2+\sum_{i=1}^{N}\alpha_i[1-y_i(\omega^{\mathrm{T}}x_i+b)] \text{ s. t. } \alpha_i\geqslant 0 \tag{2-10}$$

这样得到由拉格朗日函数表示的原始问题：

$$\min_{\omega,b}\max_{\alpha}\left[\frac{1}{2}\|\omega\|^2+\sum_{i=1}^{N}\alpha_i[1-y_i(\omega^{\mathrm{T}}x_i+b)]\right] \text{s. t. } \alpha_i\geqslant 0 \tag{2-11}$$

而对于该优化问题，先对 α 求最大再对 ω，b 求最小，与先对 ω，b 求最小再对 α 求最大，二者等效，即 $\min\limits_{\omega,b}\max\limits_{\alpha}L(\omega,\ b,\ \alpha)=\max\limits_{\alpha}\min\limits_{\omega,b}L(\omega,\ b,\ \alpha)$。所以，式(2-11)的原始问题可转化为对应的对偶问题：

$$\max_{\alpha}\min_{\omega,b}\left[\frac{1}{2}\|\omega\|^2+\sum_{i=1}^{N}\alpha_i[1-y_i(\omega^{\mathrm{T}}x_i+b)]\right] \text{s. t. } \alpha_i\geqslant 0 \tag{2-12}$$

因此，为了得到对偶问题的解，需要先求 $L(\omega,\ b,\ \alpha)$ 对 ω，b 的最小，再求对 α 的最大。

(1)求 $L(\omega,\ b,\ \alpha)$ 对 ω，b 的最小

要先求 $L(\omega,\ b,\ \alpha)$ 对 ω，b 的最小，可令拉格朗日函数对优化目标 ω，b 的偏导数为 0，得到一系列包含拉格朗日乘子的表达式：

$$\frac{\partial L}{\partial \omega} = \omega - \sum_{i=1}^{N} \alpha_i y_i x_i = 0, \frac{\partial L}{\partial b} = -\sum_{i=1}^{N} \alpha_i y_i = 0 \Rightarrow \begin{cases} \omega = \sum_{i=1}^{N} \alpha_i y_i x_i \\ \sum_{i=1}^{N} \alpha_i y_i = 0 \end{cases} \tag{2-13}$$

将其代入拉格朗日函数：

$$\begin{aligned} \min_{\omega,b} L(\omega,b,\alpha) &= \frac{1}{2}\sum_{i=1}^{N}\sum_{j=1}^{N}\alpha_i\alpha_j y_i y_j (x_i \cdot x_j) + \sum_{i=1}^{N}\alpha_i - \sum_{i=1}^{N}\alpha_i y_i \left[\sum_{j=1}^{N}\alpha_j y_j (x_i \cdot x_j) + b\right] \\ &= \frac{1}{2}\sum_{i=1}^{N}\sum_{j=1}^{N}\alpha_i\alpha_j y_i y_j (x_i \cdot x_j) + \sum_{i=1}^{N}\alpha_i - \sum_{i=1}^{N}\sum_{j=1}^{N}\alpha_i\alpha_j y_i y_j (x_i \cdot x_j) - \sum_{i=1}^{N}\alpha_i y_i b \\ &= \sum_{i=1}^{N}\alpha_i - \frac{1}{2}\sum_{i=1}^{N}\sum_{j=1}^{N}\alpha_i\alpha_j y_i y_j (x_i \cdot x_j) \end{aligned} \tag{2-14}$$

式中　$\sum_{i=1}^{N}\alpha_i$——所有样本对应的拉格朗日常数求和；

$\sum_{i=1}^{N}\sum_{j=1}^{N}$——双求和；

$\alpha_i\alpha_j$——拉格朗日常数相乘；

$y_i y_j$——分类标签互乘；

$(x_i \cdot x_j)$——x_i 样本向量点乘 x_j 样本向量。

在该式中，只有拉格朗日常数是未知量，这样也就便于对 α_i 求最大值。事实上，式(2-14)中内积$(x_i \cdot x_j)$为引入核函数创造了条件，进而便于推广到非线性分类问题。注意：最终的优化问题主要取决于样本向量之间的点积运算，而不是样本向量本身，这就是后续引出核函数技巧的依据。

(2)求$\min\limits_{\omega,b} L(\omega, b, \alpha)$对 α 的最大

$$\max_{\alpha}\left[\sum_{i=1}^{N}\alpha_i - \frac{1}{2}\sum_{i=1}^{N}\sum_{j=1}^{N}\alpha_i\alpha_j y_i y_j (x_i \cdot x_j)\right]$$

$$\text{s. t.} \sum_{i-1}^{N}\alpha_i y_i = 0$$

$$\alpha_i \geqslant 0 \tag{2-15}$$

进一步地，将式(2-15)的目标函数由求最大转换成求最小，就得到下面与之等价的优化问题：

$$\min_{\alpha}\left[\frac{1}{2}\sum_{i=1}^{N}\sum_{j=1}^{N}\alpha_i\alpha_j y_i y_j (x_i \cdot x_j) - \sum_{i=1}^{N}\alpha_i\right]$$

$$\text{s. t.} \sum_{i=1}^{N}\alpha_i y_i = 0$$

$$\alpha_i \geqslant 0 \tag{2-16}$$

最后，通过式(2-16)可求得最优解 $\alpha_i^{*} = \{\alpha_1^{*}, \cdots, \alpha_N^{*}\}$，进而求出 ω^{*}，b^{*}：$\omega^{*} = \sum_{i=1}^{N}\alpha_i^{*} y_i x_i$(选择 $\alpha_i^{*} > 0$，因为 $\alpha_i^{*} = 0$ 的样本点对优化后的效果不起作用)，$b^{*} = y_j -$

$\sum_{i=1}^{N}\alpha_i^*y_i(x_i\cdot x_j)$（同样选择 $\alpha_i^*>0$）。

这样，分类超平面可以写成：

$$\sum_{i=1}^{N}\alpha_i^*y_i(x\cdot x_i)+b^*=0 \tag{2-17}$$

分类决策函数可以写成：

$$f(x)=\operatorname{sgn}\left[\sum_{i=1}^{N}\alpha_i^*y_i(x\cdot x_i)+b^*\right] \tag{2-18}$$

这就是说，分类决策结果只依赖于输入样本向量 x 与所有训练样本向量的点积(点积也称内积)。式(2-16)称为线性可分 SVM 的对偶形式。

在此框架内，数据点被明确区分为两类：一类是对分类超平面位置起决定性作用的点，即支持向量；另一类则对超平面的确定不产生直接影响。具体而言，支持向量位于由其自身定义的两条边界(相当于"公路"的两侧边缘)上，共同支持并决定了那条至关重要的"中心线"(分类超平面)。值得注意的是，支持向量的特点在于其在求解过程中对应的系数不为零，即 $\alpha_i^*>0$。正是这些关键数据点，通过其独特的空间位置，确保了分类超平面的精确性与有效性。所以，支持向量是 SVM 中真正发挥作用的数据点，是 α_i^* 值不为 0 的点。

综上所述，对于给定的线性可分训练数据集，可以首先求对偶问题的解 α_i^*；再利用公式 $\omega^*=\sum_{i=1}^{N}\alpha_i^*y_ix_i(\alpha_i^*>0)$，$b^*=y_j-\sum_{i=1}^{N}\alpha_i^*y_i(x_i\cdot x_j)$ $(\alpha_i^*>0)$ 求得原始问题的解 ω^*，b^*；从而得到分类超平面及分类决策函数。这种算法称为线性可分 SVM 的对偶学习算法，是线性可分 SVM 学习的基本算法。

【例题】已知一个如图 2-7 所示的训练数据集，其正例点为 $x_1=(3,3)^T$，$x_2=(4,3)^T$，负例点为 $x_3=(1,1)^T$，试求最大间隔分类超平面。

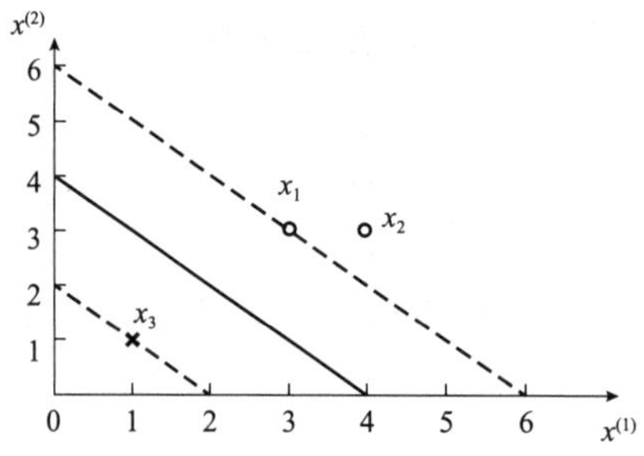

图 2-7　样本点分布

[**解**]由图 2-7 可得：

$$x_1=(3,3)^T\rightarrow y_1=1$$

$$x_2=(4,3)^T\rightarrow y_2=1$$

$$x_3=(1,1)^T\rightarrow y_3=-1$$

由式(2-16)有：

$$\min_{\alpha}\left[\frac{1}{2}\sum_{i=1}^{3}\sum_{j=1}^{3}\alpha_i\alpha_j y_i y_j(x_i\cdot x_j)-\sum_{i=1}^{3}\alpha_i\right]$$

$$\text{s. t. }\sum_{i=1}^{3}\alpha_i y_i=0$$

$$\alpha_i\geqslant 0$$

代入得到：

$$\min_{\alpha}\left[\frac{1}{2}(18\alpha_1{}^2+25\alpha_2{}^2+2\alpha_3{}^2+42\alpha_1\alpha_2-12\alpha_1\alpha_3-14\alpha_2\alpha_3)-\alpha_1-\alpha_2-\alpha_3\right]$$

$$\text{s. t. }\alpha_1+\alpha_2-\alpha_3=0$$

$$\alpha_i\geqslant 0,\ i=1,\ 2,\ 3$$

把 $\alpha_3=\alpha_1+\alpha_2$ 代入目标函数并记为：

$$s(\alpha_1,\ \alpha_2)=4\alpha_1{}^2+\frac{13}{2}\alpha_2{}^2+10\alpha_1\alpha_2-2\alpha_1-2\alpha_2$$

对于上述目标函数，可分别对 α_1，α_2 求偏导并令其为 0 来求极值，即通过$\frac{\partial s}{\partial\alpha_1}=0$ 与 $\frac{\partial s}{\partial\alpha_2}=0$ 求得 $\alpha_1=1.5$，$\alpha_2=-1$。由于该结果不满足约束条件 $\alpha_2\geqslant 0$，因而最终的解应该为边界上的点。此时，可分为以下两种情况进行讨论：

①令 $\alpha_1=0$，则目标函数 $s(0,\ \alpha_2)=\frac{13}{2}\alpha_2{}^2-2\alpha_2$，进而对 α_2 求偏导并令其为 0，可求得 $\alpha_2=\frac{2}{13}$且目标函数最小值 $s\left(0,\ \frac{2}{13}\right)=-\frac{2}{13}$；

②令 $\alpha_2=0$，则目标函数 $s(\alpha_1,\ 0)=4\alpha_1{}^2-2\alpha_1$，进而对 α_1 求偏导并令其为 0，可求得 $\alpha_1=0.25$ 且目标函数最小值 $s(0.25,\ 0)=-0.25$；

综上可知，$s(\alpha_1,\ \alpha_2)$ 在 $\alpha_1=0.25$，$\alpha_2=0$ 时达到最小，此时 $\alpha_3=\alpha_1+\alpha_2=0.25$；

根据前面公式 $\omega^*=\sum_{i=1}^{N}\alpha_i{}^*y_ix_i(\alpha_i{}^*>0)$，可得 $\omega^*=\alpha_1{}^*y_1x_1+\alpha_3{}^*y_3x_3=[0.5,\ 0.5]^{\mathrm{T}}$，即 $\omega^*=[\omega_1{}^*,\ \omega_2{}^*]^{\mathrm{T}}=[0.5,\ 0.5]^{\mathrm{T}}$；

此外，根据公式 $b^*=y_j-\sum_{i=1}^{N}\alpha_i{}^*y_i(x_i\cdot x_j)$ $(\alpha_i{}^*>0)$ 可计算出 b^*，考虑 SVM 的分类决策函数唯一，因而根据任何 $\alpha_i{}^*>0$ 的样本点 x_i 所求出的 b^* 都相同。这里，不妨假设 $j=1$，可得 $b^*=y_1-[\alpha_1{}^*y_1(x_1\cdot x_1)+\alpha_3{}^*y_3(x_3\cdot x_1)]=-2$。

综上，最大间隔分类超平面为：$0.5x^{(1)}+0.5x^{(2)}-2=0$。

视频简介

本视频主要讲解线性硬可分支持向量机优化问题处理与推导（部分）：包括拉格朗日函数构造、对偶问题及优化问题解读，观看以上内容讲解视频请扫描二维码。

2.3 线性软可分支持向量机

线性硬可分 SVM 适用于理想的线性可分数据集，但实际情况往往比较复杂，训练数据集中可能存在少量的奇异点，使得数据集不严格满足线性可分性，此时线性可分 SVM 的不等式约束并不都能成立。在这种情况下，线性硬可分 SVM 将产生分类误差。为了将其扩展到解决线性软可分问题(线性硬可分问题中存在奇异点的问题)，需要引入软间隔的概念，使学习过程从硬间隔最大化转为软间隔最大化。为此，引申出本节的线性软可分 SVM，也称作软间隔 SVM。

2.3.1 软间隔 SVM 与软间隔最大化

对于给定的一个特征空间上的训练数据集：

$$D=\{(x_1, y_1), (x_2, y_2), \cdots, (x_N, y_N)\}$$

式中，(x_i, y_i)称为样本与标签对，$i=1, 2, \cdots, N$，$x_i \in \chi = R^n$，$y_i \in \gamma = \{-1, 1\}$。$\boldsymbol{x}_i$ 为第 i 个特征向量。y_i 为 x_i 的类标记，是一个二元变量，当 $y_i=+1$ 时，称 x_i 为正例；当 $y_i=-1$ 时，称 x_i 为负例。给定的训练数据集 D 中存在少量奇异点，这导致其不能线性可分，但是将这些奇异点去除后，剩下大部分的样本点构成的数据集为线性可分。

软间隔 SVM 是在硬间隔 SVM 的基础上，可以对每个训练样本 x_i 引入一个松弛变量 $\xi_i \geqslant 0$，这是优化方法中常用的技巧。即允许一些样本位于间隔内，这样约束条件调整为：

$$y_i(\omega^{\mathrm{T}} x_i + b) \geqslant 1 - \xi_i \tag{2-19}$$

引入松弛变量的目的是希望在更大的可行域内求解，使得模型能够处理线性不可分的数据集，同时尽量保持分类的准确性和泛化能力。

在优化过程中，需要对每个松弛变量 ξ_i 支付一个代价，从而更新目标函数为$\frac{1}{2}\|\omega\|^2$ 加上 C 乘以所有松弛变量之和，即：

$$\frac{1}{2}\|\omega\|^2 + C\sum_{i=1}^{N}\xi_i \tag{2-20}$$

式中，$C>0$，称为惩罚参数，用于控制对误分类的惩罚程度，其值由具体的应用场景决定。减小 C 值可以使得 ξ_i 适当增大，减轻对误分类样本的惩罚，反之则加强这种惩罚。

最小化目标函数[式(2-20)]包含两层含义：一是使$\frac{1}{2}\|\omega\|^2$ 尽量小，即最大化间隔，确保分类的鲁棒性；二是通过最小化松弛变量的总和来减少误分类的样本数量。这里，C 是调和二者的系数。

基于上述软间隔 SVM 调整后的目标函数和逻辑，可以将训练数据集线性不可分时的软间隔 SVM 学习问题视为软间隔最大化的过程，这与处理线性可分数据集时的硬间隔最大化方法相呼应。

软间隔 SVM，其目标就是在存在一定误分类的情况下，找到一个分类超平面，使得误分类点的数量最小化，从而建立更具鲁棒性的模型。对于一些线性不可分的实际数据集，软间隔 SVM 能够更好地适应并提供更稳健的分类结果。但要注意参数的调整，否则过大的松弛变量可能导致模型过拟合。

2.3.2　软间隔 SVM 的对偶问题

软间隔 SVM 学习问题变为如下优化问题(原始问题)：

$$\min_{\omega,b,\xi}\left(\frac{1}{2}\|\omega\|^2+C\sum_{i=1}^{N}\xi_i\right)$$

$$\text{s.t. } y_i(\omega^{\mathrm{T}}x_i+b)\geqslant 1-\xi_i \quad \xi_i\geqslant 0,\ i=1,\ 2,\ \cdots,\ N \tag{2-21}$$

将式(2－21)中的每一个约束条件乘上拉格朗日乘子 $\alpha_i=\{\alpha_1,\ \cdots,\ \alpha_N\}$，$\mu_i=\{\mu_1,\ \cdots,\ \mu_N\}$，可得到其拉格朗日函数：

$$L(\omega,b,\xi,\alpha,\mu)=\frac{1}{2}\|\omega\|^2+C\sum_{i=1}^{N}\xi_i+\sum_{i=1}^{N}\alpha_i[1-\xi_i-y_i(\omega^{\mathrm{T}}x_i+b)]-\sum_{i=1}^{N}\mu_i\xi_i$$

$$\alpha_i\geqslant 0,\ \mu_i\geqslant 0 \tag{2-22}$$

将原始问题转化为对偶问题：

$$\max_{\alpha,\mu}\min_{\omega,b,\xi}L(\omega,\ b,\ \xi,\ \alpha,\ \mu)=\min_{\omega,b,\xi}\max_{\alpha,\mu}L(\omega,\ b,\ \xi,\ \alpha,\ \mu) \tag{2-23}$$

对偶问题是拉格朗日函数的极大极小问题。令拉格朗日函数对优化目标 ω，b，ξ 的偏导数为0，可得到一系列包含拉格朗日乘子的表达式：

$$\frac{\partial L}{\partial\omega}=\omega-\sum_{i-1}^{N}\alpha_iy_ix_i=0,\frac{\partial L}{\partial b}=-\sum_{i=1}^{N}\alpha_iy_i=0,\frac{\partial L}{\partial\xi_i}=C-\alpha_i-\mu_i=0$$

$$\Rightarrow\begin{cases}\omega=\sum\limits_{i=1}^{N}\alpha_iy_ix_i\\ \sum\limits_{i=1}^{N}\alpha_iy_i=0\\ C-\alpha_i-\mu_i=0\end{cases} \tag{2-24}$$

将其代入拉格朗日函数后可得到原始问题的对偶问题：

$$\max_{\alpha}\left[\sum_{i=1}^{N}\alpha_i-\frac{1}{2}\sum_{i=1}^{N}\sum_{j=1}^{N}\alpha_i\alpha_jy_iy_j(x_i\cdot x_j)\right]$$

$$\text{s.t. }\sum_{i=1}^{N}\alpha_iy_i=0,0\leqslant\alpha_i\leqslant C$$

最终写为：

$$\min_{\alpha}\left[\frac{1}{2}\sum_{i=1}^{N}\sum_{j=1}^{N}\alpha_i\alpha_jy_iy_j(x_i\cdot x_j)-\sum_{i=1}^{N}\alpha_i\right]$$

$$\text{s.t. }\sum_{i=1}^{N}\alpha_iy_i=0,0\leqslant\alpha_i\leqslant C \tag{2-25}$$

通过求解对应的对偶问题，能够间接获得原始问题的解，进而能够确定分类超平面和分类决策函数。

将式(2－25)与式(2－16)相比可知，硬间隔 SVM 约束条件中 $\alpha_i \geqslant 0$，而软间隔 SVM 约束条件中 $0 \leqslant \alpha_i \leqslant C$，这是软间隔与硬间隔的唯一区别。在这里，$C$ 为惩罚参数，在式(2－21)中起着控制模型过拟合风险的作用。所以，当 C 的值特别大时，说明对模型的惩罚非常重，这会促使模型在训练过程中尽量减少误分类的同时，也极力避免 ξ_i 变得过大，因此 ξ_i 会趋向于变得很小。进一步地，如果 C 趋近于无穷大，这种惩罚力度将达到极致，模型将几乎完全专注于减少误分类的样本，导致 ξ_i 趋近于 0，此时模型将采用一个尽可能严格的分类超平面来分隔不同类别的样本，即硬间隔 SVM，它不允许任何训练样本位于其分类超平面的错误一侧。反之，当惩罚参数 C 变小，便是能容忍一定误分类的软间隔 SVM。

2.4 非线性支持向量机

上述线性 SVM 是一种解决线性分类问题的有效方法。但是，在现实世界中，很多数据集并非线性可分或近似线性可分，而是线性不可分的数据，这极大限制了线性 SVM 的应用范围。对此，本节引入非线性 SVM 的概念。

2.4.1 非线性模型与升维

在线性不可分问题中，可以将数据从原始的低维特征空间映射到一个高维特征空间中，以便在这个高维空间中能够找到一个线性可分的超平面来分隔不同类别的数据点。例如在图 2－8 中，将原始的二维空间映射到一个合适的三维空间，就能找到一个合适的分类超平面。但是，如果原始空间是有限维，即属性数有限，那么一定存在一个高维特征空间使样本可分。

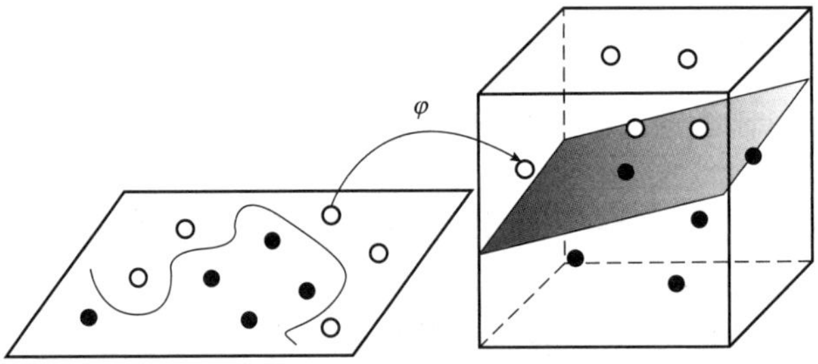

(a)线性不可分　　　　(b)线性可分

图 2－8　非线性模型的升维

非线性 SVM 的基本思想就是通过对数据进行升维，将模型从线性扩展到非线性。升维使得原本在低维度空间中线性不可分的数据，在高维度空间中变得线性可分。在图 2－8 中，线性不可分数据集通过升维后变得线性可分。

2.4.2 非线性 SVM 的对偶问题

将输入数据映射至高维空间后应用线性 SVM 可得到非线性 SVM。非线性 SVM 有如下优化问题：

$$\min_{\omega,b,\xi}\frac{1}{2}\|\omega\|^2+C\sum_{i=1}^{N}\xi_i$$

$$\text{s.t. } y_i[\omega^T\varphi(x_i)+b]\geqslant 1-\xi_i,\ \xi_i\geqslant 0 \tag{2-26}$$

假设用 $\varphi(x)$ 表示原样本点 x 映射到新的特征空间后的向量，那么分类超平面可以表达为：$\omega^T\varphi(x)+b=0$，其中 ω 为权重向量，b 为偏置项。类比软间隔 SVM，非线性 SVM 有如下对偶问题：

$$\min_{\alpha}\left[\frac{1}{2}\sum_{i=1}^{N}\sum_{j=1}^{N}\alpha_i\alpha_j y_i y_j[\varphi(x_i)^T\cdot\varphi(x_j)]-\sum_{i=1}^{N}\alpha_i\right]$$

$$\text{s.t. } \sum_{i=1}^{N}\alpha_i y_i=0,0\leqslant\alpha_i\leqslant C \tag{2-27}$$

式(2-27)中的映射函数内积可直接通过核函数(参考 2.4.3 节)进行计算，即 $K(x_i,x_j)=\varphi(x_i)^T\cdot\varphi(x_j)$。

2.4.3 核函数

(1)核函数的作用

将数据从低维映射到高维(甚至可能是无穷维)空间时，直接计算这些高维空间中的向量点积将变得极其复杂且计算量巨大。如果能找到一个核函数 $K(x_i,x_j)$，使得其在原始空间中的计算结果等于映射后特征空间中 $\varphi(x_i)$ 与 $\varphi(x_j)$ 的点积，即 $K(x_i,x_j)=\varphi(x_i)^T\cdot\varphi(x_j)$，可以避免直接在高维空间中计算点积，极大减少向量点积运算量。

结合具体算例，假设原有两个样本 $x=(x_1,x_2,x_3)$ 和 $z=(z_1,z_2,z_3)$，升维函数 $f(x)=(x_1x_1,x_1x_2,x_1x_3,x_2x_1,x_2x_2,x_2x_3,x_3x_1,x_3x_2,x_3x_3)$。若 $x=(1,2,3)$，$z=(4,5,6)$，则：

$f(x)=(1,2,3,2,4,6,3,6,9)$，$f(z)=(16,20,24,20,25,30,24,30,36)$

计算高维上两个向量的点积为：

$$f(x)^T\cdot f(z)=16+40+72+40+100+180+72+180+324=1024$$

在低维中，尝试用向量点积的平方或更高次方的式子来代替，发现有：

$$(x^T\cdot z)^2=(4+10+18)^2=1024$$

此时，低维上的核函数计算代替了高维中的点积效果，即：

$$K(x,z)=(x^T\cdot z)^2$$

核函数的引入巧妙地应对了“维数灾难”的难题，显著降低了计算复杂度，减少了存储需求，从而使得处理高维数据变得高效可行。

核方法是一类模式识别的算法，其核心思想是通过某种非线性映射函数(核函数)将原始数据嵌入合适的高维特征空间，然后利用通用的线性学习器在这个新的空间中分析和处理模式，使得原本在输入空间中线性不可分的数据在高维特征空间中变得线性可分。这种方法在处理线性不可分数据样本时尤为有效，因为它能够将原本在低维空间中线性不可分的数据集转换为高维空间中线性可分的数据集。值得注意的是，核函数的设计与具体算法实现相互独立，这一特性为使用者提供了极大的灵活性与选择空间。根据不同的应用场景与需求，可以自由地选择合适的核函数与算法进行组合，以达到最优的解决方案。

在非线性 SVM 中，核函数根据其映射到高维空间后的特性不同，可以分为不同的类型，选择合适的核函数对于 SVM 的性能至关重要。然而，虽然很多科学家都在寻找核函数，但目前核函数并不多。

在实际应用中，核函数的选择需要根据具体问题的需求、数据的分布特点以及模型的泛化能力等多方面因素来综合考虑。可以通过交叉验证方法来评估不同核函数的性能，以选择出最适合当前问题的核函数。就目前已有的核函数来说，高斯核函数的应用最为广泛。

(2)高斯核函数

高斯核函数也被称为径向基核函数，是机器学习和统计学习领域中一个极其重要且广泛应用的工具。其核心优势在于能够通过非线性映射将原始低维空间中的数据点转换到无穷维特征空间中，这种转换不仅增强了数据的线性可分性，还丰富了数据的内在结构，使得原本复杂的问题在变换后的空间中可能变得更容易处理。

高斯核函数的基本数学表达式为：

$$K(x_i,\ x_j)=\exp\left(-\frac{\|x_i-x_j\|^2}{2\sigma^2}\right) \tag{2-28}$$

式中，x_i 和 x_j 为输入空间中的两个数据点，$\|x_i-x_j\|^2$ 为它们之间的欧氏距离的平方，而 σ 是一个重要的超参数，用于控制核函数的宽度和数据的平滑程度。通过调整 σ，可以平衡模型的复杂度和泛化能力，以实现对数据的最佳拟合。

泰勒展开式是理解高斯核函数如何随其参数变化而变化的一种有力工具。通过泰勒展开式，可以将高斯核函数的表达式右侧进行展开。首先，将式(2-28)右侧写成：

$$e^{-\frac{\|x_i-x_j\|^2}{2\sigma^2}}=e^{-\frac{(x_i^2-2x_ix_j+x_j^2)}{2\sigma^2}}=e^{-\frac{x_i^2}{2\sigma^2}}\cdot e^{\frac{-x_j^2}{2\sigma^2}}\cdot e^{\frac{x_ix_j}{\sigma^2}} \tag{2-29}$$

而对于 e^x 的泰勒级数展开，有：

$$e^x=1+\frac{x}{1!}+\frac{x^2}{2!}+\cdots+\frac{x^n}{n!}+\cdots \tag{2-30}$$

令 $A=e^{-\frac{x_i^2}{2\sigma^2}}\cdot e^{\frac{-x_j^2}{2\sigma^2}}$，将$\frac{x_ix_j}{\sigma^2}$代入式(2-30)中的 x，得到泰勒展开的表达式形式：

$$e^{-\frac{\|x_i-x_j\|^2}{2\sigma^2}}=A\left(1+\frac{x_i}{\sigma}\cdot\frac{x_j}{\sigma}+\frac{\left(\frac{x_i}{\sigma}\right)^2}{\sqrt{2!}}\cdot\frac{\left(\frac{x_j}{\sigma}\right)^2}{\sqrt{2!}}+\cdots+\frac{\left(\frac{x_i}{\sigma}\right)^n}{\sqrt{n!}}\cdot\frac{\left(\frac{x_j}{\sigma}\right)^n}{\sqrt{n!}}+\cdots\right)$$

$$=A\left(1+\frac{x_i}{\sigma}+\frac{\left(\frac{x_i}{\sigma}\right)^2}{\sqrt{2!}}+\cdots+\frac{\left(\frac{x_i}{\sigma}\right)^n}{\sqrt{n!}}\cdot\frac{\left(\frac{x_j}{\sigma}\right)^n}{\sqrt{n!}}+\cdots\right)\begin{pmatrix}1\\ \frac{x_j}{\sigma}\\ \frac{\left(\frac{x_j}{\sigma}\right)^2}{\sqrt{2!}}\\ \vdots\end{pmatrix}\tag{2-31}$$

式中，明显看出高斯核函数正是两个无穷维向量的点积，只要应用高斯核函数，就表明将原始数据维度映射到了无穷维度空间。高维空间中两点之间的距离表示为：

$$\begin{aligned}d_{12}&=\|\varphi(x_1)-\varphi(x_2)\|^2=\varphi(x_1)^2-2\varphi(x_1)\varphi(x_2)+\varphi(x_2)^2\\&=\varphi(x_1)\varphi(x_1)-2\varphi(x_1)\varphi(x_2)+\varphi(x_2)\varphi(x_2)\\&=e^{-\frac{\|x_1-x_1\|^2}{2\sigma^2}}-2e^{-\frac{\|x_1-x_2\|^2}{2\sigma^2}}+e^{-\frac{\|x_2-x_2\|^2}{2\sigma^2}}\\&=2-2e^{-\frac{\|x_1-x_2\|^2}{2\sigma^2}}\end{aligned}\tag{2-32}$$

可以观察到随着 σ 的变化，展开式中的各项权重和收敛速度都会发生变化，进而影响整个核函数的输出。当 $\sigma\to\infty$ 时，$d_{12}=0$，所有点之间的相似度都变得非常高，导致数据点在高维空间中的区分度下降，模型可能会欠拟合；而当 $\sigma\to 0$ 时，$d_{12}=2$，此时核函数只对非常接近的点给出高相似度值，对于任何微小的距离差异表现敏感，模型可能会因此捕捉到训练数据中的噪声而过拟合。

2.5　SMO 算法

本节讨论 SVM 在学习中的快速算法问题。SVM 的学习过程可以利用多种优化算法。例如，梯度下降法通过计算 SVM 目标函数关于参数的梯度，并沿着梯度的负方向更新参数，以逐步找到使目标函数值最小的参数值；而坐标下降法则通过迭代的方式优化 SVM 模型中的每一个参数，每次只优化一个参数而固定其他参数，逐步逼近目标函数的最小值。但是，在处理大规模训练样本时，这些算法的效率问题凸显。因此，如何有效设计快速学习算法以应对大容量训练样本成为 SVM 研究的一个关键问题。研究者们已在此领域取得显著进展，提出了一系列旨在提升 SVM 学习效率的快速算法，为 SVM 在广泛领域的应用铺平了道路。其中，序列最小优化算法（Sequential Minimal Optimization，SMO）即为该领域的典型代表。

2.5.1 SMO主要框架

SMO算法是由微软研究院的约翰·普莱特(John C. P.)于1998年提出的一种用于解决SVM训练过程中优化问题的算法。其核心思想是将原始的优化问题分解为多个只包含两个变量的子问题。每次迭代时，算法选择两个变量进行优化，而固定其他所有变量的值。即基本思路是先固定 α_1、α_2 之外的所有参数，然后求 α_1、α_2 上的极值。由于存在约束 $\sum_{i=1}^{N}\alpha_i y_i = 0$，若固定 α_1、α_2 之外的其他变量，则 α_1、α_2 可由其他变量导出。于是，SMO每次选择两个变量 α_1 和 α_2，并固定其他参数。由于只有两个变量需要优化，因此可以通过解析方法直接求解，避免了复杂的数值计算。

具体来说，针对前面提到的对偶问题：

$$\min_{\alpha} \frac{1}{2}\sum_{i=1}^{N}\sum_{j=1}^{N}\alpha_i\alpha_j y_i y_j K(x_i,x_j) - \sum_{i=1}^{N}\alpha_i$$

$$\text{s. t.} \sum_{i=1}^{N}\alpha_i y_i = 0 \qquad 0 \leqslant \alpha_i \leqslant C, i = 1, 2, \cdots, N \tag{2-33}$$

式中，优化变量 α_i 为拉格朗日乘子，每个乘子对应训练集中的一个样本点 (x_i, y_i)，变量总数等于训练样本容量 N。SMO算法之所以高效，恰由于在固定其他参数后，仅优化两个参数的过程能做到非常高效。当仅考虑两个变量 α_1、α_2 时，其余变量 $\alpha_i(i=3, 4, \cdots, N)$ 保持不变，那么由式(2-33)的等式约束可知：

$$\alpha_1 = -y_1\sum_{i=2}^{N}\alpha_i y_i$$

如果 α_2 确定，那么 α_1 也随之确定。所以子问题中同时更新两个变量。因此，SMO最优化问题可转化为求解如下的子问题：

$$\min_{\alpha_1,\alpha_2} W(\alpha_1,\alpha_2) = \frac{1}{2}K_{11}{\alpha_1}^2 + \frac{1}{2}K_{22}{\alpha_2}^2 + y_1y_2K_{12}\alpha_1\alpha_2 + y_1\alpha_1\sum_{i=3}^{N}y_i\alpha_iK_{i1}$$

$$+ y_2\alpha_2\sum_{i=3}^{N}y_i\alpha_iK_{i2} - (\alpha_1 + \alpha_2)$$

$$\text{s. t.}\ \alpha_1y_1 + \alpha_2y_2 = -\sum_{i=3}^{N}y_i\alpha_i = \xi \qquad 0 \leqslant \alpha_i \leqslant C,\ i = 1,2 \tag{2-34}$$

式中，$K_{ij}=K(x_i, x_j)$，$i, j=1, 2, \cdots, N$，ξ 为常数，目标函数式中省略了不含 α_1，α_2 的常数项。

通过上述分解策略，每次仅选择两个变量进行优化，将原本复杂的大规模优化问题巧妙地转化为多个简单的一元函数优化子问题。这种转化使得每个子问题都可以直接通过解析方法求解，无须复杂的搜索过程或多次迭代逼近。基于初始可行解 ${\alpha_1}^{old}$、${\alpha_2}^{old}$，可以直接利用解析公式计算出 ${\alpha_1}^{new}$、${\alpha_2}^{new}$，从而快速收敛到最优解附近。这正是SMO算法收敛速度快的原因，也是求解策略上的一个重要创新。

但在求解子问题时，还需考虑SVM的约束条件，即拉格朗日乘子需要满足一定的边界条件。因此，在得到无约束条件下的最优解后，还需进行“剪辑”操作，以确保解满足所有约束条件。这一步骤是 SMO 算法中处理约束问题的关键所在。

由于只有两个变量(α_1，α_2)，可以利用二维空间中的图形来直观地表示这些变量所受的约束条件，如图 2－9 所示。在这个二维空间中，每个变量的取值范围都被限制在[0，C]区间内，形成了一个正方形(或称为“盒子”)的可行域。

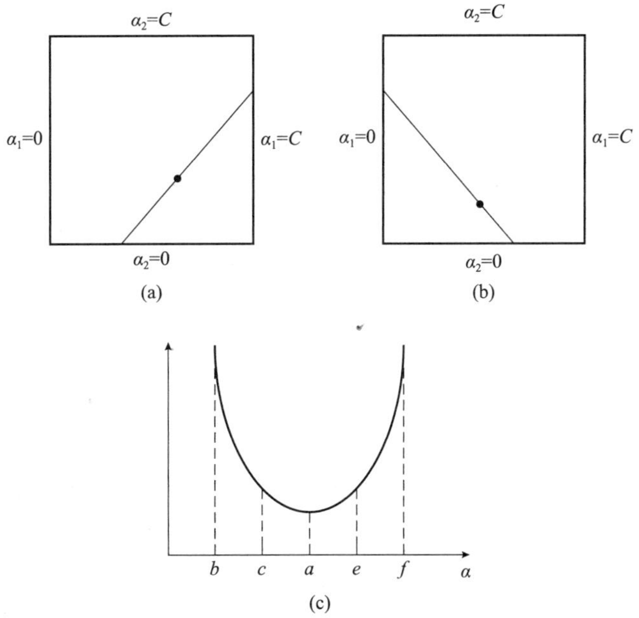

图 2－9　二变量优化问题图示

式(2－34)的不等式约束确保了(α_1，α_2)必须位于盒子[0，C]×[0，C]内，等式约束则进一步限制(α_1，α_2)必须在一条平行于盒子的对角线 $\alpha_1+\alpha_2=k$(其中 k 为一个常数，取决于其他变量的固定值)的直线上移动。因此，满足所有约束条件的(α_1，α_2)的集合实际上是一条位于盒子内且平行于对角线的线段。

由于目标函数(SVM 对偶问题中为二次函数)在该线段上呈现单峰[比如图 2－9(c)先减后增]，可以通过解析方法找到这条线段上的最优解。在这一背景下，约束条件将可行域限制在了一条线段上，因此原本面对的一个双变量的最优化问题，实质上被简化为一个单变量的最优化问题。

假设考虑的是变量 α_2 的最优化问题(同样，也可以选择 α_1，但两者等价)，给定初始可行解为 α_1^{old}、α_2^{old}，需要找到满足所有约束条件的最优解为 α_1^{new}、α_2^{new}。在未经剪辑(未考虑边界限制)的情况下，可以先求出沿着约束方向(即线段方向)的最优解 $\alpha_2^{new,un}$。然而，由于 α_2 的取值范围被限制在[0，C]内，因此最终的最优解 α_2^{new} 可能是 $\alpha_2^{new,un}$、0 或 C 中的一个，这取决于 $\alpha_2^{new,un}$ 的具体位置。一旦确定了 α_2^{new}，就可以利用式(2－34)的等式约束来求出对应的 α_1^{new}，从而完成整个优化过程。

由于 α_2^{new} 需满足式(2－34)的不等式约束，所以最优解 α_2^{new} 的取值范围必须满足条件：

$$L \leqslant \alpha_2^{new} \leqslant H \tag{2-35}$$

式中，L 与 H 为 α_2^{new} 所在对角线端点的界(图 2-10)。

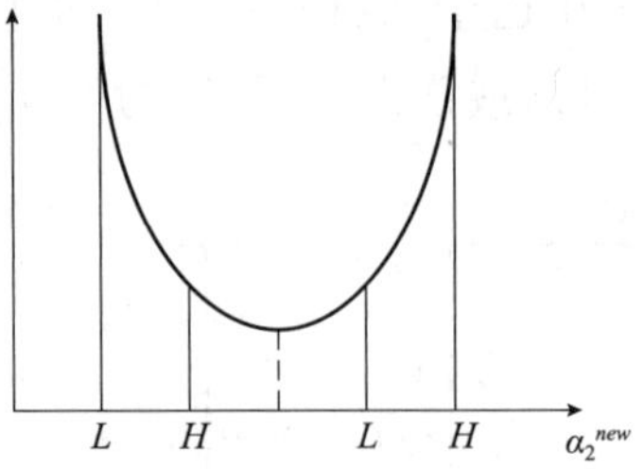

图 2-10　最优解 α_2^{new} 的范围条件

根据不等式条件 α_2^{new} 的取值范围，分为两种情况。

①当 $y_1 \neq y_2$ 时[如图 2-9(a)]：

$$\alpha_2 = \alpha_1 - k \quad \alpha_1 \in [0, C]$$

$$\alpha_1 - k \in [0-k, C-k]$$

$$k = \alpha_1 - \alpha_2$$

$$\therefore \alpha_2 \in [\alpha_2 - \alpha_1, C + \alpha_2 - \alpha_1]$$

同时　$\alpha_2 \in [0, C]$

则 $\begin{cases} L = \max(0, \alpha_2^{old} - \alpha_1^{old}) \\ H = \min(C, C + \alpha_2^{old} - \alpha_1^{old}) \end{cases}$

②当 $y_1 = y_2$ 时[如图 2-9(b)]：

$$\alpha_1 \in [0, C]$$

$$k - \alpha_1 \in [k - C, k]$$

$$\alpha_2 \in [k - C, k]$$

同理 $\begin{cases} \alpha_2 \in [\alpha_1 + \alpha_2 - C, \alpha_1 + \alpha_2] \\ \alpha_2 \in [0, C] \end{cases}$

则 $\begin{cases} L = \max(0, \alpha_1^{old} + \alpha_2^{old} - C) \\ H = \min(C, \alpha_1^{old} + \alpha_2^{old}) \end{cases}$，此时 $\begin{cases} \alpha_1^{new,un} \\ \alpha_2^{new,un} \end{cases}$ 未剪辑

下面，首先求沿着约束方向未经剪辑[未考虑式(2-34)的不等式约束]时 α_2 的最优解 $\alpha_2^{new,un}$，然后再求剪辑后 α_2 的解 α_2^{new}。为了叙述简单，记：

$$g(x) = \sum_{i=1}^{N} \alpha_i y_i K(x_i, x) + b \tag{2-36}$$

令：

$$E_i = g(x_i) - y_i = \left[\sum_{j=1}^{N} \alpha_j y_j K(x_j, x_i) + b \right] - y_i \quad i = 1,2 \tag{2-37}$$

当 $i=1$，2 时，E_i 为函数 $g(x)$ 对输入 x_i 的预测值与真实输出 y_i 之差。引进记号：

$$v_i = \sum_{j=3}^{N} \alpha_j y_j K(x_i, x_j) = g(x_i) - \sum_{j=1}^{2} \alpha_j y_j K(x_j, x_i) - b,\ i = 1, 2$$

目标函数可写成：

$$W(\alpha_1, \alpha_2) = \frac{1}{2}K_{11}\alpha_1{}^2 + \frac{1}{2}K_{22}\alpha_2{}^2 + y_1 y_2 K_{12}\alpha_1\alpha_2 - (\alpha_1 + \alpha_2) + y_1 v_1 \alpha_1 + y_2 v_2 \alpha_2 \tag{2-38}$$

由 $\alpha_1 y_1 = \xi - \alpha_2 y_2$，$y_i{}^2 = 1$，代入式(2－38)得到只有 α_2 的目标函数：

$$W(\alpha_2) = \frac{1}{2}K_{11}(\xi - \alpha_2 y_2)^2 + \frac{1}{2}K_{22}\alpha_2{}^2 + y_2 K_{12}(\xi - \alpha_2 y_2)\alpha_2 - (\xi - \alpha_2 y_2)y_1 - \alpha_2 + v_1(\xi - \alpha_2 y_2) + y_2 v_2 \alpha_2 \tag{2-39}$$

令 α_2 的偏导数为 0，将 $\xi = \alpha_1{}^{old} y_1 + \alpha_2{}^{old} y_2$ 代入；然后令 $\eta = K_{11} + K_{22} - 2K_{12} = \|\varphi(x_1) - \varphi(x_2)\|^2$，$\varphi(x)$ 为输入空间到特征空间的映射。代入后可得：

$$\alpha_2{}^{new,un} = \alpha_2{}^{old} + \frac{y_2(E_1 - E_2)}{\eta} \tag{2-40}$$

要使其满足不等式约束必须将其限制在区间 $[L, H]$ 内，从而得到 $\alpha_2{}^{new}$ 的表达式：

$$\alpha_2{}^{new} = \begin{cases} H & \alpha_2{}^{new,un} > H \\ \alpha_2{}^{new,un} & L \leqslant \alpha_2{}^{new,un} \leqslant H \\ L & \alpha_2{}^{new,un} < L \end{cases} \tag{2-41}$$

由式(2－34)的等式约束，得到 $\alpha_1{}^{new}$ 的表达式：

$$\alpha_1{}^{new} = \alpha_1{}^{old} + y_1 y_2(\alpha_2{}^{old} - \alpha_2{}^{new}) \tag{2-42}$$

于是得到最优化问题式(2－34)的解 $\alpha_1{}^{new}$、$\alpha_2{}^{new}$。

在准备进行下一轮迭代之前，需要完成当前选定的两个变量的优化过程。一旦这两个变量的优化值被确定，需要重新计算 b 和 E_i，确保算法的每一步都在朝着满足最终优化目标的方向前进。

下面根据 KKT 条件(KKT 条件涉及理论较深，这里不再展开)，考虑不同 $\alpha_1{}^{new}$、$\alpha_2{}^{new}$ 范围下的 b、E_i 的更新表达式。KKT 条件为：

$$\alpha_i = 0 \Leftrightarrow y_i g(x_i) \geqslant 1$$

$$0 < \alpha_i < C \Leftrightarrow y_i g(x_i) = 1$$

$$\alpha_i = C \Leftrightarrow y_i g(x_i) \leqslant 1$$

式中，$g(x_i) = \sum_{j=1}^{N} \alpha_j y_j K(x_j, x_i) + b$。

①如果 $0 < \alpha_1{}^{new} < C$，则有：

$$\sum_{i=1}^{N} \alpha_i y_i K_{i1} + b = y_1$$

$$b_1^{new} = y_1 - \sum_{i=3}^{N} \alpha_i y_i K_{i1} - \alpha_1^{new} y_1 K_{11} - \alpha_2^{new} y_2 K_{21}$$

$$E_i = g(x_i) - y_i = \sum_{j=1}^{N} \alpha_i y_i K(x_j, x_i) + b - y_i, i = 1,2$$

$$E_1 = \sum_{i=3}^{N} \alpha_i y_i K_{i1} + \alpha_1^{old} y_1 K_{11} + \alpha_2^{old} y_2 K_{21} + b^{old} - y_1$$

由此可以得到 b_1^{new}：

$$y_1 - \sum_{i=3}^{N} \alpha_i y_i K_{i1} = -E_1 + \alpha_1^{old} y_1 K_{11} + \alpha_2^{old} y_2 K_{21} + b^{old}$$

$$b_1^{new} = -E_1 - y_1 K_{11}(\alpha_1^{new} - \alpha_1^{old}) + y_2 K_{21}(\alpha_2^{new} - \alpha_2^{old}) + b^{old} \tag{2-43}$$

式中，b_1^{new}只与 α_1、α_2 有关。

②如果 $0 < \alpha_2^{new} < C$，则有：

$$b_2^{new} = -E_2 - y_1 K_{12}(\alpha_1^{new} - \alpha_1^{old}) + y_2 K_{22}(\alpha_2^{new} - \alpha_2^{old}) + b^{old} \tag{2-44}$$

同时可以得出 E_i^{new}：

$$E_i^{new} = \sum_{S} \alpha_j y_j K(x_i, x_j) + b^{new} - y_i \tag{2-45}$$

式中，S 为所有支持向量 x_j 的集合。

如果 α_1^{new}、α_2^{new}同时满足条件 $0 < \alpha_i^{new} < C(i = 1,\ 2)$，那么 $b_1^{new} = b_2^{new}$。如果 α_1^{new}、α_2^{new}是 0 或者 C，那么 b_1^{new}和b_2^{new}以及它们之间的数都是符合 KKT 条件的阈值，这时选择它们的中点作为 b^{new}。以上是 SMO 的主要框架。

2.5.2 变量的启发式选择

SMO 算法在每个子问题中选择两个变量，其中至少一个变量违反 KKT 条件。

(1)第一个变量的选择

在 SMO 算法中，选择第一个变量的过程被称为外层循环。外层循环首先遍历所有满足条件 $0 \leqslant \alpha_i \leqslant C$ 的样本点，寻找最违反 KKT 条件的样本点。一旦找到这样的样本点，其对应的变量就被选定为当前迭代中的第一个变量。如果这些样本点都满足 KKT 条件，那么遍历整个训练集，检验它们是否满足 KKT 条件。

(2)第二个变量的选择

SMO 称选择第二个变量的过程为内层循环。第二个变量的选择标准是希望 α_2 有足够大的变化，使其对应的 $|E_1 - E_2|$ 最大，即 E_1 与 E_2 符号相反，差异最大。如果内循环通过上述方法找到的点不能使目标函数有足够大的下降，则遍历间隔边界上的样本点，测试目标函数下降，如果下降不大，则遍历所有样本点，如果依然下降不大，则丢弃外循环点，重新选择。

SMO 算法的优势在于避免了对整个数据集进行优化，通过选择一对变量进行优化，降低了计算复杂度。这种分解并行的思想使得 SMO 算法在大规模数据集上有较好的性能。

视频简介

本视频主要讲解线性硬可分支持向量机(复习)、线性软可分支持向量机的优化问题解读及非线性支持向量机问题的引出，观看以上内容讲解视频请扫描二维码。

视频简介

本视频主要讲解非线性支持向量机解决问题的思路、核函数算法技巧、高斯核函数与 SMO 的巧妙思路，观看以上内容讲解视频请扫描二维码。

本章小结

首先，本章阐述了支持向量机的基本思想，为了便于理解支持向量机的原理，从感知机的局限性引出 SVM 的基本概念。其次，重点介绍了三种支持向量机。线性硬可分支持向量机，主要是针对训练样本数据线性可分情况，其学习策略是最大间隔法，并阐述如何找到最优的线性决策边界。再次，介绍了原始问题转化为对偶问题的过程，这一转换不仅简化了求解过程，还为后续引入核函数处理非线性问题奠定了基础。线性软可分支持向量机，主要是针对样本数据不完全线性可分情况，通过引入松弛变量和正则化项，允许一定程度的错分，从而扩展 SVM 的应用范围，同时，介绍了软间隔 SVM 的对偶问题。对于线性不可分数据，本章介绍了非线性支持向量机，通过映射到更高维空间使其变得线性可分，从而解决非线性分类问题。核函数作为非线性 SVM 的关键技术，重点介绍了高斯核函数这一极其重要的应用工具。最后，介绍了 SMO 算法。

本章内容配套 PPT 课件获取链接：https://pan.baidu.com/s/1AkNZpGCiwgfAwoTGNE53qA，提取码：1008。

实践 3　利用非线性支持向量机实现 IRIS 鸢尾花数据分类

实践 3 给出了一个利用非线性支持向量机对 IRIS 鸢尾花数据集进行分类的实例，其中 SVM 的实现直接调用了 sklearn 库函数，并采用高斯核函数。IRIS 数据集共包含 150 个样本，每个样本包含花萼长度、花萼宽度、花瓣长度及花瓣宽度 4 个特征。实践过程中需要建立一个 SVM 分类器来判断该样本属于何种鸢尾花。源码下载地址：https://github.com/BookCode-2024/Svm_Flower.git，配套讲解视频可扫描右侧二维码获取。

习题

(1)已知正例点 $x_1=(1,\ 1)^{\mathrm{T}}$，$x_2=(2,\ 2)^{\mathrm{T}}$，$x_3=(3,\ 3)^{\mathrm{T}}$；负例点 $x_4=(1,\ 0)^{\mathrm{T}}$，$x_5=(2,\ 0)^{\mathrm{T}}$，试求最大间隔分类超平面和分类决策函数，并图示说明分类超平面、支持超平面及支持向量。

(2)解释"最大间隔"在 SVM 中的作用，并说明为什么它有助于提高模型的泛化能力。

(3)给定一个线性可分的数据集，使用软间隔 SVM 进行分类，其原始优化问题表示为：

$$\min_{\omega,b,\xi}\left[\frac{1}{2}\parallel\omega\parallel^2+C\sum_{i=1}^{N}\xi_i^{\ 2}\right]$$

$$\text{s. t. } y_i(\omega^{\mathrm{T}}x_i+b)\geqslant 1-\xi_i \qquad \xi_i\geqslant 0,\ i=1,2,\cdots,N$$

①写出该优化问题的拉格朗日函数；

②推导该优化问题的对偶形式。

(4)在 SVM 中，软间隔与硬间隔有何不同？它们各自的优势和适用场景是什么？

(5)举例说明一个数据集在原始空间中线性不可分，通过核技巧将其映射到高维空间后变得线性可分。

(6)为什么选择高斯核函数相当于将分类数据从低维映射到无穷维？

(7)简述 SMO 算法的关键步骤，并讨论为什么 SMO 算法适用于 SVM 的优化问题。在 SMO 算法中，如何选择需要优化的两个变量 α_i 和 α_j？

(8)尝试设计一个能减少 SVM 中支持向量的数目而不显著降低泛化性能的方法。

(9)简单描述 SMO 算法中的边界情况(即拉格朗日乘子取值在边界上的情况)对优化过程的影响。

(10)讨论 SMO 算法在处理大规模数据集时的优势和可能面临的挑战，并提出一些改进或优化的思路。

参考文献

[1]李航．统计学习方法[M]. 2 版．北京：清华大学出版社，2019.

[2]周志华．机器学习[M]. 北京：清华大学出版社，2016.

[3][加]路易斯·G. 塞拉诺．机器学习图解[M]. 郭涛，译．北京：清华大学出版社，2023.

[4]Aurélien Géron. Hands－On Machine Learning with Scikit－Learn，Keras，and TensorFlow[M]. California. O'Reilly Media,Inc.，2019.

第3章　卷积神经网络

以 BP 神经网络为代表的全连接神经网络，因训练参数多、训练速度慢及训练过程难收敛等问题，不宜直接处理大数据信息。模拟哺乳动物视觉神经元局部感知多层识别机制而诞生的深度学习算法，因具备参数共享及网络结构组织灵活的特点，迅速引燃了研究人员的热情，几乎终结了“特征工程”为基础的传统信息处理方式，实现了大数据“端到端”学习的夙愿。本章首先从视觉神经元局部感知与多层连接识别模式出发，引出了在人工智能领域发挥重要作用的卷积神经网络基本结构及信息处理方式，逐步形成对深度学习的概念认知；进而在卷积神经网络卷积、池化及全连接结构认知基础上，重点介绍了几种具有重要影响力的典型卷积神经网络结构，并对各层计算方式与特征图尺度结构变化规律进行了重点论述。

3.1　卷积神经网络思想

卷积神经网络(Convolutional Neural Network，CNN)是对 BP 神经网络的进一步优化与发展，它试图模拟哺乳动物尤其是人类视觉神经元局部感知与多层连接的信息处理过程。与 BP 神经网络相比，卷积神经网络的组织结构更为灵活，处理信息能力更为强大，是大数据时代背景下智能感知技术发展的必然。

3.1.1　卷积神经网络解决问题的思路

在讲解卷积神经网络之前，首先回忆 BP 神经网络这种全连接形式的网络结构。如图 3－1 所示，通过第 1 章知识学习已经获知：任何具有三层结构的典型 BP 神经网络，都可以通过神经元及激活函数的合理设计，形成优异的非线性预测、分类与拟合能力。这样的神经网络连接形式具有以下特点：①输入层和隐层神经元互联，且为全连接形式；②隐层与输出层的每个神经元也为全互联形式。这种连接方式的优势在于：下层神经元能够感知上层神经元的全部信息，简单直接，信息表达全面。但也存在较大局限性：不宜处理高维度多隐层信息。以照片像素点信息输入为例，假设这种输入信息维度达到 2 万，隐层神经元数量假设选择 2 万，输出层神经元数量假设为 500，则整个神经网络所需要训练的权重参数为：（20000＋1）×20000＋（20000＋1）×500＝410020500个。以上仅仅是单隐层BP神经网络的连接，当隐层数量继续增加时，训练参数还将急剧扩增，极大地影响模型训练及运算速度。然而，从信息处理角度，隐层数量越多，所提特征越明显，这就造成了实际信息处理需要采用多隐层连接与全连接方式不适于处理多隐层连接问题之间的矛盾。能否寻找一种有效方法削减所需要训练神经网络参数数量成为摆在人们面前的一个重要问题。

哺乳动物视觉神经系统的浅层神经元仅能够对部分视觉信息进行感知，而较深层神经元则能够通过连接浅层神经元而获取更为广泛的信息，这样通过层层信息传递，最终深层神经元将获知全部外界信息。人工智能专家通过深入探讨，并紧密结合视觉神经网络中的局部连接、卷积计算及多层信息处理方式，提出了卷积神经网络的基本框架。

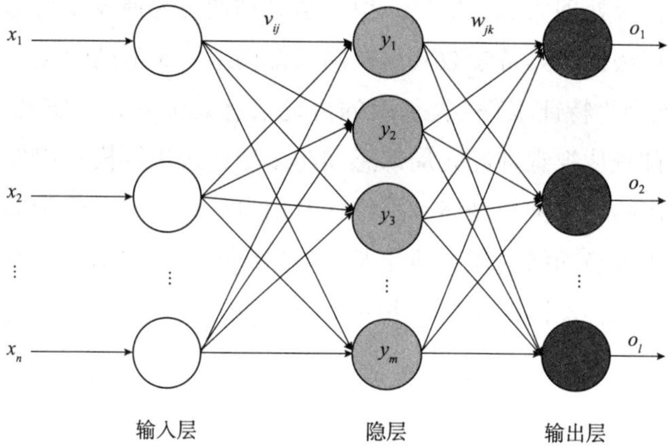

图3－1　典型BP神经网络结构

为进一步加强对CNN的理解，从信息管理角度观察图3－1所示的BP神经网络：同样假设输入层有2万个神经元，隐层有2万个神经元，显然对于这种全连接形式的神经网络，2万个隐层神经元中的任意一个都需要知道输入层2万个神经元的状况，这种输入在信息与管理上存在很大的重复性，也不符合高效信息处理方式的要求。如何寻找一种简单高效的信息管理方式呢？可以采用分组信息采集再汇总方式处理。以高校管理为例：将2万个输入神经元看作2万名学生，2万名学生在学校中就是2万个信息点，这么多的信息，该如何进行管理？首先将这2万名学生进行分组形成班级，每50名一班，分成400个班，每班配备一名班主任，作为这一管理网络的第一管理层；再将这400名班主任分成20组，每组配备1名辅导员，作为这一管理网络的第二管理层，用于向学校校长传递信息，这就形成了完善的学生—班主任—辅导员—学校校长的信息传递体系。每一名班主任了解一个班级，辅导员可以通过班主任了解到20个班学生信息，校长再召集所有辅导员开会就可以了解到整个学校学生状况。将班主任所在的管理层级作为神经网络的第一隐层，则每一名班主任只与50名同学直接对接，也只需要了解50名同学的局部信息；将辅导员所在的管理层级作为神经网络的第二隐层，则每一名辅导员与20名班主任相连接，通过这种连接了解到20×50＝1000名同学的信息；将校长所在的管理层作为神经网络的第三隐层，与 20 名辅导员对接则了解全部（$20 \times 50 \times 20 = 20000$）名同学的信息。

这种信息传递体制底层神经元掌握局部或个体信息，神经元层级越高掌握的信息越全面，信息通过逐级汇总方式传播，既能够解决信息重复采集问题，又能够降低训练参数数量，为解决 BP 神经网络训练参数维度爆炸问题提供了合理的解决思路。

3.1.2 卷积神经网络的发展概述

卷积神经网络的发展史也是人类对生物神经网络识别模式深入理解与升华的过程，其发展既有使用上的需求，又有机理上的巧合。针对不同的应用场景，卷积神经网络能够通过多种模块的组合，衍生出多种变体模型，但从根本上离不开逐层信息处理及权值共享这一概念。卷积神经网络的发展源自 20 世纪 50 年代末 60 年代初人类对哺乳动物视觉系统识别模式的研究：处于猫视觉系统浅层的神经元对非常特定的光模式（例如精确定向的条纹）反应最强烈，但对于其他模式几乎没有反应，也就是猫初级视皮层中的单个神经元存在“感受野”这一概念。通过一个浅层神经元智能感受到局部的一小块信息，然后通过多层神经元的相互连接构成各种各样的复杂信息，以此识别整个物体。经过三年的努力，加拿大神经生理学家 David H. H. 和瑞典神经科学家 Torsten N. W. 在 1962 年首次提出了描述大脑视觉系统的多层神经网络结构，这就是卷积神经网络发展的生理学依据。

由于传统的 BP 神经网络逐渐面临训练参数维度爆炸，训练速度慢、训练过程难，且难以构造复杂网络等问题。在这一背景下，1979 年日本科学家福岛邦彦（Kunihiko F.）对生物视觉多层神经网络结构进行了深化抽象，提出了第一个具有感受野及卷积特性的深度学习神经网络“Neocognitron”，这种逐层信息处理模式奠定了当代卷积神经网络结构基础，因此福岛教授也被誉为“现代卷积神经网络的鼻祖”，并获得 2021 年鲍尔科学成就奖。此时的卷积神经网络还未考虑采用误差反传方式训练，直到后来深度学习三巨头 Geoffrey H.、Yann L. 和 Yoshua B. 提出采用误差反向传播训练卷积神经网络，才掀起了卷积神经网络学习的浪潮，并逐步发展成为当前人工智能领域研究的主流框架。针对不同的使用目的，当前研究人员已从卷积神经网络加深、增强卷积模块功能、增强可解释性及功能目标导向等多角度进行了研究，并逐步形成当前卷积神经网络的知识体系（图 3－2），影响了人工智能的发展方向。三人因在人工智能领域的杰出贡献获得了 2018 年图灵奖。同时，Geoffrey H. 因在机器学习方面的基础性发现和发明获得 2024 年诺贝尔物理学奖。随着研究的进展，新的卷积神经网络方法仍然层出不穷，网络结构变化万端，但仍未脱离卷积参数共享及多层信息处理这种架构体系。

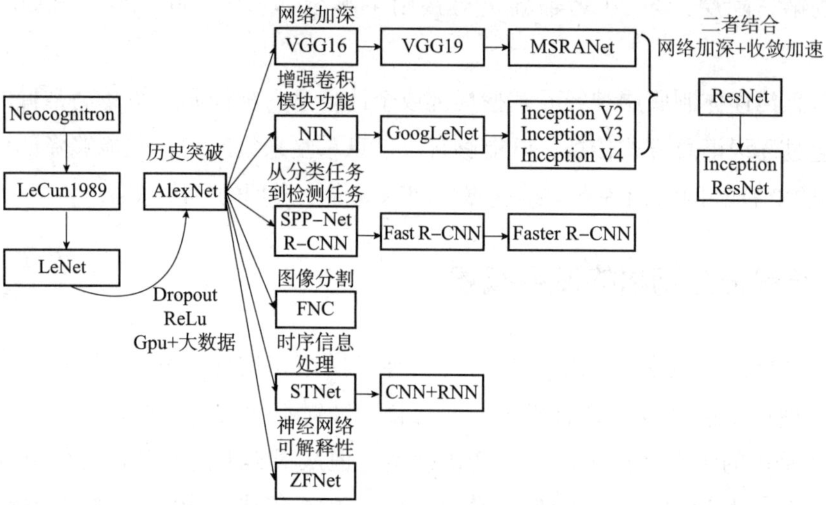

图 3-2　卷积神经网络的知识体系

3.2　卷积神经网络结构

通过 3.1.1 节的论述已知，以 BP 神经网络为代表的传统智能识别模型难以对如语音信号、图片像素点及文本数据等大数据信息进行直接处理。传统做法是首先对输入的多种信息进行处理，形成能够表达输入信息典型特征的样本，然后利用模型对输入特征信息进行分类处理(如图 3-3 所示)。因此，传统智能识别模型所做工作仅仅是分类器工作，对于特征的处理则主要采用特征工程方式(也称为特征提取器)进行处理，其提取特征的优势是易于人类理解，但处理效率低，需要有经验专家的丰富知识，分类器分类性能的好坏依赖于良好的特征表达，这也是计算和测试工作中最为耗时的部分。卷积神经网络与传统智能识别模型最大的不同在于可以通过多次卷积计算自主提取特征，实现大数据信息的直接处理。针对图 3-4 中豆子图片识别，所采用原理正是通过多层卷积进行特征提取的案例：豆子照片被输入系统，最低层级的识别是对照片中像素点的识别，利用同一感受野及特征提取标准通过加权求和方式，对照片内像素点进行代表特征提取，所对应的特征输出按顺序排列组成特征图 1，显然特征图 1 中还不能识别出豆子特征；然后，再次采用一组感受野及特征提取标准进行加权求和计算，提取特征图 1 代表特征，每个输出特征就能掌握更为广泛的信息，这时的特征输出对应特征图 2，显然此时已经隐隐约约看出豆子的轮廓；同理，对特征图 2 再次进行代表特征提取，则这时特征图 3 的输出特征已经非常明显。这种通过层层加权求和选取代表的过程就是对特征进行逐级升华的过程。特征提取结束，这时豆子的特征已经非常明显，再设置 2~3 个全连接层就可以很好地识别豆子。由于在加权求和提取特征过程中，同层特征采用相同提取标准进行计算，因此这种共享权值方式的特征提取层可以布置的层数非常多，并且不会引起训练参数的维度爆炸。

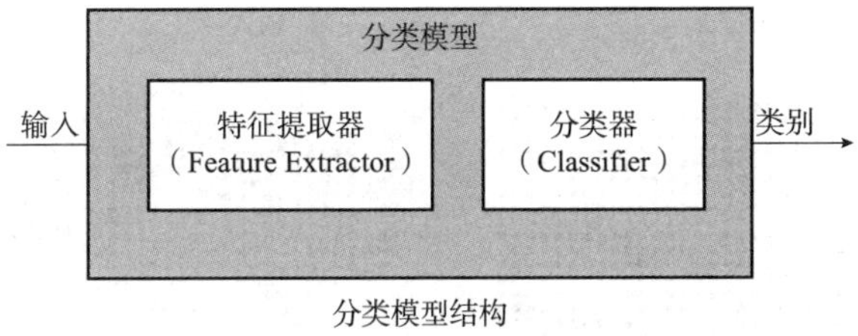

图 3－3　传统模型处理大数据信息架构

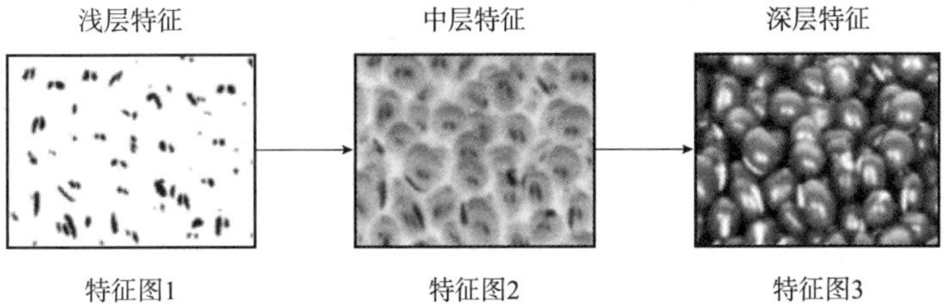

图 3－4　CNN 自主提取特征

这种通过层层加权求和自主提取特征的方式，代替了原来特征提取研究人员的工作，避免了人工特征提取对最终识别分类性能的影响。同时在不增加网络训练难度的情况下，还实现了对原始大数据的直接分析(例如照片像素点的直接特征提取)，达到了智能分类中“端到端”学习的效果。因此，CNN 从 2012 年开始一炮打响，逐步替代 BP 神经网络、支持向量机及人工免疫等智能分类算法，成为当前人工智能发展的主流。

3.2.1　输入层

CNN 从图像识别发展而来，与传统的神经网络图像识别方法不同，它直接采用传统全连接神经网络难以采用的像素点作为输入特征。传统 BP 神经网络处理图像识别问题主要采用特征提取方法，提取图像中的关键特征，不管图像有多大，分辨率有多高，只要提取到关键的几项特征就可以对神经网络进行训练。因此，先前 BP 神经网络图像处理能力的差异在很大程度上受“特征工程”的影响。特征提取不准确，将直接影响 BP 神经网络的识别效果。

CNN 中由于采用感受野、共享权值及多层卷积计算方式解决问题，可以很大程度上减少训练参数数量，能够直接采用像素点作为信息输入。同时，由于二维像素点表示法比一维图像信息表达法更具优势，在计算过程中 CNN 不再将二维像素点整理转换成一维神经元。CNN 输入层也就由原来 BP 神经网络中的一维神经元转变成二维神经元。例如图 3－5(a)中一个 28×28 像素点的黑白图片，CNN 的输入层就是一个 28×28 的二维神经元，这就是常说的矩阵表示法。当然，人们可能还存在思维定式，习惯于一维神经元的表达方式，因此也可以将二维图像像素点展开转换成一维。对于图 3－5(b)中 RGB 格式的 28×28 彩色图片，RGB 中每一个颜色通道都为一个 28×28 像素矩阵，此时 CNN 输入层转变为一个 3 通道 28×28 形式三维神经元，有时也称为张量表示法。

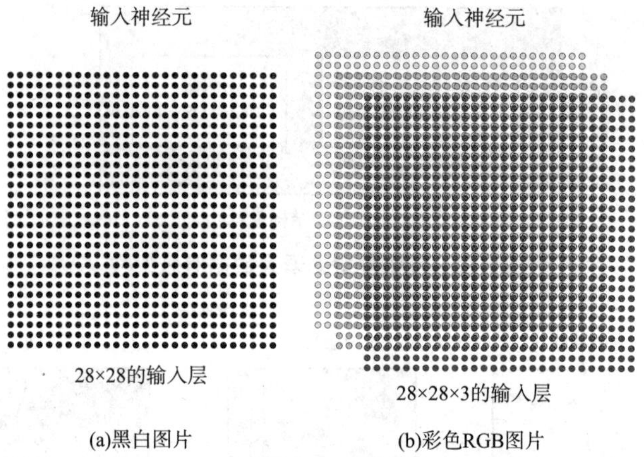

图 3-5　CNN 输入层神经元结构

3.2.2　卷积层

(1)感受野

感受野是能够引起一个神经元反应的输入信息范围。采用前面学生分组管理例子进行理解，班级范围及分组方式即为感受野，所对应班主任即为连接的隐层神经元，负责一个班级信息的收集。如图 3-6 所示，隐层神经元与输入层中 5×5 个神经元相连，负责这个局部区域的信息传递，此处隐层神经元的感受野就是上一层所连接的 5×5 区域。如果隐层神经元的感受野足够大，大到可以看到上一层的所有特征，则此时 CNN 退化为全连接形式的 BP 神经网络。

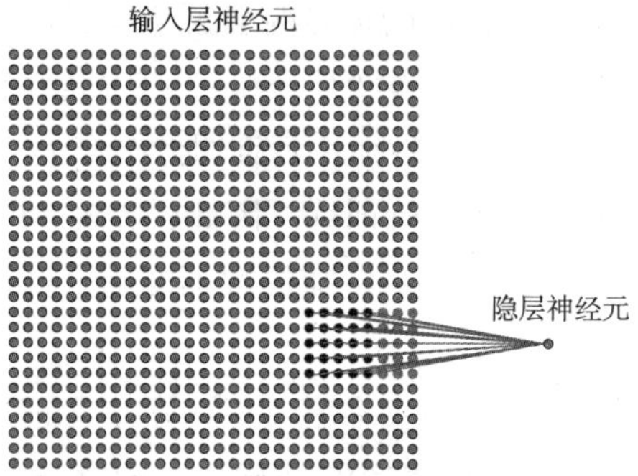

图 3-6　感受野

(2)特征图

CNN 单个隐层神经元只与感受野内输入神经元进行全连接，并感知相关信息，如何构造隐层神经元才能感知输入神经元的全部信息？显然可以通过平移感受野的方式实现：如图 3-7 所示，假设感受野的平移步长为 1，从左向右扫描，每次移动 1 步，形成 1 个新的感知区域(当然同一个输入层神经元可以分组于不同感知区域，重合程度取决于移动步长的大小)，新感知区域与 1 个新的隐层神经元连接。当对行的扫描完成后，向下移动 1 步，再次从左到右扫描，反复循环，直至输入层的信息全部被扫描，形成下一隐层的所有神经元。隐层神经元采用与输入层神经元感受野移动顺序相同的方式排列，形成新的二维神经元阵列。这种通过多次按步长平移对输入层特征进行加权求和计算所形成的隐层神经元阵列称为特征图。当然 CNN 可以继续将生成的特征图作为下一卷积层的输入，串联形成多层卷积神经网络，以提高模型对特征的提取能力。

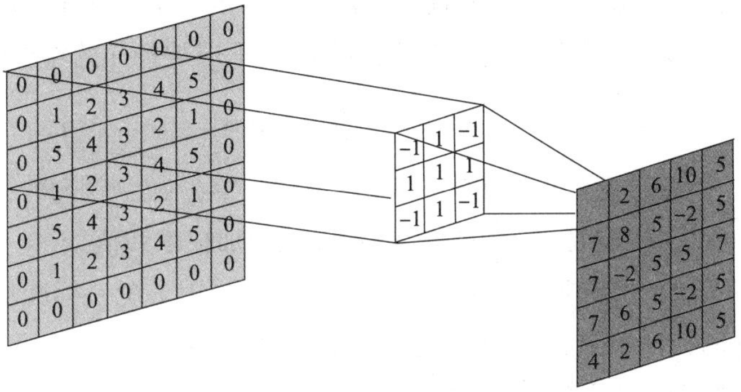

图 3-7 感受野平移

(3)卷积核与共享权值

从图 3-7 神经元连接方式可知，每一个隐层神经元与输入层感受野内神经元的连接，存在一个与感受野尺度大小相同的连接权值矩阵 $\boldsymbol{W}$，这一连接权值矩阵与 BP 神经网络不同层神经元之间连接权值作用相同，但表达方式为二维矩阵。这种表达感受野内输入神经元与隐层神经元之间相互连接关系的权值矩阵称为卷积核。卷积核跟随感受野平移完成神经元的卷积计算，同一卷积层内神经元所采用的连接权值矩阵 $\boldsymbol{W}$ 相同，这就是 CNN 所拥有的另一个特性——共享权值。这一特性反映了前面所举的例子：通过分组选代表方式进行信息传递，但不同组提取特征所采用的标准相同。

卷积核与感受野尺度相同，并且卷积核的具体数值与 BP 神经网络中的连接权值类似，都需要通过训练得出。为了方便大家理解，图 3-7 将它写了出来，并用一个二维矩阵进行了表达，在本书后续内容中也将采用这种方式表达。感受野对输入的扫描间隔称为步长(stride)，当步长比较大(stride >1)或为了维持图像在一定大小时，感受野可能会“出界”，换句话说，感受野超出信息输入维度，但也需要进行卷积计算。这时为了扫描到边缘特征或者为了保持下一卷积层神经元的大小，就需要对输入层神经元边界进行扩充，在 CNN 中称为“padding”。图 3-7 中就对输入层神经元边界进行了扩充，在所采用 stride =1 的情况下，通过扩充边界将输出特征图的大小由未扩充时的 3×3 阵列扩充到了 5×5 阵列。在应用中，所扩充的边界可设置为 0 或者其他值。步长和边界扩充值的大小由用户按照需求进行定义。卷积核的大小及所定义的感受野大小也由用户定义。为实现卷积核的卷积计算，每个卷积核需要附带一个偏置项 b，与 BP 神经网络类似，它的初值可以随机生成，并通过误差反传训练进行调整。显然，CNN 训练参数的数量完全不受特征图大小影响，因此共享权值可以极大减少所需训练参数数目。

大家可能有疑问，为何会出现卷积层、卷积核与卷积神经网络的概念呢？根据卷积的定义，感受野按步长移动，通过卷积核加权求和过程体现了卷积概念的内涵，CNN 的主要运算为加权求和，这也是卷积神经网络名称的由来。

(4)激活函数

与 BP 神经网络类似，为增加 CNN 的非线性拟合能力，从而更好地处理复杂非线性问题，需要在卷积层神经元增加一个非线性激活函数。给定一个 $m \times m$ 尺度的感受野对上层特征图(或称输入神经元)局部信息进行扫描，第 kl 个下层神经元的输出值为：

$$o_{kl} = f(net_{kl}) = f\left(-b + \sum_{i=1}^{m}\sum_{j=1}^{m} w_{ij}x_{(i+k-1)(j+l-1)}\right) \quad (3-1)$$

式中　$x_{(i+k-1)(j+l-1)}$——上层特征图中第$(i+k-1)$行、第$(j+l-1)$列的特征值；

net_{kl}——下层特征图中第 kl 个神经元的加权求和值。

因此，对于下一层的所有神经元来说，它们实际上采用了统一标准从不同局部位置去探测上一层特征图的特征。图 3－8 所示为利用 ReLU 激活函数对神经元进行卷积计算的实例，与 BP 神经网络表达方式类似，图中未将激活函数对下层神经元非线性处理所形成的激活层单独列出，而是通常与前述特征图合并在一起称为“特征图”。当然，也可以表达成前述特征图与激活层两个过程，但一般不画出激活层。新生成的特征图仍然可以作为下一卷积层的输入，一个特征图对应一个卷积核。

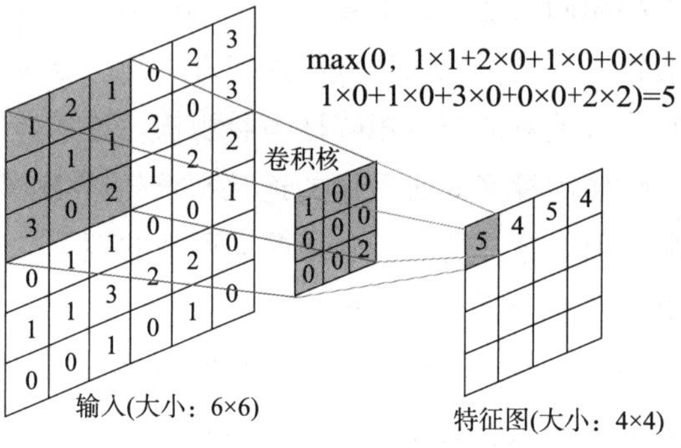

图 3－8　神经元卷积计算实例

与第 1 章 BP 神经网络激活函数使用方法类似，CNN 卷积层中的激活函数应用于神经元输出的非线性变换，将信息由线性变换转变为非线性变换。在 CNN 卷积层计算中经常采用的激活函数包括 ReLU 函数、sigmoid 函数及 tanh 函数等。

(5)卷积计算实例

为了加深对卷积计算的理解，以黑白图像特征提取为例对 CNN 通过卷积计算生成特征图的过程进行分析。图 3－8 对黑白图像卷积计算结构进行了初步展示，将两层之间的具体计算过程展开，可以得到图 3－9 所示的卷积计算过程。在图 3－9 中，所采用的激活函数为 ReLU 函数，同一个特征图上神经元使用的卷积核相同，为方便计算假设卷积核的偏置项 $b=0$，则这些神经元共享卷积核中的权值和附带的偏置。从图中计算过程可知一个特征图对应一个卷积核。

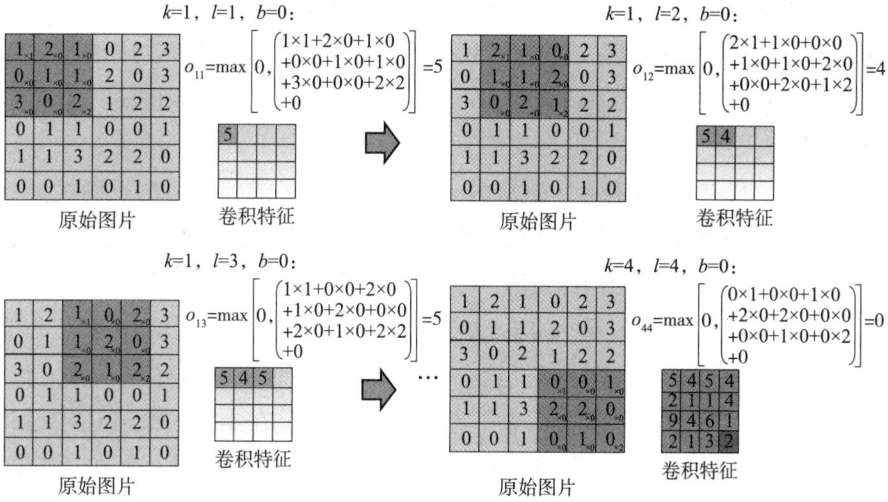

图3-9 黑白图像卷积计算实例

同时还可以观察到经过一次卷积后，黑白图像由原来的6×6变为4×4尺度的图像，图像尺度越卷越小，利用3×3卷积核经过两次卷积之后就变成了2×2尺度的图像。为了防止图像越卷越小，可以采用padding方法扩充原始图片的大小，扩充之后输出特征图的大小计算公式为：

$$W_2=(W_1-F+2P)/S+1$$
$$H_2=(H_1-F+2P)/S+1 \tag{3-2}$$

式中 W_1——原始图片或特征图行的数量；

H_1——原始图片或特征图列的数量；

W_2——输出特征图行的数量；

H_2——输出特征图列的数量；

F——方形卷积核的尺度；

P——padding圈数；

S——步长。

为了保持卷积过程输出特征图大小不变，当步长stride=1时，需要padding的圈数可采用式(3-3)计算：

$$P=(F-1)/2 \tag{3-3}$$

以图3-9黑白图像卷积计算为例，已知原始图片 $W_1=6$，$H_1=6$，为保持卷积过程中特征图大小不变，因步长stride=1，卷积核宽度 $F=3$，利用式(3-3)计算出所需要padding的圈数为 $P=(3-1)/2=1$。利用式(3-2)计算出经过一次卷积后卷积特征的大小：$W_2=(6-3+2\times1)/1+1=6$，$H_2=(6-3+2\times1)/1+1=6$，卷积后图像尺度未发生改变，与实际卷积计算结果相符合。图3-10(a)图像的卷积计算也证明了这一点：采用3×3卷积核对大小为 $W_1=5$、$H_1=5$ 的原始图片进行卷积，通过式(3-3)计算得到 $P=1$，卷积后图像尺度不变，与式(3－2)计算结果 $W_2=5$ 且 $H_2=5$ 相符合。

通过 padding 过程不仅可以保持卷积过程原图像尺度不变，还可以对原图像尺度进行扩增，假设将图 3－10(b)中 5×5 原始图像 padding 圈数定义为 $P=2$，则通过一次卷积计算可以得到卷积后图像尺度为 7×7，也与式(3－2)的计算结果 $W_2=(5-3+2\times2)/1+1=7$，$H_2=(5-3+2\times2)/1+1=7$ 相符合，这从另一个角度验证了式(3－2)的正确性。

以上是对黑白图像的卷积计算，黑白图像所对应的图像通道数为 1，在这里称为 1 个通道。而彩色图像是由 3 个通道的图像组成(RGB 三个通道)的，如果利用 3×3 卷积核对彩色图像进行卷积计算，则需要 3 个不同的 3×3 卷积核(独立的 3 个卷积核)同步进行卷积求和计算，最终输出一张特征图(图 3－11)。这一卷积计算过程也可以理解为采用一个 3×3×3 的卷积核进行卷积计算(最后一个 3 代表了卷积核通道数，在本章后续表达中也约定最后一个数值代表卷积核或输入特征图的通道数)，最终 3 通道图像转变为单通道图像。

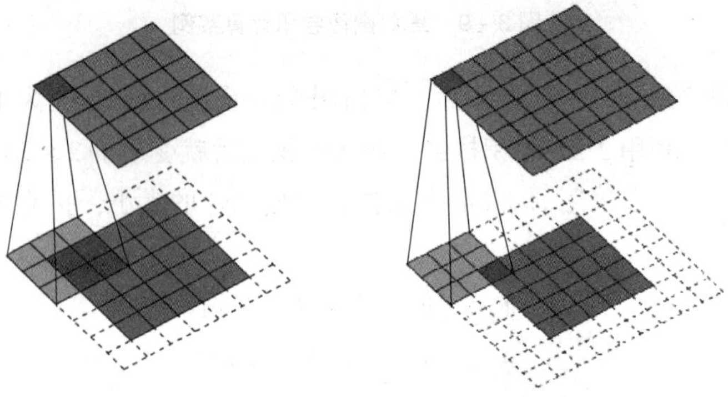

(a)通过padding维持图像尺度不变　　(b)通过padding扩充图像尺度大小

图 3－10　黑白图像卷积计算实例

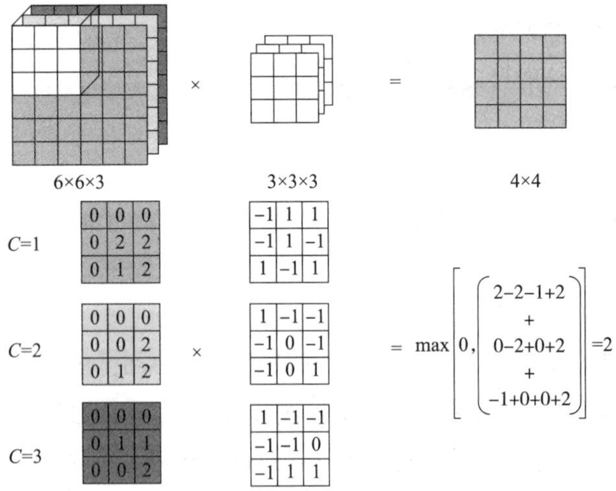

图 3－11　彩色图像卷积计算实例

以上采用单通道或多通道卷积核对原始图像进行卷积，获取图像的一个特征图，有多少个卷积核就产生多少个特征图，但通道原因所拓展出的不同分身卷积核不能计入，因为这里将多个通道的卷积核作为1组同时参与计算并将最终形成的多组特征进行了合并。如果采用多个卷积核进行卷积，则可以从不同角度学习到原始图像的多种特征，产生多个特征图。如图3－12所示，采用2个3×3×3卷积核对原始图像进行卷积，可以获取2张4×4的特征图，这2张新获取的特征图又可以叠加形成2个通道的4×4特征图。如果需要利用生成的2通道4×4特征图生成3个新的特征图，则需要采用3个2通道的卷积核再次进行卷积计算。这里卷积核的2通道为一个卷积核的不同分身，不能单独计为卷积核数量。使用中，由通道数量所拓展的不同分身卷积核一般共用一个激活阈值（也称偏置），也可以采用不同的激活阈值，最终再合成一个阈值。在本书中如无特别说明，则默认为多个分身卷积核采用了同一个激活阈值。

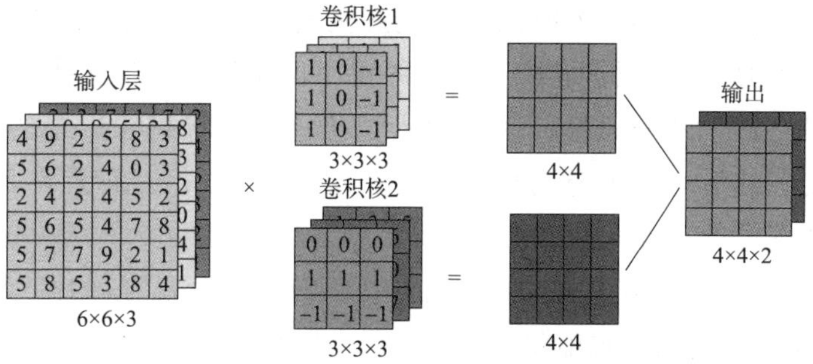

图3－12　多特征图卷积示例

卷积计算中所选取的卷积核数量（通道原因所拓展出的不同分身卷积核不计）决定了卷积计算后所形成的特征图数量，但卷积核具体数量的选取没有明确规定，通常根据任务的复杂性通过经验进行选取。应该肯定的是，卷积核数量越多，对上一层信息的观察角度越全面，特征提取的维度越精确，但所需训练参数也会增加。

现在结合例题对这种多特征卷积过程进行进一步理解：

【例题3.1】对于一张RGB图片，假设有10个卷积核，每个卷积核含有3个不同的分身通道，感受野为4×4，并且只有1层卷积层，那么通过一次卷积后获得的新特征图数量为多少？整个训练过程参数有多少？

答：①由于卷积过程中采用了10个卷积核进行卷积，有多少个卷积核就会生成多少特征图，因此通过一次卷积后获得的新特征图数量为10。

②不同通道的分身卷积核采用同一个激活阈值，每个卷积核所需要训练参数个数为 $4\times4\times3+1=49$，共10个卷积核，因此总共需要训练卷积核参数为 $49\times10=490$。

视频简介

本视频主要讲解全连接神经网络的弊端、卷积神经网络处理问题的基本思想、感受野概念、卷积核概念与卷积层构造方法，观看以上内容讲解视频请扫描二维码。

3.2.3 池化层

通过前面讲解已经了解到多层卷积计算利用卷积核共享平移方式减少网络训练参数数量，并对感受野内特征进行层层提取，但很多时候这样做还远远不够，例如：当卷积层所采用的卷积核感受野较小，步长也较小时，计算输出的特征图尺度仍然较大，这种大尺度特征图在局部特征上具有较大的重复性。举一个蜜桃优选的例子：某县要举行品桃大会，首先各村会选送最具代表性的几类蜜桃作为代表送到镇上进行参赛，然后各镇会从所辖村的蜜桃中再选择最优的蜜桃送到县城进行参赛。这种通过层层卷积选取代表的方式，每一级都可能选取了比规定要求多几倍的蜜桃作为代表，这就造成了很大的重复性，品桃现场也不能摆下这么多的蜜桃。最终专家也仅仅是在同一级别的蜜桃中挑选其中的一个或几个最优蜜桃进行品尝，这种同级别局部区域推举最优代表的方式就是池化。同样对于一幅图像，由于图像“静态性”的特殊属性，相邻的图像区域具有很大的相关性，因此引入池化计算，将相邻位置的特征进行聚合，减少图像的尺度，然后对一个整合的特征进行表达。池化在不丢失表达特征的情况下，有效降低了图像的尺寸。

与卷积层计算中感受野概念类似，池化层中有一个“池化视野”的概念，通过池化视野对卷积层所生成特征图进行扫描池化(图3－13)。池化视野中的输出值，一般采用两种计算方式获得：①最大池化，取池化视野矩阵中的最大值(选取影响力最大的“代表”)；②平均池化，取池化视野矩阵中的平均值(平均化的影响力作为“代表”)。常用池化层是最大池化，因为可以提取出区域内最具代表性的特征。

池化层的池化视野扫描方式与卷积层相同，首先从左到右扫描，结束则向下移动一个步长，重新进行扫描。然而，与卷积层不同的是池化层不需要训练参数，其作用仅仅是改变特征图的大小，减少信息重复，并且不对特征图的通道数进行改变。图3－13所示的最大池化中，池化视野大小为2×2，步长为2，单通道的4×4特征图通过池化操作最终会得到一个单通道的2×2特征图。如果对4×4的RGB彩色图像进行最大池化，则需要采用3通道的2×2池化视野进行同步池化操作，3通道特征图转变为3通道的2×2特征矩阵。特征图被压缩，但通道数未发生变化，这是池化层与卷积层计算的不同之处。

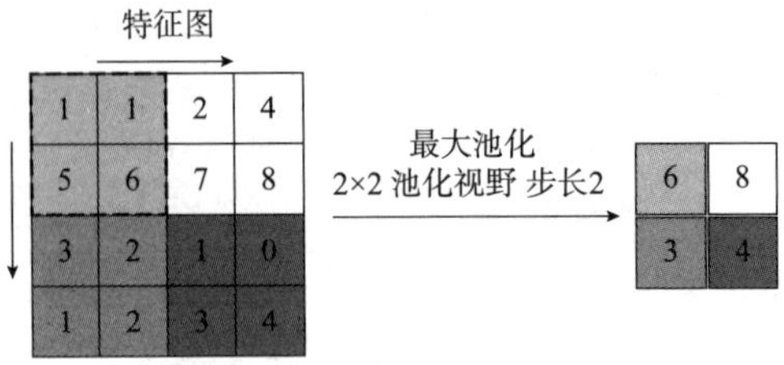

图3－13　特征图的最大池化

3.2.4 全连接层

全连接层的作用是对卷积与池化特征进行有效分类。当卷积层所采用卷积核尺度与上一层特征图大小相同时，即卷积层的感受野与输入特征图相同，在这种情况下卷积核与输入特征图之间形成全连接，此时通过卷积计算所构成的特征图将退化为一个神经元。这种通过扩展卷积层中卷积核尺度及感受野，将卷积核与输入特征图进行全连接，所形成的卷积计算层称为卷积神经网络的全连接层。在 CNN 的最后，通常会设置 2 ~ 3 个全连接层，用于将卷积和池化层的输出转换为最终的分类或回归结果。

如图 3 – 14 所示，在最后一层卷积计算结束后，进行了最后一次池化，输出 2 个 3 ×3 的特征图。此时对输出的特征图采用 5 个感受野为 3 ×3 的 2 通道卷积核进行卷积计算，可以输出 5 个 1 ×1 的特征图，也就是变成 5 个神经元。每个神经元输入信息维度为 3 ×3 ×2，神经元数量为 5。这种全连接形式的卷积层即为 CNN 的第一全连接层。与 BP 神经网络类似，在第一全连接层之后，图 3 – 14 中还通过全连接方式连接有一层神经元，作为第二全连接层用于网络信息的输出。

以图 3 – 14 为例，两个全连接层计算过程中所需要训练参数数量如下：第一全连接层(BP 神经网络的隐层)所拥有的神经元数量为 5，每个神经元输入信息维度为 3 ×3 ×2，如果不同通道的分身卷积核采用同一个激活阈值，则所需要训练参数的数量为(18 +1) ×5。第二全连接层(输出层)所拥有的神经元数量为 2，每个神经元输入信息维度为 5 ×1，所需要训练参数数量为(5 +1) ×2。两个全连接层总共需要训练参数数量为：(18 +1) ×5 + (5 +1) ×2 =107。

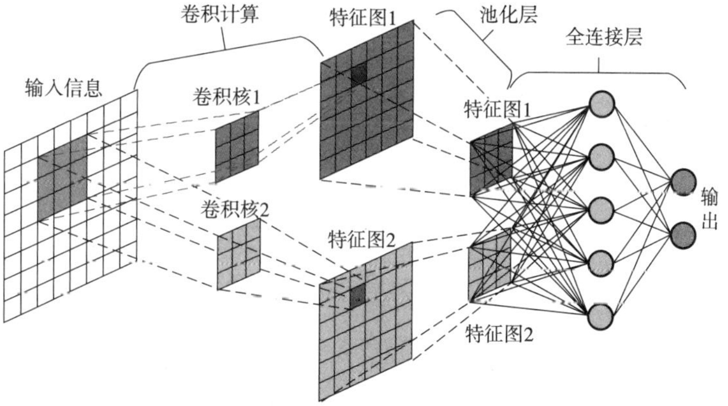

图 3 – 14 CNN 全连接层

【例题 3.2】全连接层计算实例：

对于一个大小为 224 ×224 的 RGB 彩色图像(3 通道)，经过多层卷积池化最后一层输出为 512 通道的 7 ×7 特征图，如后层连接有一个含 4096 个神经元的全连接层，试计算全连接层所需要训练参数的数量。

答：全连接层输入信息维度为 $7\times7\times512=25088$，相当于采用感受野为 7×7 通道数为 512 的卷积核进行卷积计算，不同通道的分身卷积核共用 1 个激活阈值，则每个全连接神经元所需要训练参数数量为：$25088+1=25089$；全连接隐层共 4096 个神经元，总共需要训练参数数量为：$4096\times25089=1.02764544\times10^8$ 个。

由此可见，全连接层神经元数量的增多将引起训练参数的急剧增加。为了减少所需要训练参数数量，全连接层神经元一般只用于网络中的最后几层，而且全连接层的上一层一般采用尺度较小的特征图。因此，为减少训练参数数量，通常会在最后卷积输出层之后设置一个池化层。

在此需要特别说明的是，输出层用于输出 CNN 的计算结果。对于分类问题，输出层输出的是一个表述归属可能性大小的概率，最常用的输出激活函数为第 1 章中所介绍的 softmax 激活函数，公式较为重要在此处再次列出：

$$P(y_i|x_i)=\frac{e^{x_i}}{\sum_{j=1}^{K}e^{x_j}} \tag{3-4}$$

式中　x_i——输出层神经元输入信息的原始加权求和数值；

K——输出层神经元的个数；

y_i——第 i 个神经元输出的概率。

如图 3－15 所示，softmax 实际上对输出层所有输出类别值进行了加权归一化，将原始输出转换为概率。经过变换之后，每一个输出神经元，得到的是 0～1 的概率值，所有概率值的总和等于 1。

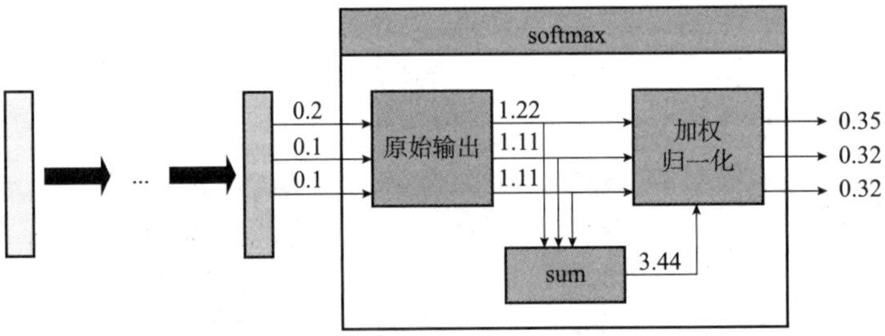

图 3－15　输出层 softmax 激活函数

在 CNN 中 softmax 激活函数通常用于神经网络最后一层对输出值进行概率归一化，而其他激活函数（ReLU、LeakyReLU 与 sigmoid 等）多用于内层计算。这是由于其他激活函数，如 ReLU、LeakyReLU 和 sigmoid，只关注单个神经元输入信息的非线性化计算，而 softmax 函数则将层内所有神经元输出值归一化为概率分布，这样做具有概率解释性强、区分性强及鲁棒性强等特点。

3.3 典型结构

CNN结构灵活，且变化多样，这就造成了CNN结构形式较多，但只要掌握CNN卷积、池化及全连接运算的本质就可以把握总体，并在时代发展中不断掌握新的知识。本节仅针对影响深度学习发展的几种最典型结构：LeNet、AlexNet、ZFNet、GoogLeNet及ResNet网络进行重点介绍，并着重讲解卷积计算过程中特征图结构及训练参数的变化。

3.3.1 LeNet

LeNet是第一个真正意义上的卷积神经网络，由LeCun在1989年提出，被用于手写字体识别。这种网络的结构与福岛邦彦的Neocognitron网络相似，但采用了误差反传方式进行训练。LeNet-5的结构如图3-16所示，此网络采用输入—卷积—池化—卷积—池化—全连接层信息处理方式。图中输入为32×32的黑白手写字体图像。首先，在第一卷积层采用6个感受野为5×5步长为1的卷积核进行卷积计算，获得6个28×28的特征图；第一池化层采用池化视野2×2步长为2，获得6个14×14的压缩特征图；其次，进行第二次卷积与池化计算最终获得16个5×5的压缩特征图，该卷积过程采用16个感受野为5×5步长为1的卷积核进行卷积计算；最后，连接3个全连接层，并采用softmax函数完成对10种字体的识别。

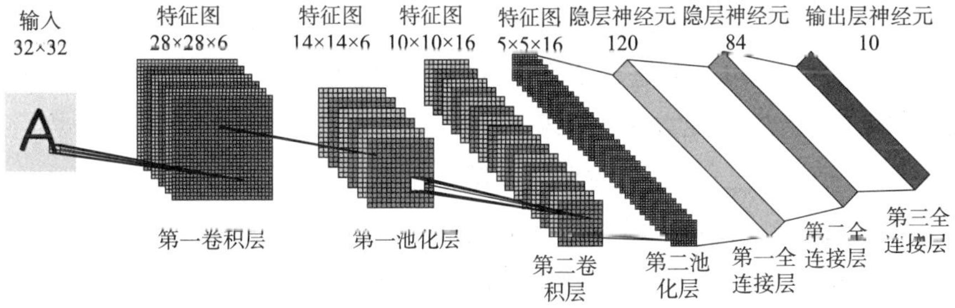

图3-16 LeNet-5的结构

早期的CNN用于人脸检测、人脸识别及字符识别等各种问题，但并未成为主流方法。原因是训练过程中的梯度消失、训练样本数限制及计算能力三个方面的限制。

3.3.2 AlexNet

AlexNet由Hinton和他的学生Alex K.在2012年设计提出。AlexNet中包含了几个比较新的技术点，与之前的网络相比，既具有继承性，又具有创新性。最显著的特点是层次加深，参数规模变大，主要用到的新技术点如下：

(1)首次使用ReLU作为CNN的激活函数，并验证其效果在较深的网络超过sigmoid

函数，解决了 sigmoid 函数在网络较深时的梯度消失问题；

(2) AlexNet 将 Dropout 方法实用化，在最后几个全连接层中，通过随机忽略一部分神经元，避免模型过拟合现象产生；

(3) 使用 CUDA 运算平台加速深度卷积网络的训练，利用 Gpu 强大的并行计算能力，处理神经网络训练时大量的矩阵运算。

如图 3－17 所示，所设计的 AlexNet 网络结构拥有 5 层卷积层、3 个池化层与 3 个全连接层，具体网络结构描述如下。

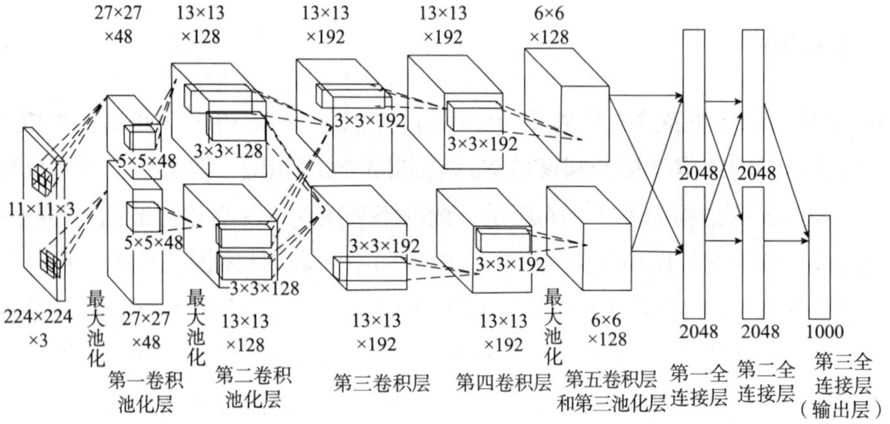

图 3－17　AlexNet 网络结构

(1) 输入层：224×224×3 的彩色图像。

(2) 第一卷积层：采用 96 个感受野为 11×11 通道数为 3 的卷积核进行计算，步长为 4，卷积核分两个批次利用 Gpu 进行并行计算提高训练速度，在运算之前对输入层图像进行 padding 操作，变为 227×227×3 图像，利用式(3－2)计算出 padding 圈数为 $P=1.5$，实际上这是对每一侧进行 padding 的平均数量，在实际中可以采用一侧 padding 一层，另一侧 padding 两层的方式进行。卷积后理应生成 55×55×96 的特征图，但这里采用分组并行计算方式，96 个卷积核被分成 2 组，每组 48 个卷积核，对应生成 2 组 55×55×48 的特征图，这些特征图计算采用激活函数为 ReLU 函数，处理后输出作为第一池化层输入。

(3) 第一池化层：图中未单独作为一层画出，采用最大池化方式，池化视野为 3×3，stride＝2，只改变图层大小，不改变图层结构，输出数据为 2 组 27×27×48 的特征图。

(4) 第二卷积层：输入数据为 2 组 27×27×48 的特征图，采用 2 组感受野为 5×5，通道数为 48 的卷积核进行计算，每组卷积核数量为 128 个，共 256 个卷积核参与计算，当采用卷积步长 stride＝1 时，为保持输出特征图大小不变，利用式(3－3)计算需要 padding 圈数为 $P=2$，在计算之前需要对输入特征图进行扩增，将输入特征转变为 2 组 31×31×48 的特征图，输出为 2 组 27×27×128 的特征图，采用激活函数同样为 ReLU

函数。

(5)第二池化层：图中未单独作为一层标出，采用最大池化方式，池化视野为 3×3，stride $=2$，输出数据为 2 组 $13\times13\times128$ 的特征图。

(6)第三卷积层：这一层的输入数据为第二池化层输出的 2 组 $13\times13\times128$ 特征图。为促进 2 组特征图之间的信息交流，将 2 组特征图全部送入 2 个不同的 Gpu 中进行计算，每个 Gpu 中都有 192 个卷积核，每个卷积核尺度为 $3\times3\times256$，每个 Gpu 中的卷积核都能对 2 组 $13\times13\times128$ 的特征图进行计算。卷积计算过程卷积步长 stride $=1$，为保持卷积后特征图大小不变，利用式(3－3)计算需要 padding 的圈数为 $P=1$，此层输出为 2 组 $13\times13\times192$ 的特征图。

(7)第四卷积层：这一层的输入数据为第三卷积层输出的 2 组 $13\times13\times192$ 特征图，与第二卷积层类似，采用分组不交叉的方式计算，所采用卷积核感受野为 3×3，通道数为 192，每个 Gpu 中都有 192 个卷积核，共采用 384 个卷积核进行计算，计算之前需要 padding 的圈数为 $P=1$，此层输出为 2 组 $13\times13\times192$ 的特征图。

(8)第五卷积层：这一层的输入数据为第四卷积层输出的 2 组 $13\times13\times192$ 特征图，与第四卷积层类似，采用分组不交叉的方式计算，所采用卷积核感受野为 3×3，通道数为 192，每个 Gpu 中都有 128 个卷积核，共采用 256 个卷积核进行计算，计算之前需要 padding 的圈数为 $P=1$，卷积计算过程卷积步长 stride $=1$，此层输出为 2 组 $13\times13\times128$ 的特征图。

(9)第三池化层：图中未单独作为一层标出，采用最大池化方式，池化视野为 3×3，stride $=2$，输出数据为 2 组 $6\times6\times128$ 的特征图。

(10)第一全连接层：这一层输入数据为 2 组 $6\times6\times128$ 的特征图，采用 4096 个神经元分 2 组进行全连接计算(或者采用 4096 个感受野为 $6\times6\times256$ 的卷积核进行卷积计算)，这一层所需要训练参数数目为 $(6\times6\times256+1)\times4096=3.7752832\times10^7$ 个，经 ReLU 函数处理后，生成 4096 个值，并通过 dropout 运算后，输出 4096 个本层的结果值。

(11)第二全连接层：采用 4096 个神经元分 2 组进行全连接计算，每个神经元的输入为 4096 个数据，这一层所需要训练参数数目为 $(4096+1)\times4096=1.6781312\times10^7$ 个，经 ReLU 函数处理后，生成 4096 个数据，并通过 dropout 运算后，输出 4096 个本层的结果值。

(12)第三全连接层(输出层)：第三全连接层为整个网络的输出层，神经元数量为 1000 个，每个神经元输入为第二全连接层输出的 4096 个数据，所需要训练参数数目为 $(4096+1)\times1000=4.097\times10^6$ 个。

AlexNet 网络各层的详细描述如图 3－18 所示，其中输入图像($227\times227\times3$)是经过 padding 之后的图像。

图 3－18　AlexNet 网络各层详细描述

3.3.3　ZFNet

在前面内容中已经详细解释了通过卷积作用逐层提取特征由局部到整体掌握全部信息的基本思路。但每层卷积到底提取到何种特征？能否对卷积所提取到的“黑箱”特征进行解释？这是众多机器学习学者一直想揭示的秘密。在解密 CNN 过程中，Zeiler 和 Fergus 提出通过反卷积(转置卷积)进行卷积网络层可视化的方法——ZFNet。

图 3－19 所示为 ZFNet 网络的结构，该网络是在 AlexNet 网络基础上发展起来的，并

在 AlexNet 网络基础上进行了一些细节改动：①改变了 AlexNet 网络的第一卷积层，将卷积核感受野的大小由 11×11 转变为 7×7，步长 stride =4 变成 2；②将第二与第三卷积层的卷积步长设置为 2；③增加了第三与第四卷积层卷积核个数。通过这一改变 ZFNet 在 2013 年 ImageNet 大赛中获得冠军，错误率为 11.19%，比 2012 年的 AlexNet 降低了 5%。如果仅仅是卷积核结构上的调整，ZFNet 或许并不能引起太多的关注，ZFNet 最大贡献在于通过使用可视化技术揭示了 CNN 各层到底在干什么，起到了什么作用。

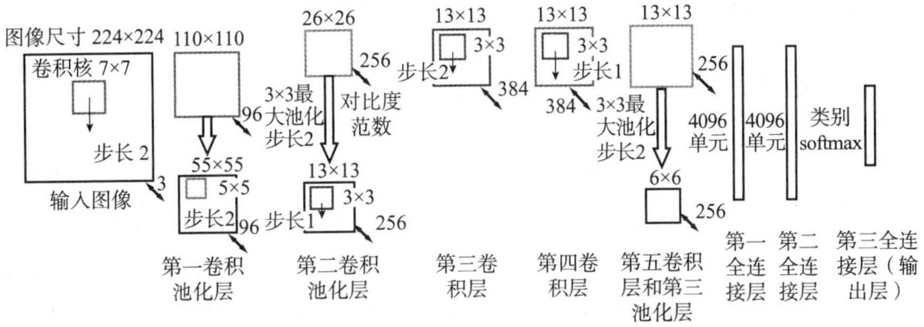

图 3－19　ZFNet 网络各层详细描述

ZFNet 使用反卷积网络(deconvnet)的方式揭示中间层的特征提取活动，如图 3－20 所示，为了检查一个卷积网络，网络的每个层都附有一个反卷积网络，提供了一条返回图像像素的连接路径。ZFNet 网络所采用的操作主要有以下几点：

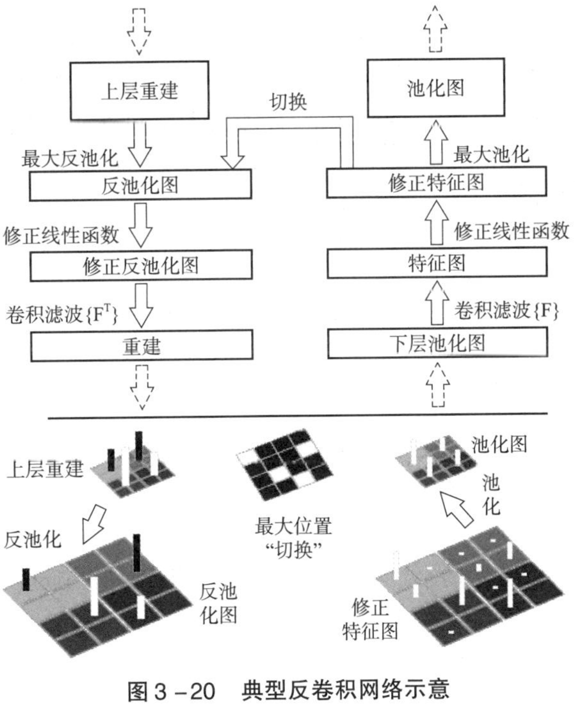

图 3－20　典型反卷积网络示意

(1)反池化。池化的逆运算，通过一组转换变量 switch 在每个池化区域中记录最大值的位置来获得一个近似逆。在反卷积网络中，反池化操作使用这些转换来放置上述最大值的位置，保存激活的位置，其余位置都置0，如图3－20底部的反池化操作。

(2)反ReLU。卷积层中非线性ReLU激活函数，利用神经元输入信息求出输出信息，经过最大池化能够保证特征图中特征总是正值。为了获得每一层有效的特征重构，在反卷积网络中利用了反ReLU，将神经元输出信息逆映射为输入信息。

(3)反卷积。反卷积网络利用卷积网络中相同卷积核的转置应用到反ReLU纠正过的特征图中。也就是对卷积核进行水平方向和垂直方向的翻转，由卷积之后获得的特征值获得原图像大小的数据分布。

3.3.4 GoogLeNet

回顾AlexNet网络，要提高模型的性能，有两条途径：①增加网络深度(层数)；②增加网络宽度(卷积核个数)。但这两种做法势必会产生两种问题：①网络参数增加更容易产生过拟合现象，尤其是训练样本有限情况下这一问题更加突出；②参数的增加引起计算量增加，降低计算效率，并且很多权重训练后接近于0，这部分计算支出会造成大量浪费。

为解决以上问题，Christian S. 在2014年提出了一种称为GoogLeNet的网络结构(Inception－V1)。GoogLeNet的创新之处在于：①提出了Inception机制，即对图像进行多尺度处理，大幅度减少模型参数数量，其做法是将多个不同尺度的卷积核与池化层进行整合，形成一个Inception模块；②去除了最后的全连接层，用全局平均池化替代，减少了90%的参数量，减少了过拟合现象的发生。

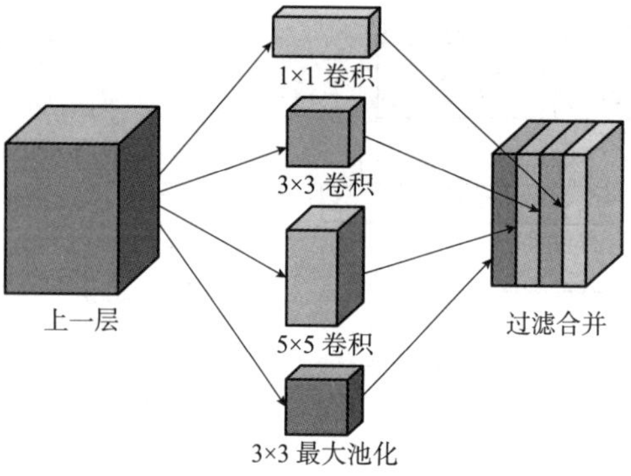

图3－21 Inception模块

针对算法中所提出Inception模块的结构与主要功能如图3－21所示，相对传统卷积计算最大优势在于可以实现多尺度卷积核的并行计算。原始的并行计算模块(Naive Inception)，主要由3个不同尺度的卷积层和1个池化层组成：1×1卷积、3×3卷积、5×5卷积及3×3最大池化层。在以往的卷积网络中，为了执行以上不同尺度卷积核计算，势必需要进行串联计算，如AlexNet网络训练，采用3个不同尺度卷积核进行特征提取，则需要串联计算3次，同一层卷积操作的卷积核尺寸固定，池化操作也需要单独串联添加池化层进行操作。但在Inception模块中将这一操作转变为并行处理模块：采用三种尺度卷积核及一个最大池化操作，对输入特征图进行并行处理，然后将输出结果按照通道进行拼接。

在图3－21的卷积操作中，如果输入的通道数过多，则运算量仍然较大，且卷积核的参数过多，有必要进行进一步数据降维计算。为此，在原生Inception模块中，添加1×1卷积层进行降维操作，形成降维Inception模块。图3－22所示为同等条件下两种Inception模块的结构对比。假设两种Inception模块的输入信息维度同为32×32×256，要求经过1×1、3×3及5×5三个尺度卷积核计算之后，输出的3组特征图数量分别为128、192及96。要实现以上目标，

图3－22(a)中需要训练卷积核参数数量为$(1\times1\times256+1)\times128+(3\times3\times256+1)\times192+(5\times5\times256+1)\times96=1089952$。所采用$3\times3$最大池化层，池化之后模型输出仍然为256通道特征图。卷积及池化之后Naive Inception单元输出的特征图尺度为$32\times32\times672$。为进一步减少卷积核训练参数，如图3－22(b)所示，在所采用的3×3与5×5卷积核输入端分别连接64个$1\times1\times256$卷积核，通过增加降维卷积层方式对输入信息进行降维操作，即不改变并行卷积计算输入特征图的高度和宽度，只改变图像通道数。经过初步降维操作之后特征图输出转变为$32\times32\times64$。为方便对比，降维Inception模块与Naive Inception单元相同，1×1、3×3及5×5三个尺度卷积核计算输出特征图仍然保持$32\times32\times128$、$32\times32\times192$和$32\times32\times96$，并且3×3最大池化层后接1×1卷积核，数量仍然保持为256个，显然经卷积池化之后降维Inception单元输出特征图维度仍然是$32\times32\times672$。然而，图3－22(b)模块所需要训练卷积核参数具体如下：①卷积及池化层新增加的3组$1\times1\times256$卷积核需要训练参数数量为$2\times(1\times1\times256+1)\times64+(1\times1\times256+1)\times256=98688$；②$1\times1$、$3\times3$及$5\times5$三个尺度卷积核所需要训练参数数量为$(1\times1\times256+1)\times128+(3\times3\times64+1)\times192+(5\times5\times64+1)\times96=297376$；③总训练参数数量为$98688+297376=396064$。显然，降维Inception模块与Naive Inception单元的输出结果完全相同，但由于1×1卷积层的加入，降低了输入特征图的通道数，极大地降低了卷积核训练参数数量。

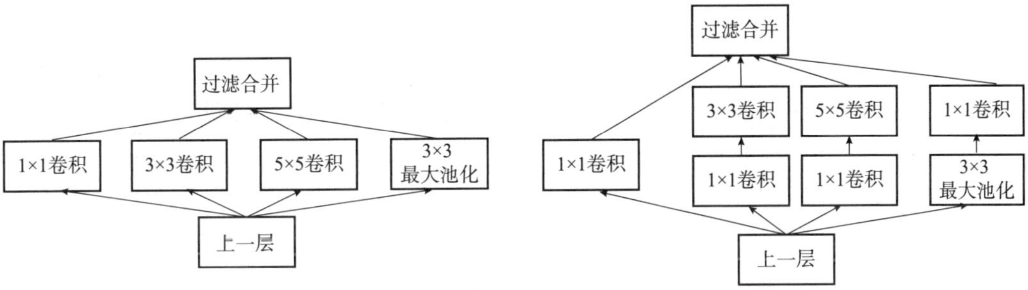

(a) Naive的Inception模块　　(b) 降维的Inception模块

图3－22　同等条件下两种Inception模块的结构对比

以上降维Inception模块是减少训练参数的一种措施，对于训练参数数量更大的全连接层，GoogLeNet在降维Inception模块输出与全连接层输入之间添加了全局平均池化层(Global Average Pooling，GAP)，能够进一步减少全连接所造成的参数爆炸现象。区别于传统的采用与特征图相同大小感受野卷积核直接处理信息的方式[图3－23(a)]，GAP方

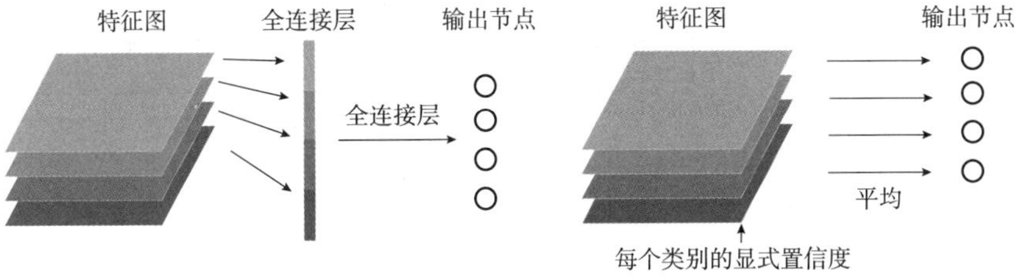

(a) 特征图全连接　　(b) 全局平均池化层(GAP)

图3－23　全连接层与全局平均池化层对比

法首先采用池化视野与输出特征图相同大小的全局平均池化层，提取特征图的平均特征，然后与网络输出层连接，以此减少训练参数数量[图3－23(b)]。

图3－24所示为Christian S. 所提出的GoogLeNet整体网络结构，主体采用9个降维Inception模块串联而成，中间还添加了2个辅助softmax分类器分支，所起的主要作用有以下三点：①为了避免梯度消失，用于向前传导梯度；②将中间某一层的输出用作分类，起到模型融合作用，用最终的分类结果以及这2个辅助分类器的结果(辅助分类按一个较小的权重加到最终分类结果中)一同决判出最终训练得到的分类结果；③正则化的作用：防止过拟合。

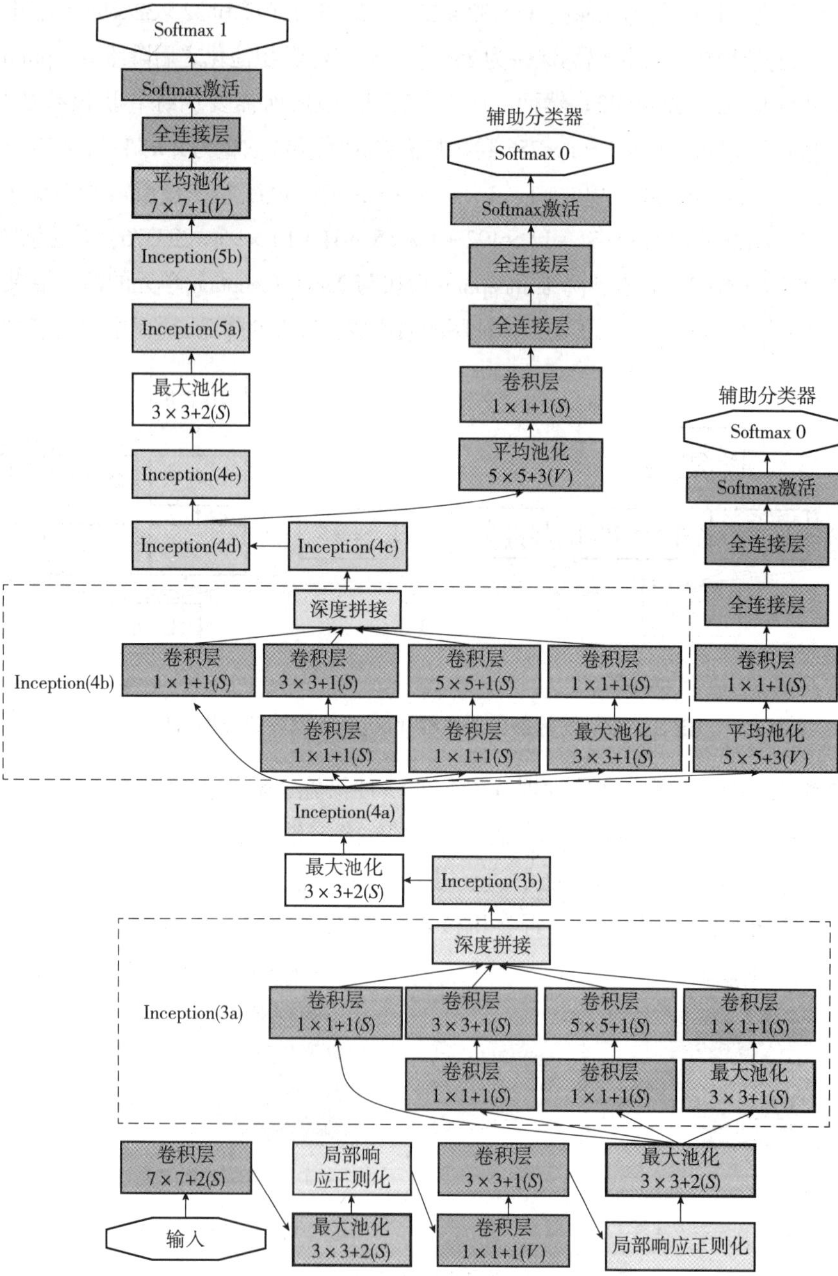

图3－24　GoogLeNet整体网络结构

3.3.5 ResNet

残差网络最主要的贡献在于发现并解决了多层卷积神经网络的“退化现象”，即随着网络层数的增加，模型的性能并没有相应提高，反而出现下降的现象。这种现象并非由于模型训练过拟合，而是由于多层连接中某一层或某些层神经元梯度消失，神经元参数不能通过梯度下降进行训练改变的现象。

卷积神经网络性能退化现象可以通过误差反传进行解释：误差通过反向传播调整卷积核参数，根据链式法则，当选择激活函数导数小于1，且层与层之间连接权值小于1时，误差每向前传播一层，都要乘以小于1的系数，网络结构越深，小于1的连接权值进行连乘次数就越多，网络梯度将趋近于0，最终在浅层处表现为梯度消失现象，网络参数将难以调整。如何通过合理设计网络结构解决梯度消失问题，是提高网络训练效率及准确性的关键。微软亚洲研究院的何凯明等，在2015年通过引入残差连接(residual connections)，提出了一种深度残差网络(ResNet)，有效解决了深度网络模型退化现象，极大地拓展了CNN的连接层数，改善了CNN的性能。通过这一改变，ResNet斩获了2015年ImageNet分类竞赛和目标检测竞赛第一名。

ResNet网络的核心在于引入一种跳跃式的残差连接结构，使网络性能不至于变差。这种跳跃式连接结构，在消除模型中退化层影响的同时，还解决了误差反传中梯度消失问题。残差连接原理如图3－25所示，通过引入跳跃连接，使得梯度在反向传播时可以直接通过这些连接流向更前面的网络层，从而避免梯度多层误差反传连乘变为0的情况。具体推导过程如下：

残差模块实际输出值：$\hat{\boldsymbol{Y}}=(\hat{y}_1,\ \hat{y}_2,\ \cdots,\ \hat{y}_n)^{\mathrm{T}}$；

残差模块理论输出值：$\boldsymbol{Y}=(y_1,\ y_2,\ \cdots,\ y_n)^{\mathrm{T}}$；

残差模块输入值：$\boldsymbol{X}=(x_1,\ x_2,\ \cdots,\ x_n)^{\mathrm{T}}$；

模块输出层输出值：$\boldsymbol{G}=(g_1,\ g_2,\ \cdots,\ g_n)^{\mathrm{T}}$；

模块隐层输出值：$\boldsymbol{H}=(h_1,\ h_2,\ \cdots,\ h_n)^{\mathrm{T}}$。

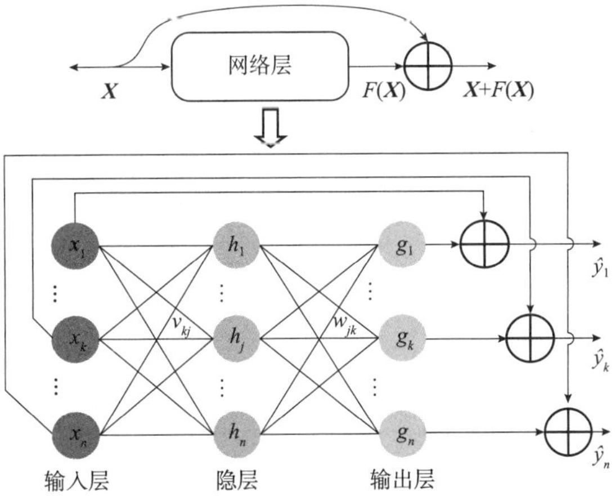

图3－25　残差连接原理

由于 ResNet 网络采用直连方式将网络层输入与输出进行连接，因此在残差连接中，网络输入层与输出层维度相同。为方便介绍，本章将输入与输出层维度全部设置为 n。对于图 3－25 中的残差连接模块，模块输出向量任一维 k 的输出误差为：

$$L_k = \frac{1}{2}(\hat{y}_k - y_k)^2 \tag{3-5}$$

式中，$\hat{y}_k = x_k + g_k$，显然 g_k 为与 x_k 相关的函数。

根据神经网络误差反传公式可以得出此残差模块输出与输入之间的梯度修正公式：

$$\frac{\partial L_k}{\partial x_k} = \frac{\partial L_k}{\partial \hat{y}_k} \cdot \frac{\partial \hat{y}_k}{\partial x_k} = \frac{\partial L_k}{\partial \hat{y}_k} \cdot \left(1 + \frac{\partial g_k}{\partial x_k}\right) = \frac{\partial L_k}{\partial \hat{y}_k} \cdot \left(1 + \sum_{j=1}^{n} \frac{\partial g_k}{\partial h_j} \cdot \frac{\partial h_j}{\partial x_k}\right) \tag{3-6}$$

由式(3－6)可知，通过残差模块输入与输出的直连，可以保证误差反传过程中至少存在一个梯度$\frac{\partial L_k}{\partial \hat{y}_k}$，即便 $\frac{\partial L_k}{\partial \hat{y}_k} \cdot \sum_{j=1}^{n} \frac{\partial g_k}{\partial h_j} \cdot \frac{\partial h_j}{\partial x_k}$ 部分信息为0，也能保证网络误差向更浅模块进行反向传播时梯度不为0，避免梯度消失现象，这也是残差连接能够保障神经网络具有健壮性的根本原因。

以上是采用全连接神经网络对残差连接保障系统稳定性进行的原理解释，卷积残差连接误差反传计算与此原理相同。图 3－26 所示为卷积计算中常用的两种残差结构，其中图 3－26(a)为未进行降维的残差模块，图 3－26(b)为采用 1×1 卷积核进行降维后的残差模块，两者输入信息尺度完全相同，通道数同为 256。图 3－26(a)中第一卷积层采用 256 个 3×3×256 卷积核进行卷积计算，第二卷积层同样采用 256 个 3×3×256 卷积核进行卷积计算，整个过程需要训练参数数量为：(3×3×256＋1)×256＋(3×3×256＋1)×256＝1180160 个。图 3－26(b)中第一卷积层采用了 64 个 1×1×256 卷积核进行降维计算，输出信息尺度大小不变，通道数降维为 64，第二卷积层采用 64 个 3×3×64 卷积核进行卷积计算，第三卷积层采用 256 个 1×1×64 卷积核进行卷积计算，整个过程需要训练参数数量为：(1×1×256＋1)×64＋(3×3×64＋1)×64＋(1×1×64＋1)×256＝70016 个。显然经过降维模块所需要训练参数得到了极大减少。在残差模块设计中，要注意主分支与捷

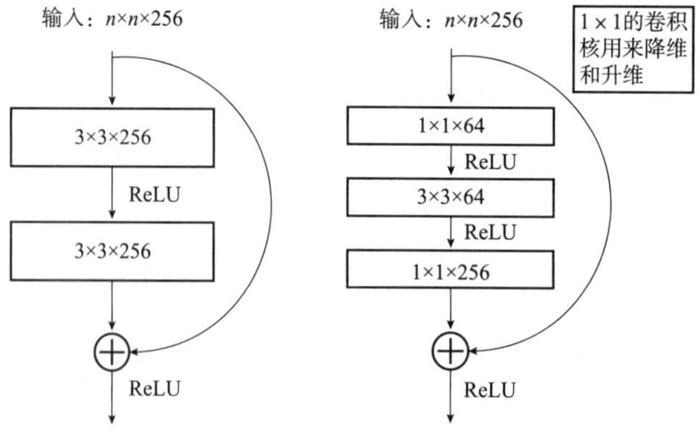

(a) 未进行降维的残差模块　(b) 采用降维措施的残差模块

图 3－26　卷积计算中的两种残差连接

径的输出特征矩阵尺度及通道数必须全部相同，这样才能保证两个特征矩阵在相同维度下进行按位相加。

视频简介

本视频主要讲解卷积层构造（复习）、CNN与BP神经网络关系、池化层构造、全连接层的作用与典型CNN结构，观看以上内容讲解视频请扫描二维码。

本章小结

本章首先从参数共享及多层识别角度出发，诠释了卷积神经网络端到端学习的思想，继而利用大量篇幅对卷积神经网络的组成架构进行了详细解读；在熟知卷积神经网络结构基础上，结合当前卷积神经网络的典型结构，对其所涉及的卷积、池化及全连接计算方式进行了详细介绍，加深了对相关概念的理解。最后，以当前常用的几种深度学习网络架构为依托，对卷积神经网络计算中涉及的分组高效计算、网络层信息可视化、多尺度卷积核同步计算、信息降维计算及残差连接预防梯度消失问题进行了重点论述，有助于加深读者对相关问题的理解。

本章内容配套PPT课件获取链接：https://pan. baidu. com/s/15B7cbpvFWu5OUXAllKyYGg，提取码：1019。

实践4　利用卷积神经网络实现Mnist手写数字分类

实践4将构建一个CNN模型，并利用它完成Mnist手写数字分类任务。在所构建的CNN中，将设置2个卷积层和2个池化层，并使用ReLU激活函数。源码下载地址：https://github. com/BookCode-2024/HandWriting_CNN. git，配套讲解视频可扫描右侧二维码获取。

习题

(1) 如何理解卷积神经网络（CNN）的本质？卷积与池化的作用分别是什么？

(2) 设计一个人脸识别的CNN网络，并描述各层输入及输出特征图尺度。

(3) CNN为何能够通过多层卷积计算提取特征？

(4) CNN为何设置全连接层？

(5) 降维Inception模块采用何种方式降低卷积核训练参数数量？

(6) CNN网络层数较多时误差反传为何存在梯度消失现象？可以采用何种方法避免？

(7)假设输入是 600×600 的彩色图像，第一卷积层使用了 100 个 8×8×3 卷积核进行卷积操作，步长为 1，如果不同分身卷积核共用一个偏置，试计算这个卷积层共有多少个训练参数？卷积计算后特征图尺度及数量分别为多少。

(8)有一个 55×55×16 的输入，使用大小为 5×5×16 的 50 个卷积核进行卷积，步长为 1，padding 圈数 $P=1$，试计算输出特征图尺度及数量分别为多少。

(9)有一个 CNN 网络用于水蜜桃、苹果及李子等水果分类，假设某一池化层输出为 256 个 32×32 的特征图，为减少训练参数数量在后续卷积计算中需要采用降维模块，假设不同通道卷积核共用一个偏置，试设计一个降维 Inception 模块输出 672 个 32×32 的特征图，并计算需要训练参数数量。

(10)有一个 AlexNet 网络，为提高计算效率采用了 Gpu 分组计算法，整个计算分成了 4 组，其中最后一层池化层输出为 4 组 10×10×64 的特征图，在最后一层池化层后面连接有 3 层全连接层，其中第一全连接层神经元数量为 5，第二全连接层神经元数量为 3，第三全连接层(输出层)神经元数量为 2，试计算 3 个全连接层所需要训练参数数量。

参考文献

[1]杨杰，黄晓霖，高岳，等. 人工智能基础[M]. 北京：机械工业出版社，2022.

[2]LECUN Y，BOTTOU L，BENGIO Y，et al. Gradient – based learning applied to document recognition[C]// Proceedings of the IEEE. Chicago：IEEE，1998：2278 – 2324.

[3]KRIZHEVSKY A，SUTSKEVER I，HINTON G，et al. ImageNet classification with deep convolutional neural networks[C]//Communications of the ACM. New York：Association for Computing Machinery，2017：84 – 90.

[4]ZEILER M D，FERGUS R T，FLEET D，et al. Visualizing and Understanding Convolutional Networks[C]// Computer Vision – ECCV 2014. Cham：Springer International Publishing，2014：818 – 833.

[5]SZEGEDY C，WEI L，YANGQING J，et al. Going deeper with convolutions[C]. 2015 IEEE Conference on Computer Vision and Pattern Recognition(CVPR). IEEE，2015：1 – 9.

[6]KAIMING H，XIANGYU Z，SHAOQING R，et al. Deep Residual Learning for Image Recognition[C]//2016 IEEE Conference on Computer Vision and Pattern Recognition(CVPR). Las Vegas：IEEE，2016：770 – 778.

第 4 章 循环神经网络

文本、语音以及视频等时序信息处理问题是深度学习算法的重要应用方向。然而，受网络结构限制，BP 神经网络与卷积神经网络，仅能考虑当前时刻的输入，难以建立以前时刻信息与现在时刻信息之间的联系。这也就造成两种网络结构无法通过上下文的关联确定输入信息所表达的含义。针对这种时间序列信息处理问题，本章将利用大量篇幅，讲解最具代表性的经典循环神经网络及长短期记忆神经网络的详细结构，并对其中涉及的随时间误差反向传播、注意力机制、三种门结构及参数训练等问题进行细致的讲解。

4.1 经典循环神经网络

回忆 BP 算法与 CNN 算法，可以发现两种算法输出都只考虑当前时刻输入的影响而不考虑其他时刻输入的影响。这两种算法针对简单的猫、狗与手写数字等单个物体的识别具有较好的效果，却难以处理日常生活中经常遇到的时间序列问题。例如：当理解一句话的含义时，孤立地理解这句话的每个单词远远不够，还需要理解由这些单词连接组成的整个序列。举个最形象的例子：古时一名员外正在给自己的母亲做寿，突然看到一个口才很好的秀才在门前，于是欣然邀请他为自己的母亲祝寿，秀才进门之后说了第一句话“这个老妇不是人”，员外顿时勃然大怒；秀才又说了第二句“本是仙女下凡尘”，员外顿时喜上眉梢；秀才紧接着说了第三句“生个儿子是个贼”，员外又不高兴了，直到秀才补上第四句“偷得仙桃献母亲”，员外又喜出望外。但如果将以上四句话颠倒过来：“偷得仙桃献母亲，生个儿子是个贼；本是仙女下凡尘，这个老妇不是人”，整个语句的含义就完全改变，由此可见语序的重要性。对于这样的情况，序列信息决定了事件本身，因此网络中需要加入时间概念，以访问从开始到现在的所有输入信息，由此引入循环神经网络(Recurrent Neural Network，RNN)。与 CNN 不同的是：它不仅考虑当前时刻的输入，而且赋予了网络对先前内容的一种记忆功能。

4.1.1 经典循环神经网络基本结构

现在分析一下神经网络中一种很常见的识别问题：多义词识别。举个例子，有两句话：①I like eating apple！(我喜欢吃苹果！)；②Apple is a great company！(苹果真是一家很棒的公司！)。现在的任务是给 apple 打标签，遇到这种问题该如何处理呢？假如采用图 4－1 所示的 3 个独立 BP 神经网络处理，将其中一个 BP 神经网络采用“apple”这个单词的特征向量作为输入，并在输出层设置水果“apple”所对应的标签。显然，当输入一段话，只要句子中有“apple”这个单词(不管是苹果公司还是吃的苹果)，系统总输出一个对应于水果“apple”的标签，不会因语义的变化而变化。然而，在语料库中“apple”标签有的代表水果，有的代表公司，这种不随语义变化的识别必将造成严重错误。造成这种识别错误的本质就在于孤立的 BP 神经网络之间缺乏有效的信息互联，无法结合上下文理解单词在语句中的含义。独立的神经网络也不能理解“我喜欢吃苹果！”这句话的真正含义。这也是传统神经网络模型所不能做到的事情，于是人工智能专家通过深入研究，采用时序输入信息隐层互联方式，建立了具有语义识别能力的循环神经网络。

RNN 怎样将语言中的这种时间序列信息相互关联？这种时间序列数据的关联信息又该如何进行输入？如图 4－2 所示，RNN 提出了一种立体交叉式的相互连接，将不同层神经元的隐层互联，实现信息的关联。这种连接网络的整体结构未变，从输入层(x_{t-1}，x_t，x_{t+1})到隐层所有不同层的神经元连接权值相同，从隐层到输出层所有不同层的神经元连接权值也相同。假如在图 4－2 网络的第一层输入“我”这个单词，可对应输出“I”；第二层输入“喜欢”，可对应输出“like”，但这里的“like”由于中间隐层的相互连接，其输出与第一层输入“我”相互关联。同样第三层输出“eating”这个单词，也会受到第一层、第二层输入“I like”的联合作用。依此类推，系统最后一层的输出仍然会受到第一层输入的作用。通过一个简单的相邻隐层互联，将整个网络有机地关联起来。根据不同的需求，这种层与层之间的连接，既可以用全连接也可以用非全连接。

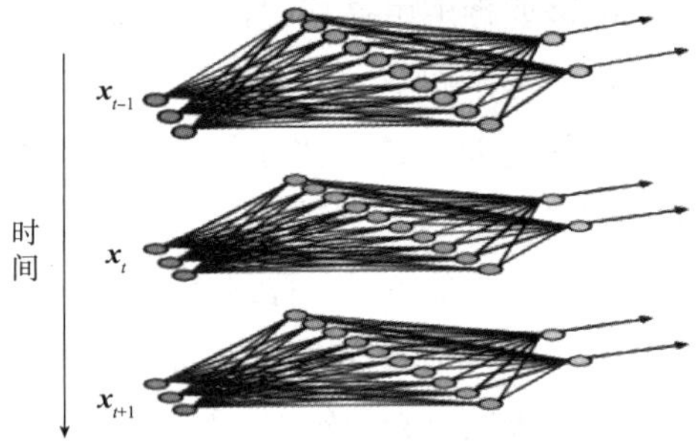

图 4－1　孤立的 BP 神经网络

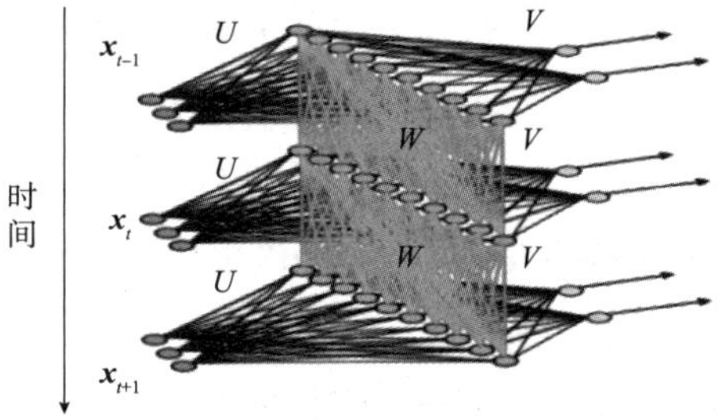

图 4－2　相互连接的 RNN

至此，大家可能会有一个很大的疑问：这种立体交叉式的连接，如果整个网络立体交叉连接层数非常多(假如有 1 万层进行交叉连接)，最终形成的模型是否会因训练参数过多而过于复杂？其实一点都不复杂，这种隐层之间立体交叉式连接也采用权值共享形式，即第一层和第二层之间的连接与第二层和第三层之间的连接权值共享，依此类推。换句话说，整个循环神经网络存在三种权值共享：输入层到隐层的所有连接权值共享、隐层到输出层的所有连接权值共享及隐层之间的所有连接权值共享。

如图 4－2 所示，在 RNN 的描述中，一般将输入层到隐层神经元权重矩阵用 $\boldsymbol{U}$ 来表示，隐层之间交叉互联权重矩阵用 $\boldsymbol{W}$ 表示，隐层到输出层神经元权重矩阵用 $\boldsymbol{V}$ 表示。则各隐层神经元输出可以表示为：

$$第一层：\boldsymbol{h}_1 = f(\boldsymbol{U}\boldsymbol{x}_1 - \boldsymbol{b}) \tag{4-1}$$

$$第二层：\boldsymbol{h}_2 = f(\boldsymbol{W}\boldsymbol{h}_1 + \boldsymbol{U}\boldsymbol{x}_2 - \boldsymbol{b}) \tag{4-2}$$

$$\vdots$$

$$第\ t-1\ 层：\boldsymbol{h}_{t-1} = f(\boldsymbol{W}\boldsymbol{h}_{t-2} + \boldsymbol{U}\boldsymbol{x}_{t-1} - \boldsymbol{b}) \tag{4-3}$$

$$第\ t\ 层：\boldsymbol{h}_t = f(\boldsymbol{W}\boldsymbol{h}_{t-1} + \boldsymbol{U}\boldsymbol{x}_t - \boldsymbol{b}) \tag{4-4}$$

以上是 RNN 所采用的基本原理，现在可能还有一个疑问：如果 RNN 网络层的输入维度过多，那么整个网络结构将异常复杂，这种情况下整个系统该如何合理表达？在 RNN 中采用了简化表达方式，如图 4-3(a)所示为原始的单隐层 BP 神经网络，输入层输入为(x_1，x_2，x_3)，输出层神经元输出为(y_1，y_2)，中间隐层拥有 10 个神经元。现在对输入层神经元进行简化处理，不管输入层神经元有多少个，统一用一个圆圈及 $\boldsymbol{x}$ 表示，隐层神经元用一个矩形框或圆圈代替。同样，输出不管有多少个神经元，统一用一个圆圈及 $\boldsymbol{y}$ 代表一层输出神经元，这种网络简化结构称为 mlp 简化结构[图 4-3(b)]。因此在 RNN 中简化的一个圆圈(或方框)及所对应的符号($\boldsymbol{x}$，$\boldsymbol{y}$ 等加粗字母)代表一层神经元，这是 RNN 与 CNN 表达方式的一个重要区别，也可理解为简化表达为原始表达方式的投影图。如图 4-4 所示，将 RNN 逆时针旋转 90°，然后在垂直于纸面方向进行投影，采用 mlp 简化结构对整个 RNN 结构进行简化，所形成的结构即为 RNN 的经典表达形式。

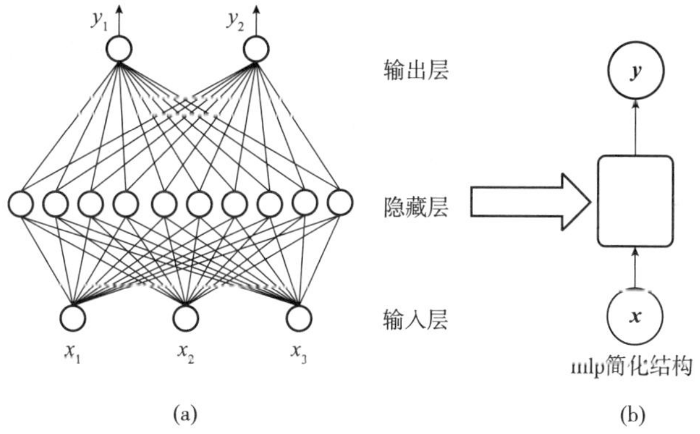

图 4-3　BP 神经网络的简化表达

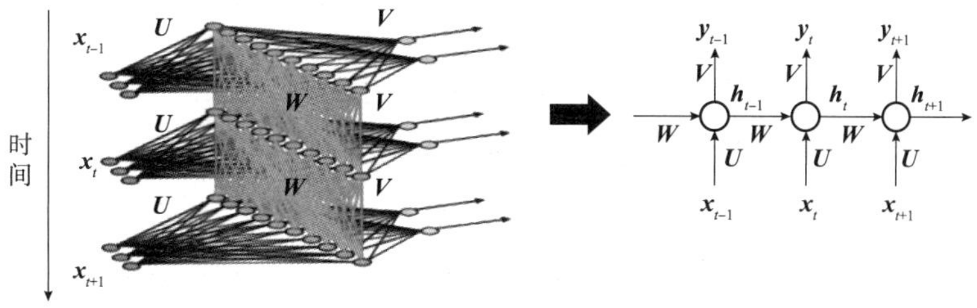

图 4-4　RNN 经典结构

通过以上方法使神经网络的结构得到极大简化，但仅仅这样做还远远不够。以语言翻译为例：如果翻译一个长语句，假设这个语句有100个词，按照RNN的翻译方法，1个词对应一层BP神经网络，100个词就需要画出100个mlp形式的网络结构，这种结构仍然较为复杂，难以进行表达。因此，经典形式的RNN结构还需要进行简化。观察RNN经典结构，可以看出不同层神经网络的连接权值 $\boldsymbol{U}$、$\boldsymbol{W}$ 与 $\boldsymbol{V}$ 都相同，所有mlp简化结构也全部相同，在表达过程中可以将所有mlp结构简化为一个，形成如图4－5所示的更为简单的表达方式。这种表达方式将不再受RNN层数限制，可以实现无限长度时序信息的表达，是一种理想的表达方式。

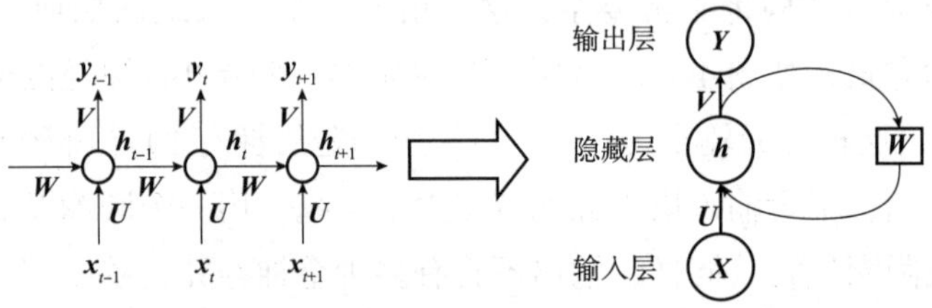

图4－5　RNN理想表达方式

通过前面计算可知，RNN模型中当前时刻的隐层状态 $\boldsymbol{h}_t$ 是由上一时刻的隐层状态 $\boldsymbol{h}_{t-1}$ 和当前时刻的输入 $\boldsymbol{x}_t$ 共同确定：

$$\boldsymbol{h}_t = f(\boldsymbol{h}_{t-1},\ \boldsymbol{x}_t) \tag{4-5}$$

式中，f 为非线性激活函数。

有了RNN合理的表达方式，现在分析RNN的输出问题。RNN通过训练，可以预测序列中下一个输出值的概率分布，这种情况下RNN模型在每个时间步 t 的输出是条件概率分布：$p(\boldsymbol{y}_t \mid \boldsymbol{y}_{t-1},\ \boldsymbol{y}_{t-2},\ \cdots,\ \boldsymbol{y}_1)$。通过softmax激活函数进行激活，可以输出一个多项式分布：

$$p(y_{t,j} = 1 \mid \boldsymbol{y}_{t-1},\cdots,\boldsymbol{y}_1) = \frac{e^{\boldsymbol{v}_j \boldsymbol{h}_t}}{\sum_{j'=1}^{K} e^{\boldsymbol{v}_{j'} \boldsymbol{h}_t}} \tag{4-6}$$

式中　j——输出符号编码向量中的第 j 位；

j'——输出符号编码向量中的第 j' 位；

$y_{t,j}$——第 t 时刻输出符号编码向量中的第 j 位编码或第 j 个输出神经元；

K——输出符号编码向量长度；

$\boldsymbol{v}_j$——符号编码向量中第 j 个输出神经元的连接权值；

$\boldsymbol{v}_{j'}$——符号编码向量中第 j' 个输出神经元的连接权值。

在语言信息表达中，如果采用one－hot方式进行编码，K 即为输出符号数量。式(4－6)的计算结果为RNN模型第 t 时刻神经元输出第 j 个字符的概率值。

RNN输出误差不应只由某一时刻输出 $\boldsymbol{y}_t$ 决定，而应由整个输出序列 $\boldsymbol{Y}$ 的误差共同决定，因此可通过连乘计算确认整个输出序列 $\boldsymbol{Y}$ 正确输出的概率：

$$p(\boldsymbol{Y}) = \prod_{t=1}^{T} p(\boldsymbol{y}_t | \boldsymbol{y}_1, \boldsymbol{y}_2, \cdots, \boldsymbol{y}_{t-1}) \tag{4-7}$$

4.1.2 几种典型的循环神经网络

(1)N vs 1 与 1 vs N 形式 RNN

前面介绍的 RNN，具有多输入多输出特点，但在某些时候，要处理的问题输入是一个序列，输出仅是末尾描述情感等的一个向量，具有多输入单输出特点。例如：有一段作文从开头到结尾拥有很长的输入，现在只想了解这段作文的类型(叙述文、论述文或者散文)，这时候就需要使用 N vs 1 这种多输入单输出结构的 RNN(图 4-6)。有时又会遇到这种情况：小学生作文中经常出现的是看图写话，给出一张图片，然后根据图片写一段文字，对于这种情况需要采用图 4-7 中 1 vs N 这种单输入多输出结构的 RNN。

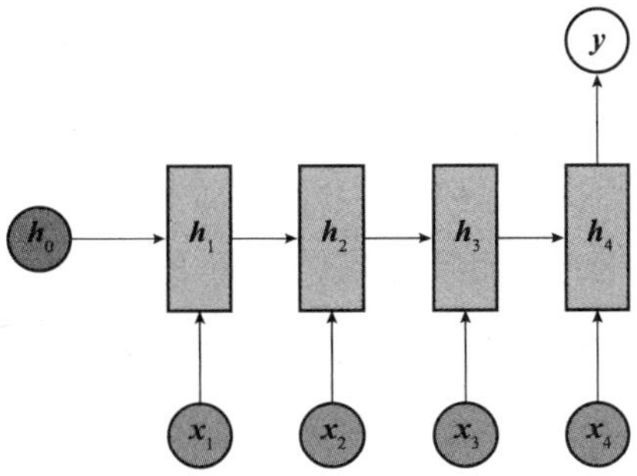

图 4-6 N vs 1 结构的 RNN

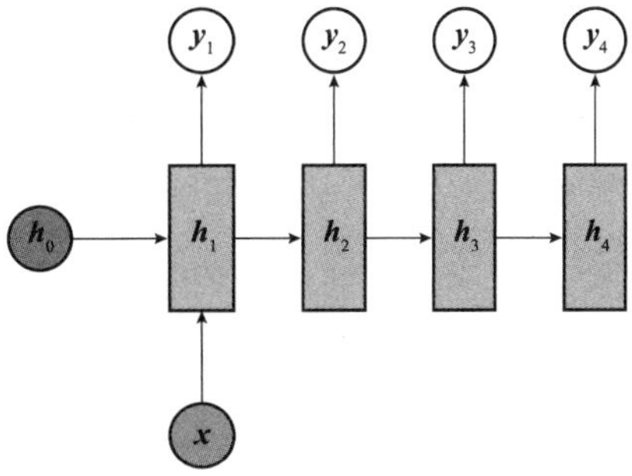

图 4-7 1 vs N 结构的 RNN

(2)RNN 编码器-解码器模型

在日常生活中经常会用到翻译工具，在翻译过程中经常会遇到中英文长度不对等问题，这时 RNN 经常采用编码器-解码器模型(Encoder-Decoder 模型)。Encoder-Decoder 模型又称 Seq2Seq 模型，其最突出的特点是不要求输入和输出序列长度相等，具有广泛的适用范围。这种模型采用以下工作原理：首先，Encoder-Decoder 模型先将输入数据通过 RNN 编码输出一个上下文向量 $\boldsymbol{c}$；然后，采用另一个 RNN 将 $\boldsymbol{c}$ 作为初始输入解码得到结果序列。如果用 N vs M 表示 Encoder-Decoder 模型，则该模型可以看作 N vs 1 和 1 vs M 的串联。图 4-8 和图 4-9 为两种不同的 Encoder-Decoder 模型，可以用作机器翻译、文本摘要、语音识别及阅读理解等问题。

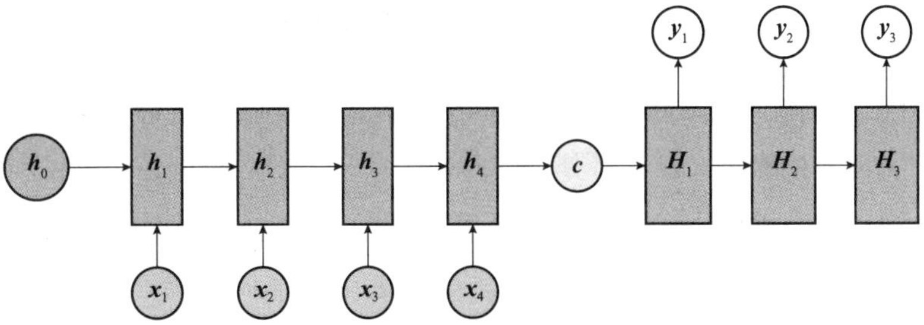

图 4-8 Encoder-Decoder 模型($\boldsymbol{c}$ 仅在第一阶段输入)

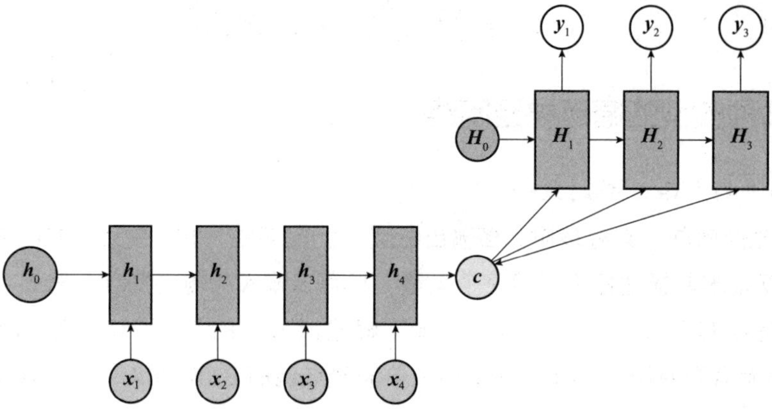

图 4－9　Encoder－Decoder 模型（c 在每一个阶段输入）

当然，以上是 Encoder－Decoder 模型所用到的两种基本结构，在实际应用中为增强时间序列的关联性，经常采用图 4－10 所示的 Encoder－Decoder 互联模型。在此模型中，Encoder 模型与基本形式 RNN 结构相同，当前时刻的隐层状态 $\boldsymbol{h}_t$ 由上一时刻的隐层状态 $\boldsymbol{h}_{t-1}$ 和当前时刻的输入 $\boldsymbol{x}_t$ 共同确定。按顺序依次读取输入序列 $\boldsymbol{x}_t$ 和隐层状态 $\boldsymbol{h}_{t-1}$，隐层 $\boldsymbol{h}_t$ 按照式（4－5）进行改变。当读取到语句序列的末尾时会出现语句结束符 EOS，此时 RNN 隐层状态输出为 Encoder 模型与 Decoder 模型进行关联的上下文向量 $\boldsymbol{c}$，这一向量将两种模型紧密关联。

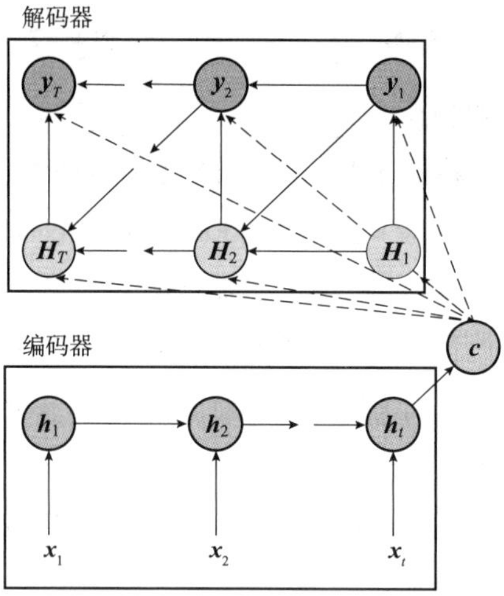

图 4－10　Encoder－Decoder 互联模型

由于采用了互联形式 Decoder，则 Encoder－Decoder 互联模型计算第 t 时刻输出 $\boldsymbol{y}_t$ 需要同时考虑 $\boldsymbol{y}_{t-1}$ 时刻的输出、$\boldsymbol{H}_{t-1}$ 时刻隐层向量信息和上下文向量 $\boldsymbol{c}$。因此，第 t 时刻互联形式 Decoder 隐层状态计算公式为：

$$\boldsymbol{H}_t = f(\boldsymbol{H}_{t-1},\ \boldsymbol{y}_{t-1},\ \boldsymbol{c}) \tag{4-8}$$

则在 t 时刻输出量 $\boldsymbol{y}_t$ 的条件概率分布为：

$$p(\boldsymbol{y}_t|\boldsymbol{y}_0, \boldsymbol{y}_1, \boldsymbol{y}_2, \cdots, \boldsymbol{y}_{t-1}, \boldsymbol{c}) = g(\boldsymbol{y}_{t-1}, \boldsymbol{H}_t, \boldsymbol{c}) \tag{4-9}$$

式中 $g(\cdot)$——系统输出层所用激活函数，经常采用 softmax 函数；

$\boldsymbol{y}_0$——序列翻译开始符，本章中用 SOS 表示。

在语言翻译中，经常采用 one - hot 编码对字符进行编码、softmax 函数进行激活，最终可以输出式(4 -6)中的多项式分布。

结合不同时刻输出量 $\boldsymbol{y}_t$ 的概率，整个输出序列 $\boldsymbol{Y}$ 的输出概率分布为：

$$p(\boldsymbol{Y}) = \prod_{t=1}^{T} p(\boldsymbol{y}_t|\boldsymbol{y}_0, \boldsymbol{y}_1, \boldsymbol{y}_2, \cdots, \boldsymbol{y}_{t-1}, \boldsymbol{c}) \tag{4-10}$$

对于互联形式 RNN 模型 Encoder - Decoder 两组成部分，可采用最大化条件对数似然法进行联合训练：

$$\max_{\theta} \frac{1}{N}\sum_{n=1}^{N} \log p_{\theta}(\boldsymbol{y}_n \mid \boldsymbol{x}_n) \tag{4-11}$$

式中 θ——模型参数的集合；

$(\boldsymbol{x}_n, \boldsymbol{y}_n)$——来自训练集的一个输入 - 输出序列对。

(3)注意力机制

前面讲述的几种 Encoder - Decoder 模型非常经典，但是也有局限性。最大局限性在于编码和解码之间的唯一联系采用一个固定长度的上下文向量 $\boldsymbol{c}$。也就是说，编码器要将整个序列的信息压缩进一个固定长度的向量。这样做有两个弊端：①单个上下文向量无法完全表示整个序列的信息；②受输入信息累加的影响，先输入内容携带的信息会被后输入信息稀释掉，且输入序列越长，这种现象越严重。这使得在解码一开始就没有获得输入序列足够信息，解码准确度自然也要大打折扣。

为解决这一问题，在模型中引入了注意力机制(Attention 机制)。如图 4 - 11 所示，Attention 机制通过在解码过程中每个时间输入不同的 $\boldsymbol{c}$ 解决这一问题：①将输入编码成上下文矩阵 $\boldsymbol{C} = \{\boldsymbol{c}_1, \cdots, \boldsymbol{c}_t, \cdots, \boldsymbol{c}_m\}^{\mathrm{T}}$；②解码器每一步输出 $\boldsymbol{y}_t$ 按顺序从序列 $\boldsymbol{C}$ 中挑选一

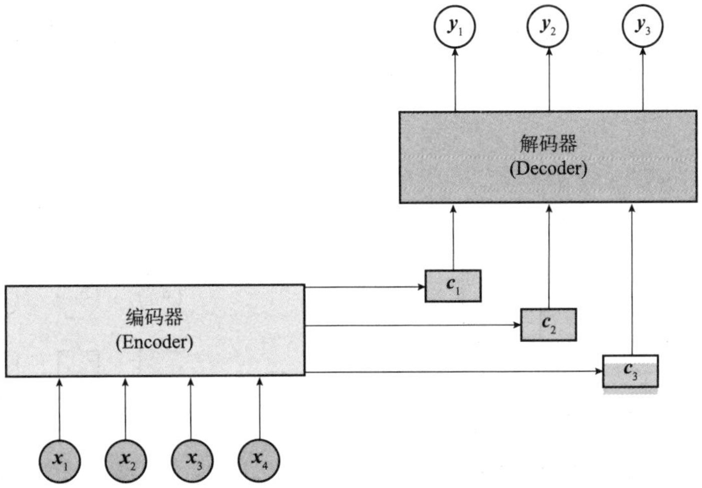

图 4 -11　引入 Attention 机制的 Encoder - Decoder 模型

个编码向量 $\boldsymbol{c}_t$ 进行下一步处理。这样每一步产生的输出，都能够充分利用输入序列所携带的信息。图 4-11 是引入 Attention 机制的 Encoder-Decoder 模型，采用多个具有加权的编码向量 $\boldsymbol{c}_t$ 代替单个编码向量 $\boldsymbol{c}$，实现信息的按需提取。

找到了长时间序列输入信息被稀释问题的解决方法，还面临一个关键问题：如何求解不同时刻编码向量 $\boldsymbol{c}_t$ 的加权值？通过图 4-12 观察解码过程，解码部分使用了 Attention 模型。类似地，可以将之前定义的条件概率公式(4-9)改写为：

$$p(\boldsymbol{y}_t | \boldsymbol{y}_0, \boldsymbol{y}_1, \boldsymbol{y}_2, \cdots, \boldsymbol{y}_{t-1}, \boldsymbol{c}_t) = g(\boldsymbol{y}_{t-1}, \boldsymbol{H}_t, \boldsymbol{c}_t) \tag{4-12}$$

$\boldsymbol{H}_t$ 作为解码器第 t 时刻的隐层状态，与式(4-8)类似，计算如下：

$$\boldsymbol{H}_t = f(\boldsymbol{H}_{t-1}, \boldsymbol{y}_{t-1}, \boldsymbol{c}_t) \tag{4-13}$$

显然，式(4-12)的条件概率与每个目标输出 $\boldsymbol{y}_t$ 相对应的上下文编码向量 $\boldsymbol{c}_t$ 有关。传统的 Encoder-Decoder 模型只有一个上下文编码向量 $\boldsymbol{c}$，而这里有多少个输出就有多少个编码向量。$\boldsymbol{c}_t$ 由编码时的隐藏状态序列 $\{\boldsymbol{h}_1, \boldsymbol{h}_2, \cdots, \boldsymbol{h}_m\}$ 按权重叠加得到：

$$\boldsymbol{c}_t = \sum_{j=1}^{m} a_{tj} \boldsymbol{h}_j \tag{4-14}$$

式中，a_{tj} 为衡量编码器 $\boldsymbol{h}_j$ 阶段信息与解码器 $\boldsymbol{H}_{t-1}$ 阶段信息之间相关性的指标，且 $\sum_{j=1}^{m} a_{tj} = 1$。

至此编码向量 $\boldsymbol{c}_t$ 的求解问题转换为对 a_{tj} 的计算问题。a_{tj} 值越大，表示第 t 阶段输出在第 j 阶段输入上分配的注意力越多，在生成第 t 个输出时受第 j 阶段输入的影响也就越大。为建立某时刻输出与前期任意时刻输入之间的关系，经常采用以下计算方式：

$$a_{tj} = \frac{\mathrm{e}^{q_{tj}}}{\sum_{k=1}^{m} \mathrm{e}^{q_{tk}}} \tag{4-15}$$

式中 $q_{tj} = d(\boldsymbol{H}_{t-1}, \boldsymbol{h}_j)$——$d$ 为一个对齐模型，可参数化为一个前馈网络。

图 4-13 给出了 a_{tj} 的计算方法，$\boldsymbol{H}_{t-1}$ 首先跟每个输入隐层 $\boldsymbol{h}_j$ 分别计算得到一个表述相关程度的数值，然后利用式(4-15)得到 t 时刻输出在 m 个输入隐层状态中的归一化注意力分配向量，这个分配向量即为计算 $\boldsymbol{c}_t$ 的权重。梳理 Attention 机制的 Decoder 计算流程见图 4-14。

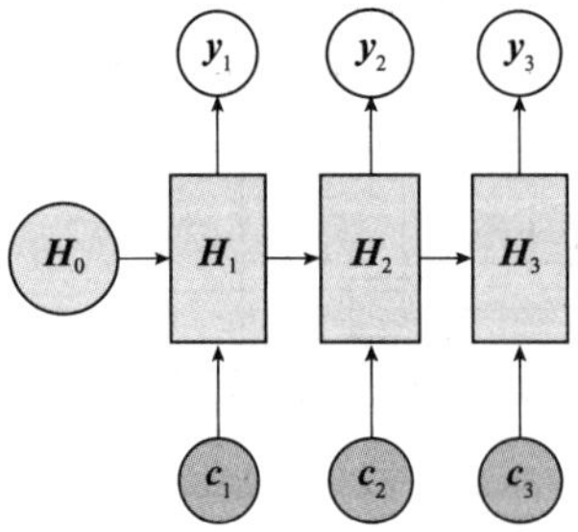

图 4-12　引入 Attention 机制的 Decoder 模型

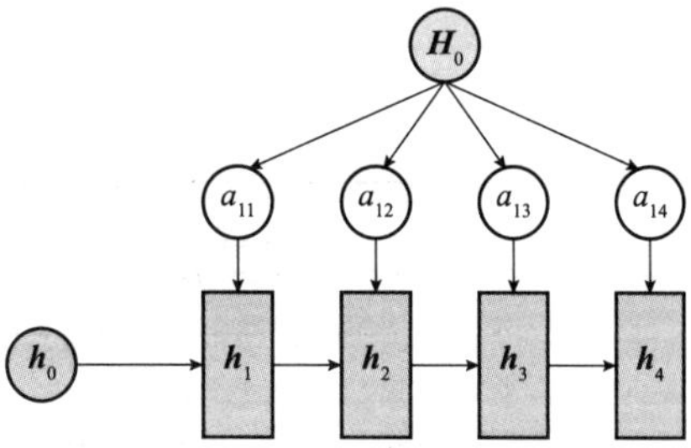

图 4-13　参数 a_{tj} 的计算方法

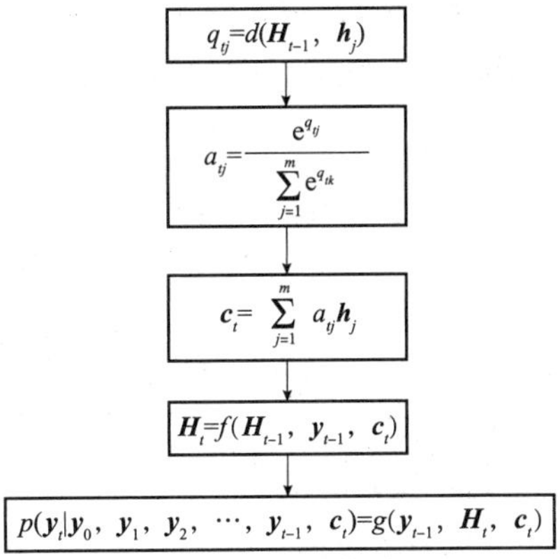

图 4－14　Attention 机制的 Decoder 计算流程

【例题 4.1】根据图 4－15 中情景看图说话：(a)设计一个描述图中情景的英文输出 RNN；(b)设计一个 Encoder－Decoder 模型将 RNN 输出英文翻译成汉语，并写出 Decoder 的计算流程；(c)设计一个具有 Attention 机制的 Encoder－Decoder 模型将 RNN 输出翻译成汉语，并写出 Decoder 的计算流程。

问题解答：

(a)图中情景为“汤姆追逐杰瑞”，这是典型的单输入多输出情景，所设计的描述图中情景的 RNN 结构如图 4－16 所示，输出 3 个单词{Tom，chase，Jerry}，所设计的 RNN 为 1 vs 3 结构。

图 4－15　情景图

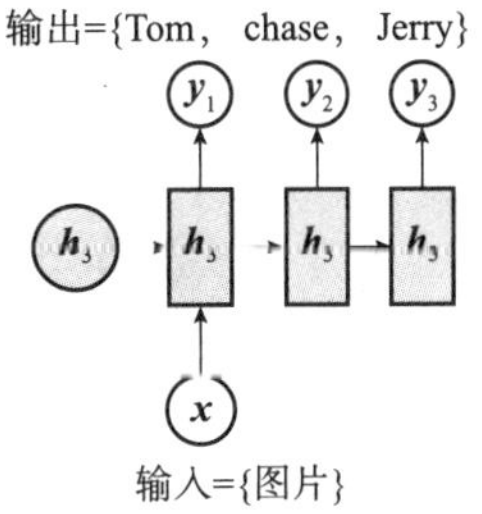

图 4－16　情景描述网络

(b)设计的互联 Encoder－Decoder 模型结构如图 4－17 所示，采用结构为 3 vs 1 和 1 vs 3 的串联，系统所对应的输入为$\{\boldsymbol{x}_1,\ \boldsymbol{x}_2,\ \boldsymbol{x}_3\}$ = {Tom，chase，Jerry}，输出为$\{\boldsymbol{y}_1,\ \boldsymbol{y}_2,\ \boldsymbol{y}_3\}$ = {汤姆，追逐，杰瑞}，其 Decoder 解码计算流程如下：

$$
\begin{aligned}
&p(\boldsymbol{y}_1|\boldsymbol{y}_0,\ \boldsymbol{c})=g(\boldsymbol{y}_0,\ \boldsymbol{H}_1,\ \boldsymbol{c})\\
&p(\boldsymbol{y}_2|\boldsymbol{y}_0,\ \boldsymbol{y}_1,\ \boldsymbol{c})=g(\boldsymbol{y}_1,\ \boldsymbol{H}_2,\ \boldsymbol{c})\\
&p(\boldsymbol{y}_3|\boldsymbol{y}_0,\ \boldsymbol{y}_1,\ \boldsymbol{y}_2,\ \boldsymbol{c})=g(\boldsymbol{y}_2,\ \boldsymbol{H}_3,\ \boldsymbol{c})
\end{aligned}
\tag{4-16}
$$

式中，$c = h_3 = Wf(Wf(Wf(Ux_1 + Wh_0 - b) + Ux_2 - b) + Ux_3 - b)$。

显然由于受输入信息累积影响，距离越远的神经元 $h_1 = f(Ux_1 + Wh_0 - b)$ 对末端输出神经元 h_3 的影响程度越小。

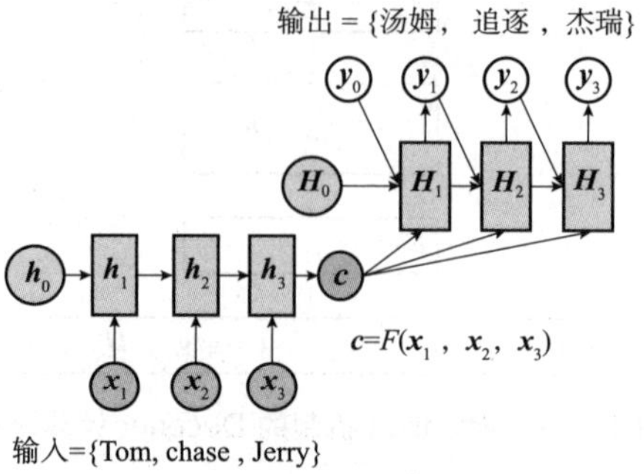

图4－17　设计的互联 Encoder－Decoder 模型

(c)所设计具有 Attention 机制的 Encoder－Decoder 模型结构如图 4－18 所示，采用结构同为 3 vs 1 和 1 vs 3 形式的串联，Encoder 模型对应于 3 个输入的隐层分别为 $\{h_1, h_2, h_3\}$，隐层初始值设置为 h_0；Decoder 模型的 3 个隐层为 $\{H_1, H_2, H_3\}$，隐层初始值设置为 H_0。所对应不同时刻的编码向量为 $\{c_1, c_2, c_3\}$，则 Decoder 解码计算流程如下：

$$
\begin{aligned}
p(y_1|y_0, c_1) &= g(y_0, H_1, c_1) \\
p(y_2|y_0, y_1, c_2) &= g(y_1, H_2, c_2) \\
p(y_3|y_0, y_1, y_2, c_3) &= g(y_2, H_3, c_3)
\end{aligned}
\tag{4-17}
$$

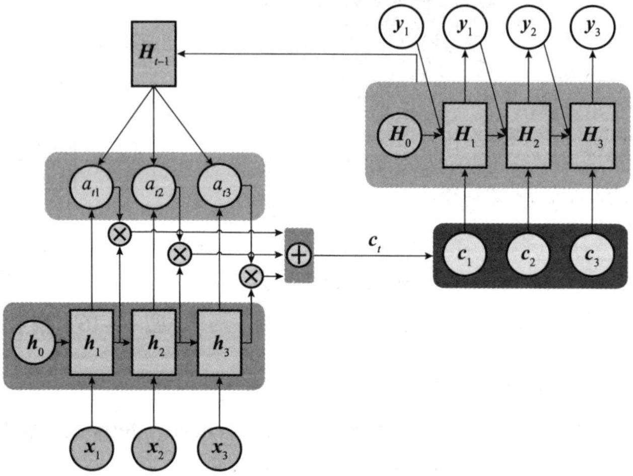

图4－18　所设计具有 Attention 机制的 Encoder－Decoder 模型结构

由于采用 Attention 机制，任意时刻编码向量 c_t 对各时刻的输入注意力权值 $\{a_{t1}, a_{t2}, a_{t3}\}$ 的计算流程与图 4－14 相同。

视频简介

本视频主要讲解循环神经网络时间序列处理思路、循环神经网络简化表达、权值共享、信息传递途径及典型结构(部分)，观看以上内容讲解视频请扫描二维码。

4.1.3　RNN 前向传播与反向传播

(1) RNN 的前向传播

与 BP 神经网络、CNN 信息传播方式相似，输入信息每传播经过一层神经元就会存在一个激活函数对信息进行处理。图 4－19 所示为 RNN 前向信息传播结构示意，$\boldsymbol{x}_t$ 为 t 时刻的输入层神经元，$\boldsymbol{h}_t$ 为 t 时刻的隐层神经元，$\boldsymbol{O}_t$ 为 t 时刻的输出层神经元，L_t 为 t 时刻的损失函数，y_t 为 t 时刻训练集的标签，$\boldsymbol{U}$、$\boldsymbol{W}$、$\boldsymbol{V}$ 分别为输入层神经元到隐层神经元、$\boldsymbol{h}_{t-1}$ 到 $\boldsymbol{h}_t$ 之间的隐层神经元及隐层神经元到输出层神经元的权值矩阵。前面已经讲到 RNN 是权值共享网络，因此同一类型的连接权值在不同时刻相同。

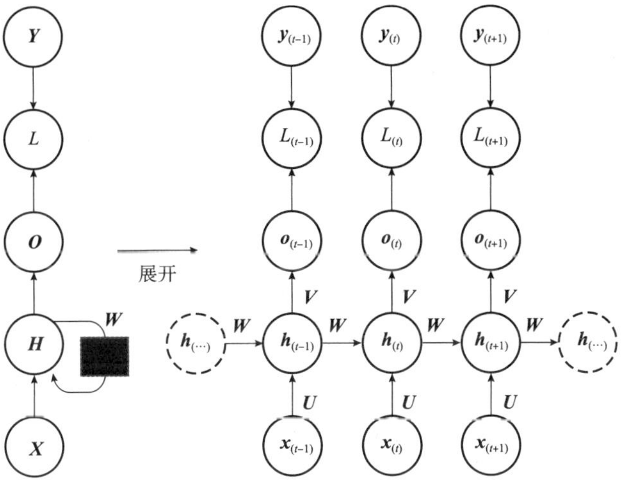

图 4－19　RNN 前向传播结构示意

前向传播算法十分简单，因公式重要，重新写出 t 时刻隐层神经元 $\boldsymbol{h}_t$ 输出：

$$\boldsymbol{h}_t = f(\boldsymbol{h}_{t-1},\ \boldsymbol{x}_t) = f(\boldsymbol{U}\boldsymbol{x}_t + \boldsymbol{W}\boldsymbol{h}_{t-1} - \boldsymbol{b}) \tag{4-18}$$

式中　$\boldsymbol{h}_{t-1}$——第 $t-1$ 时刻的隐层神经元，为 $N\times1$ 维向量；

$\boldsymbol{h}_t$——第 t 时刻的隐层神经元，为 $N\times1$ 维向量；

$\boldsymbol{U}$——$N\times\boldsymbol{M}$ 的权重矩阵，负责 $\boldsymbol{M}\times1$ 维的输入层神经元 $\boldsymbol{x}_t$ 与 $N\times1$ 维的隐层神经元 $\boldsymbol{h}_t$ 之间的信息传递；

$\boldsymbol{W}$——$N\times N$ 的权重矩阵，负责隐层神经元 $\boldsymbol{h}_{t-1}$ 与 $\boldsymbol{h}_t$ 之间的信息传递；

$\boldsymbol{b}$——$N\times1$ 维的偏置向量；

$f(\cdot)$——激活函数，可以选择 tanh 函数等。

RNN 在 t 时刻的预测输出为：

$$\hat{\boldsymbol{y}}_t = g(\boldsymbol{O}_t) = g(\boldsymbol{V}\boldsymbol{h}_t - \boldsymbol{r}) \tag{4-19}$$

式中　$\boldsymbol{V}$——$K \times N$ 权重矩阵，负责隐层神经元 $\boldsymbol{h}_t$ 与输出层神经元 $\boldsymbol{O}_t$ 之间信息传递；

$\boldsymbol{r}$——$K \times 1$ 维的偏置向量；

$g(\cdot)$——输出层激活函数，通常选择 softmax 函数作为最终激活函数。

(2)RNN 的反向传播

RNN 的反向传播算法称为随时间反向传播(Back - Propagation Through Time，BPTT)算法，相比于普通 BP 算法，RNN 处理时间序列数据，因此是基于时间的反向传播。除此之外，BPTT 的中心思想与 BP 算法基本相同，都是沿着需要优化参数的负梯度方向不断寻找更优的点直至收敛。下面分别求 $\boldsymbol{U}$、$\boldsymbol{V}$ 及 $\boldsymbol{W}$ 三种权值矩阵中的参数。首先求参数 $\boldsymbol{V}$，由图 4-19 可知，经过 n 时间步长的运行之后系统总体输出误差为：

$$L = \sum_{t=1}^{n} L_t = \sum_{t=1}^{n} \frac{1}{2} \| \hat{\boldsymbol{y}}_t - \boldsymbol{y}_t \|^2 = \sum_{t=1}^{n} \sum_{j=1}^{K} \frac{1}{2} (\hat{y}_j^t - y_j^t)^2 \tag{4-20}$$

因此，要想求得矩阵 $\boldsymbol{V}$ 中的任意一项参数 v_{ij}，需进行如下误差反传求导：

$$\frac{\partial L}{\partial v_{ij}} = \frac{\partial L}{\partial L_1} \cdot \frac{\partial L_1}{\partial v_{ij}} + \frac{\partial L}{\partial L_2} \cdot \frac{\partial L_2}{\partial v_{ij}} + \cdots + \frac{\partial L}{\partial L_t} \cdot \frac{\partial L_t}{\partial v_{ij}} + \cdots + \frac{\partial L}{\partial L_n} \cdot \frac{\partial L_n}{\partial v_{ij}} \tag{4-21}$$

由式(4-20)可知$\frac{\partial L}{\partial L_t} = 1$，则式(4-21)简化为：

$$\frac{\partial L}{\partial v_{ij}} = \frac{\partial L_1}{\partial v_{ij}} + \frac{\partial L_2}{\partial v_{ij}} + \cdots + \frac{\partial L_t}{\partial v_{ij}} + \cdots + \frac{\partial L_n}{\partial v_{ij}} = \sum_{t=1}^{n} \frac{\partial L_t}{\partial v_{ij}} \tag{4-22}$$

将式(4-22)中的任一项$\frac{\partial L_t}{\partial v_{ij}}$进一步展开获得：

$$\frac{\partial L_t}{\partial v_{ij}} = \frac{\partial L_t}{\partial \hat{y}_j^t} \cdot \frac{\partial \hat{y}_j^t}{\partial v_{ij}} = \frac{\partial L_t}{\partial \hat{y}_j^t} \cdot \frac{\partial \hat{y}_j^t}{\partial o_j^t} \cdot \frac{\partial o_j^t}{\partial v_{ij}} = \frac{\partial L_t}{\partial o_j^t} \cdot \frac{\partial o_j^t}{\partial v_{ij}} \tag{4-23}$$

RNN 参数 $\boldsymbol{V}$ 中任一项 v_{ij}的梯度为：

$$\frac{\partial L}{\partial v_{ij}} = \sum_{t=1}^{n} \frac{\partial L_t}{\partial v_{ij}} = \sum_{t=1}^{n} \frac{\partial L_t}{\partial o_j^t} \cdot \frac{\partial o_j^t}{\partial v_{ij}} \tag{4-24}$$

式中，$o_j^t = \sum_{i=1}^{N} (v_{ij} h_i^t - r_j)$。

显然，要想对 RNN 参数 $\boldsymbol{V}$ 进行修正，需要在 n 时刻求以前全部时刻的偏导和。

$\boldsymbol{W}$ 和 $\boldsymbol{U}$ 的求解也需要涉及以前的状态，如果对参数 $\boldsymbol{W}$ 中的任意项 w_{li}进行修正，则与参数 v_{ij}的误差反传求解类似，有如下的误差反传公式：

$$\frac{\partial L}{\partial w_{li}} = \frac{\partial L}{\partial L_1} \cdot \frac{\partial L_1}{\partial w_{li}} + \frac{\partial L}{\partial L_2} \cdot \frac{\partial L_2}{\partial w_{li}} + \cdots + \frac{\partial L}{\partial L_t} \cdot \frac{\partial L_t}{\partial w_{li}} + \cdots + \frac{\partial L}{\partial L_n} \cdot \frac{\partial L_n}{\partial w_{li}} \tag{4-25}$$

由于$\frac{\partial L}{\partial L_t} = 1$，则式(4-25)简化为：

$$\frac{\partial L}{\partial w_{li}} = \frac{\partial L_1}{\partial w_{li}} + \frac{\partial L_2}{\partial w_{li}} + \cdots + \frac{\partial L_t}{\partial w_{li}} + \cdots + \frac{\partial L_n}{\partial w_{li}} = \sum_{t=1}^{n} \frac{\partial L_t}{\partial w_{li}} \tag{4-26}$$

同样将式(4－26)中的任一项$\frac{\partial L_t}{\partial w_{li}}$进一步展开可获得：

$$\frac{\partial L_t}{\partial w_{li}}=\frac{\partial L_t}{\partial \hat{y}_j^t}\cdot\frac{\partial \hat{y}_j^t}{\partial w_{li}}=\frac{\partial L_t}{\partial \hat{y}_j^t}\cdot\frac{\partial \hat{y}_j^t}{\partial o_j^t}\cdot\frac{\partial o_j^t}{\partial h_i^t}\cdot\frac{\partial h_i^t}{\partial w_{li}}=\frac{\partial L_t}{\partial o_j^t}\cdot\frac{\partial o_j^t}{\partial h_i^t}\cdot\frac{\partial h_i^t}{\partial w_{li}} \tag{4-27}$$

此处仍然不能得到w_{li}的梯度值，因h_i^t不仅由前一时刻网络方向h_l^{t-1}的值决定，还由时间方向h_i^{t-1}的值决定，而h_i^{t-1}又由h_i^{t-2}的值决定，依次嵌套直至h_i^0。换句话说，L_t的误差传递来自网络方向误差流动和时间方向误差流动。如图4－20所示，对于一个隐层神经元h_i^t，如果偏置为b_i，可以采用式(4－28)描述：

$$h_i^t=(w_{1i}h_1^{t-1}+\cdots+w_{li}h_l^{t-1}+\cdots+w_{Ni}h_N^{t-1})+s_i^t-b_i \tag{4-28}$$

式中　$s_i^t=\boldsymbol{u}_i\boldsymbol{x}_t$——第$t$时刻RNN在$h_i^t$神经元的输入信息。

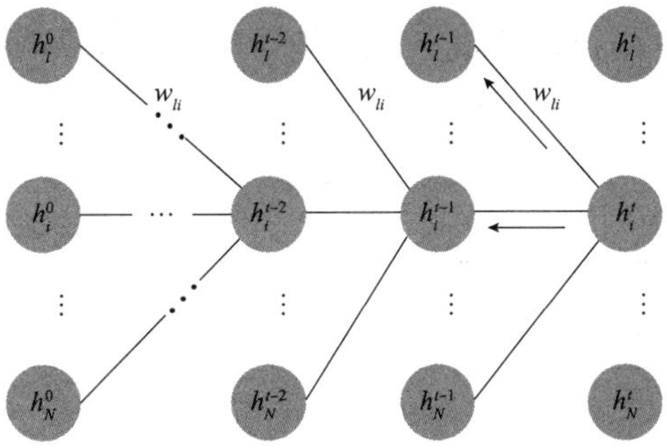

图4－20　RNN中w_{li}误差反传

对w_{li}求偏导，可以得到：

$$\frac{\partial h_i^t}{\partial w_{li}}=\frac{\partial h_i^t}{\partial w_{li}}+\frac{\partial h_i^t}{\partial h_i^{t-1}}\cdot\frac{\partial h_i^{t-1}}{\partial w_{li}} \tag{4-29}$$

显然，此时h_i^{t-1}还依赖于h_i^{t-2}，h_i^{t-3}，…，h_i^0，需要不断采用链式法则，获得最终的梯度值。最终，将式(4－29)代入式(4－27)可得到参数w_{li}在t时刻的梯度计算公式为：

$$\begin{aligned}
\frac{\partial L_t}{\partial w_{li}}&=\frac{\partial L_t}{\partial o_j^t}\cdot\frac{\partial o_j^t}{\partial h_i^t}\cdot\frac{\partial h_i^t}{\partial w_{li}}=\frac{\partial L_t}{\partial o_j^t}\cdot\frac{\partial o_j^t}{\partial h_i^t}\cdot\left(\frac{\partial h_i^t}{\partial w_{li}}+\frac{\partial h_i^t}{\partial h_i^{t-1}}\cdot\frac{\partial h_i^{t-1}}{\partial w_{li}}\right)\\
&=\frac{\partial L_t}{\partial o_j^t}\cdot\frac{\partial o_j^t}{\partial h_i^t}\cdot\frac{\partial h_i^t}{\partial w_{li}}+\frac{\partial L_t}{\partial o_j^t}\cdot\frac{\partial o_j^t}{\partial h_i^t}\cdot\frac{\partial h_i^t}{\partial h_i^{t-1}}\cdot\frac{\partial h_i^{t-1}}{\partial w_{li}}\\
&=\frac{\partial L_t}{\partial o_j^t}\cdot\frac{\partial o_j^t}{\partial h_i^t}\cdot\frac{\partial h_i^t}{\partial w_{li}}+\frac{\partial L_t}{\partial o_j^t}\cdot\frac{\partial o_j^t}{\partial h_i^t}\cdot\frac{\partial h_i^t}{\partial h_i^{t-1}}\cdot\left(\frac{\partial h_i^{t-1}}{\partial w_{li}}+\frac{\partial h_i^{t-1}}{\partial h_i^{t-2}}\cdot\frac{\partial h_i^{t-2}}{\partial w_{li}}\right)\\
&=\frac{\partial L_t}{\partial o_j^t}\cdot\frac{\partial o_j^t}{\partial h_i^t}\cdot\frac{\partial h_i^t}{\partial w_{li}}+\frac{\partial L_t}{\partial o_j^t}\cdot\frac{\partial o_j^t}{\partial h_i^t}\cdot\frac{\partial h_i^t}{\partial h_i^{t-1}}\cdot\frac{\partial h_i^{t-1}}{\partial w_{li}}+\frac{\partial L_t}{\partial o_j^t}\cdot\frac{\partial o_j^t}{\partial h_i^t}\cdot\frac{\partial h_i^t}{\partial h_i^{t-1}}\cdot\frac{\partial h_i^{t-1}}{\partial h_i^{t-2}}\cdot\frac{\partial h_i^{t-2}}{\partial w_{li}}\\
&=\frac{\partial L_t}{\partial o_j^t}\cdot\frac{\partial o_j^t}{\partial h_i^t}\cdot\frac{\partial h_i^t}{\partial w_{li}}+\frac{\partial L_t}{\partial o_j^t}\cdot\frac{\partial o_j^t}{\partial h_i^t}\cdot\frac{\partial h_i^t}{\partial h_i^{t-1}}\cdot\frac{\partial h_i^{t-1}}{\partial w_{li}}+\cdots+\frac{\partial L_t}{\partial o_j^t}\cdot\frac{\partial o_j^t}{\partial h_i^t}\cdot\left(\prod_{k=1}^{t}\frac{\partial h_i^k}{\partial h_i^{k-1}}\right)\cdot\frac{\partial h_i^0}{\partial w_{li}}\\
&=\sum_{d=0}^{t}\frac{\partial L_t}{\partial o_j^t}\cdot\frac{\partial o_j^t}{\partial h_i^t}\cdot\left(\prod_{k=d+1}^{t}\frac{\partial h_i^k}{\partial h_i^{k-1}}\right)\cdot\frac{\partial h_i^d}{\partial w_{li}}
\end{aligned} \tag{4-30}$$

将式(4-30)代入式(4-25)得到参数 w_{li} 整体梯度计算值：

$$\frac{\partial L}{\partial w_{li}} = \sum_{t=1}^{n}\sum_{d=0}^{t}\frac{\partial L_t}{\partial o_j^t}\cdot\frac{\partial o_j^t}{\partial h_i^t}\cdot\left(\prod_{k=d+1}^{t}\frac{\partial h_i^k}{\partial h_i^{k-1}}\right)\cdot\frac{\partial h_i^d}{\partial w_{li}} \tag{4-31}$$

同理对于 $\boldsymbol{U}$ 的求解也需要涉及以前的状态，对参数 $\boldsymbol{U}$ 中的任意值 u_{ci} 进行修正，假设系统运行有 n 个时刻，有如下的误差反传公式：

$$\frac{\partial L}{\partial u_{ci}}=\frac{\partial L}{\partial L_1}\cdot\frac{\partial L_1}{\partial u_{ci}}+\frac{\partial L}{\partial L_2}\cdot\frac{\partial L_2}{\partial u_{ci}}+\cdots+\frac{\partial L}{\partial L_t}\cdot\frac{\partial L_t}{\partial u_{ci}}+\cdots+\frac{\partial L}{\partial L_n}\cdot\frac{\partial L_n}{\partial u_{ci}} \tag{4-32}$$

可进一步转化为：

$$\frac{\partial L}{\partial u_{ci}}=\frac{\partial L_1}{\partial u_{ci}}+\frac{\partial L_2}{\partial u_{ci}}+\cdots+\frac{\partial L_t}{\partial u_{ci}}+\cdots+\frac{\partial L_n}{\partial u_{ci}} \tag{4-33}$$

借鉴式(4-28)、式(4-29)思路，将式(4-33)中的任一项 $\frac{\partial L_t}{\partial u_{ci}}$ 多次利用链式法则展开可得：

$$\begin{aligned}
\frac{\partial L_t}{\partial u_{ci}} &= \frac{\partial L_t}{\partial \hat{y}_j^t}\cdot\frac{\partial \hat{y}_j^t}{\partial u_{ci}} = \frac{\partial L_t}{\partial \hat{y}_j^t}\cdot\frac{\partial \hat{y}_j^t}{\partial o_j^t}\cdot\frac{\partial o_j^t}{\partial h_i^t}\cdot\frac{\partial h_i^t}{\partial u_{ci}}\\
&= \frac{\partial L_t}{\partial o_j^t}\cdot\frac{\partial o_j^t}{\partial h_i^t}\cdot\left(\frac{\partial h_i^t}{\partial u_{ci}}+\frac{\partial h_i^t}{\partial h_i^{t-1}}\cdot\frac{\partial h_i^{t-1}}{\partial u_{ci}}\right)\\
&= \frac{\partial L_t}{\partial o_j^t}\cdot\frac{\partial o_j^t}{\partial h_i^t}\cdot\frac{\partial h_i^t}{\partial u_{ci}}+\frac{\partial L_t}{\partial o_j^t}\cdot\frac{\partial o_j^t}{\partial h_i^t}\cdot\frac{\partial h_i^t}{\partial h_i^{t-1}}\cdot\frac{\partial h_i^{t-1}}{\partial u_{ci}}\\
&= \frac{\partial L_t}{\partial o_j^t}\cdot\frac{\partial o_j^t}{\partial h_i^t}\cdot\frac{\partial h_i^t}{\partial u_{ci}}+\frac{\partial L_t}{\partial o_j^t}\cdot\frac{\partial o_j^t}{\partial h_i^t}\cdot\frac{\partial h_i^t}{\partial h_i^{t-1}}\cdot\left(\frac{\partial h_i^{t-1}}{\partial u_{ci}}+\frac{\partial h_i^{t-1}}{\partial h_i^{t-2}}\cdot\frac{\partial h_i^{t-2}}{\partial u_{ci}}\right)\\
&= \frac{\partial L_t}{\partial o_j^t}\cdot\frac{\partial o_j^t}{\partial h_i^t}\cdot\frac{\partial h_i^t}{\partial u_{ci}}+\frac{\partial L_t}{\partial o_j^t}\cdot\frac{\partial o_j^t}{\partial h_i^t}\cdot\frac{\partial h_i^t}{\partial h_i^{t-1}}\cdot\frac{\partial h_i^{t-1}}{\partial u_{ci}}+\frac{\partial L_t}{\partial o_j^t}\cdot\frac{\partial o_j^t}{\partial h_i^t}\cdot\frac{\partial h_i^t}{\partial h_i^{t-1}}\cdot\frac{\partial h_i^{t-1}}{\partial h_i^{t-2}}\cdot\frac{\partial h_i^{t-2}}{\partial u_{ci}}\\
&= \frac{\partial L_t}{\partial o_j^t}\cdot\frac{\partial o_j^t}{\partial h_i^t}\cdot\frac{\partial h_i^t}{\partial u_{ci}}+\frac{\partial L_t}{\partial o_j^t}\cdot\frac{\partial o_j^t}{\partial h_i^t}\cdot\frac{\partial h_i^t}{\partial h_i^{t-1}}\cdot\frac{\partial h_i^{t-1}}{\partial u_{ci}}+\cdots+\frac{\partial L_t}{\partial o_j^t}\cdot\frac{\partial o_j^t}{\partial h_i^t}\cdot\left(\prod_{k=1}^{t}\frac{\partial h_i^k}{\partial h_i^{k-1}}\right)\cdot\frac{\partial h_i^0}{\partial u_{ci}}\\
&= \sum_{d=0}^{t}\frac{\partial L_t}{\partial o_j^t}\cdot\frac{\partial o_j^t}{\partial h_i^t}\cdot\left(\prod_{k=d+1}^{t}\frac{\partial h_i^k}{\partial h_i^{k-1}}\right)\cdot\frac{\partial h_i^d}{\partial u_{ci}}
\end{aligned} \tag{4-34}$$

将式(4-34)代入式(4-33)得到参数 u_{ci} 整体梯度计算值：

$$\frac{\partial L}{\partial u_{ci}} = \sum_{t=1}^{n}\sum_{d=0}^{t}\frac{\partial L_t}{\partial o_j^t}\cdot\frac{\partial o_j^t}{\partial h_i^t}\cdot\left(\prod_{k=d+1}^{t}\frac{\partial h_i^k}{\partial h_i^{k-1}}\right)\cdot\frac{\partial h_i^d}{\partial u_{ci}} \tag{4-35}$$

由此，通过不断训练得出 $\boldsymbol{V}$、$\boldsymbol{W}$ 及 $\boldsymbol{U}$ 三种权值矩阵参数。

(3)隐层激活函数的选择

通过 RNN 梯度求解公式可知，w_{li} 与 u_{ci} 的梯度计算都与隐层神经元 h_i^t 密切相关，当隐层激活函数为 tanh 函数时，根据图 4-20、式(4-30)及式(4-35)有：

$$\prod_{k=d+1}^{t} \frac{\partial h_i^k}{\partial h_i^{k-1}} = \prod_{k=d+1}^{t} \tanh' \cdot w_{ii} \tag{4-36}$$

当隐层激活函数选择为 sigmoid 函数时，有：

$$\prod_{k=d+1}^{t} \frac{\partial h_i^k}{\partial h_i^{k-1}} = \prod_{k=d+1}^{t} \mathrm{sigmoid}' \cdot w_{ii} \tag{4-37}$$

显然，在处理长时间序列问题中，由于累乘项的存在，当激活函数导数 <1 时，容易造成梯度消失现象；当激活函数导数 >1 时，则容易造成梯度爆炸现象。例如，选取 sigmoid 函数时，sigmoid 的导数值域在(0，0.25]之间，随着时间序列的深入，累乘会导致梯度逐渐减小甚至接近于0，出现梯度消失。图4－21 所示为 sigmoid 函数与其导数。若以 tanh 函数作为激活函数，由于 tanh 的导数值域在(0，1]之间，也会导致梯度消失。但是相对于 sigmoid 函数而言，tanh 函数引起梯度消失更慢，因此比 sigmoid 函数更为常用。

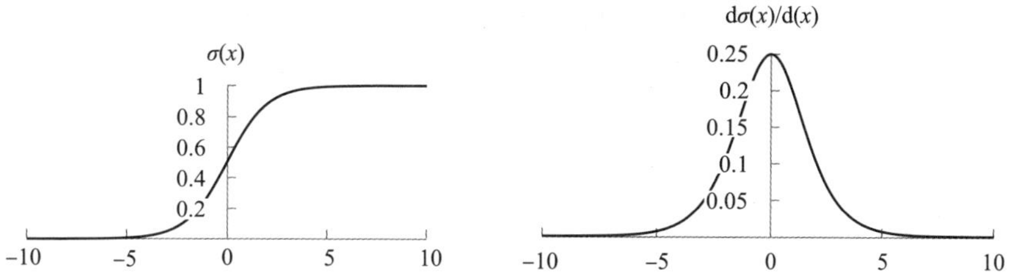

图4－21　sigmoid 函数与其导数

解决梯度消失问题的方法之一是选取更好的激活函数，当选用 ReLU 函数作为激活函数时，由于 ReLU 函数左侧导数恒为0，右侧导数恒为1，在累乘过程中将有效避免梯度消失问题。图4－22 所示为 ReLU 函数与其导数。但是，当权值 w_{ii} 选择不合理(例如 $w_{ii} \gg 1$ 或 $w_{ii} \to 0$ 时)，RNN 梯度求解仍然可能产生梯度爆炸或消失现象，因此要求网络权值初始值设置合理；激活函数导数一旦为0，神经元将无法再进行权值修正，整个神经元呈现“死亡”状态。

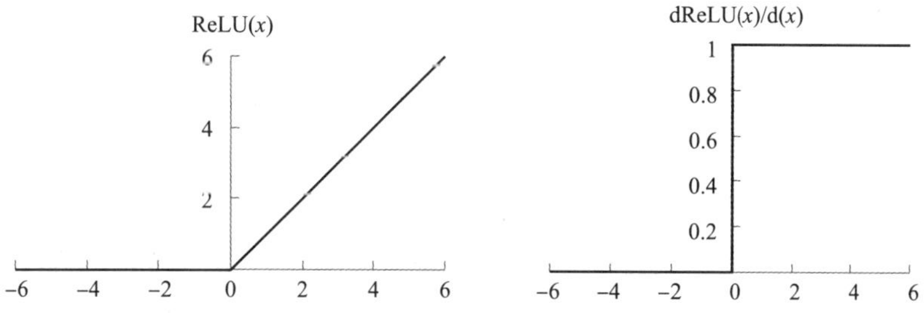

图4－22　ReLU 函数与其导数

4.2　长短期记忆神经网络

传统 RNN 有何弊端？在 RNN 结构的研究中，已经了解到随着时间的推移，距离远

的神经元 $\boldsymbol{h}_1$ 对末端输出层神经元的影响程度将逐渐减小，前期的学习记忆将逐渐被稀释。正呼应了一句话"假如记忆只有 7 天"，经过一段时间的计算之后，前期记忆将逐渐消失。如何解决这一问题？RNN 从添加注意力机制的角度进行尝试，通过高度关注输入序列中的特定信息，能够动态聚焦输入序列中的关键信息。但仅通过注意力机制无法解决 RNN 误差随时间反向传播容易出现的梯度消失或爆炸问题。例如：读一本 10 万字的小说，文中有对各种人物行为的描述，在小说末尾突然提出这样一个问题：这本小说中张三是好人还是坏人？按照前面 RNN 的做法，要解决这一问题需要 RNN 从小说开头计算输出与每一个单词之间的注意力值，动态聚焦于关键输入信息，但根据第 4.1.3 节论述，假设 10 万次的误差随时间反向传播，出现梯度消失或爆炸概率较大。为弥补 RNN 处理长时间序列问题上的不足，研究人员提出了长短期记忆神经网络(Long Short - Term Memory，LSTM)。

LSTM 是一种特殊的 RNN，由 Hochreiter 和 Schmidhuber 于 1997 年提出，并由 Alex G. 对 LSTM 进行了改良和推广。由于独特的结构设计，LSTM 适合处理和预测时间序列中间隔和延迟非常长的重要事件。

4.2.1 LSTM 门控结构

通过对 RNN 结构的研究已知，仅仅依靠隐层神经元之间的串联连接，只能记住短期内的信息。随着时间的推移，前期的记忆信息将逐渐消失。为了进行长期记忆仅仅依靠这种隐层之间的连接显然不够。如何解决这一问题？可以考虑在原来网络基础上，重新搭桥再建一条快速信息传输通道，这里可称为"信息高速公路"(如图 4 - 23 所示)，也可以称为"日记本"。它是一条长期记忆线，能够记录过去很长时间段内信息。整个网络的信息处理单元，仍然采用图 4 - 2 中的 RNN 结构。当进行信息输入时，每经过一个信息隐层 $\boldsymbol{h}_t$(这是一层神经元)，这一层神经元都会向信息高速公路传输信息，同时也会向信息高速公路索要信息。图 4 - 23 中信息高速公路上的 $\boldsymbol{c}_{t-1}$、$\boldsymbol{c}_t$、$\boldsymbol{c}_{t+1}$ 就分别作为高速公路的一站，能够记录过去很长时间的事情。

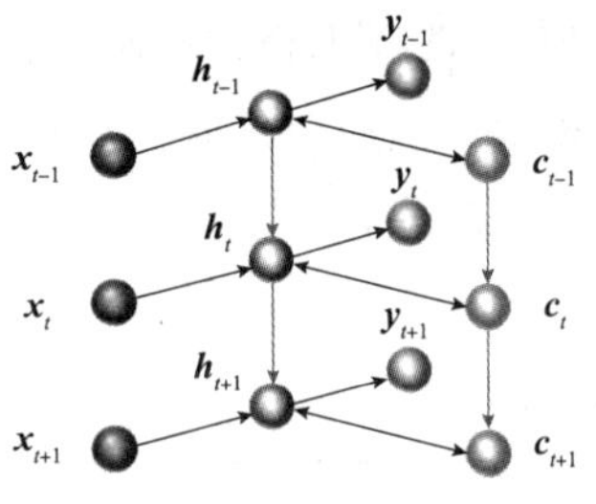

图 4 - 23　LSTM 快速信息传输通道

图 4 - 23 中信息表达可能并不详细，单独将信息高速公路一站 $\boldsymbol{c}_t$ 与某一隐层信息 $\boldsymbol{h}_t$ 之间的关系拉开并细化观察，可以得到图 4 - 24 的结构。在图 4 - 24 中，$\boldsymbol{f}_1$ 包含一层神经元，从输入 $\boldsymbol{x}_t$ 及上一隐层 $\boldsymbol{h}_{t-1}$ 中获取信息，通过加权求和计算产生的神经元输出与信息高速公路上的流动信息 $\boldsymbol{c}_{t-1}$ 逐点相乘。由于 $\boldsymbol{f}_1$ 中的神经元激活函数采用 sigmoid 函数，所有神经元的输出值全部为 0 ~ 1 的数值。当 $\boldsymbol{f}_1$ 中所有神经元的输出值全部为 0 时，与流动信息 $\boldsymbol{c}_{t-1}$ 采用逐点相乘操作后，系统将选择完全遗忘信息高速公路 t 时刻之前的信息。与此相反，当 $\boldsymbol{f}_1$ 中所有神经元的输出值全部为 1 时，与流动信息 $\boldsymbol{c}_{t-1}$ 采用逐点相乘操作后，系

统会将信息高速公路中 t 时刻之前信息全部保留。当神经元的输出为 0 ~ 1 的数值时，系统会选择保留部分高速公路 t 时刻之前信息。因此，$\boldsymbol{f}_1$ 中神经元的计算结构，相当于给信息高速公路增加了一个信息流量控制回路，起到类似“门”的控制作用。这一层神经元称为遗忘门。

图 4 – 24 中，$\boldsymbol{f}_2$ 结构中包含两层神经元，输入信息同为 $\boldsymbol{x}_t$ 及 $\boldsymbol{h}_{t-1}$，但所采用的激活函数不同，其中一层神经元采用 tanh 激活函数，另外一层神经元采用 sigmoid 激活函数。将两层神经元的输出信息进行逐点相乘操作，并与遗忘门处理后的信息高速公路保留信息 $\boldsymbol{c}_{t-1}$ 进行逐点相加操作，形成下一时刻信息高速公路中的信息 $\boldsymbol{c}_t$。经过此步计算，信息高速公路中的信息得到更新。在神经元计算过程中，采用 tanh 函数的一层神经元对输入信息起到归一化作用，而采用 sigmoid 激活函数的一层神经元则起到类似“门”的节流作用，决定将何种信息输入信息高速公路并转变为下一阶段输出。因此，$\boldsymbol{f}_2$ 计算结构中 sigmoid 激活函数所对应的一层神经元被称为输入门。

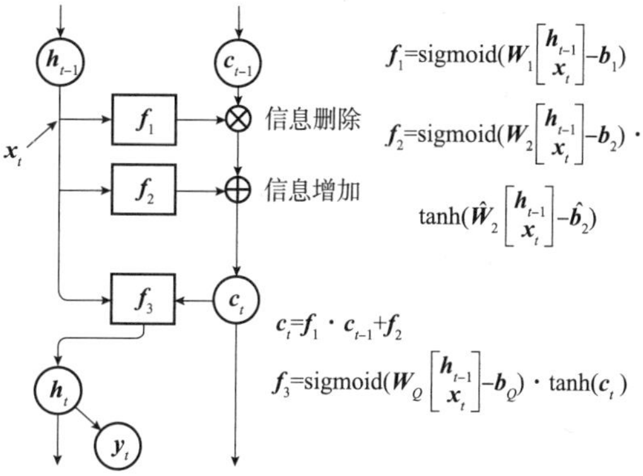

图 4 – 24　$\boldsymbol{h}_t$ 与 $\boldsymbol{c}_t$ 的拉开结构

通过前面两个门的计算实现了信息高速公路中信息的选择性记忆及输入，但 LSTM 建立信息高速公路的目的是将过去及当前输入信息选择性地记录到当前隐层神经元 $\boldsymbol{h}_t$ 中，以实现对长期及短期时间序列信息的记忆，这应该如何实现呢？图 4 – 24 中采用了 $\boldsymbol{f}_3$ 计算结构，首先，利用 tanh 函数对信息高速公路中的信息 $\boldsymbol{c}_t$ 进行处理，将信息输出转变为 (–1，1) 范围；其次，构建以 $\boldsymbol{x}_t$ 及 $\boldsymbol{h}_{t-1}$ 隐层信息为输入，sigmoid 为激活函数的一层神经元；最后，将归一化处理后的信息 $\boldsymbol{c}_t$ 与所构造神经元层的输出进行按位相乘计算，最终获得 t 时刻隐层神经元 $\boldsymbol{h}_t$ 的输出信息。显然，在按位相乘计算中，sigmoid 为激活函数的神经元层，能够对信息 $\boldsymbol{c}_t$ 进行类似“门”的节流作用。因此，$\boldsymbol{f}_3$ 计算结构中 sigmoid 激活函数所对应的一层神经元被称为输出门。

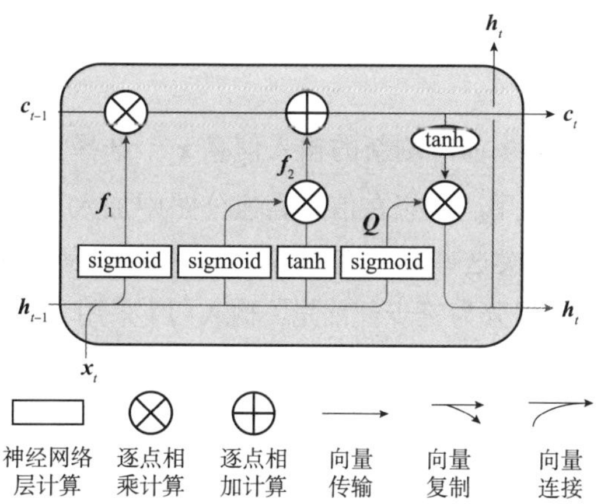

图 4 – 25　LSTM 的三种门结构的细化结构

因此，通过 LSTM 进行信息传输的核心在于合理构建遗忘门、输入门及输出门的结构。LSTM 的三种门结构的细化结构如图 4 – 25 所示，其执行单元可以看作一个类似细胞的结构，通过巧妙增加三种门结构，去除或者增加信息到细胞结构中。

4.2.2 LSTM 遗忘门

遗忘门的作用是将信息高速公路中的历史信息选择性地遗忘或保留。该门是一层神经元，输入为 $\boldsymbol{h}_{t-1}$ 和 $\boldsymbol{x}_t$ 构成的输入向量 $[\boldsymbol{h}_{t-1}, \boldsymbol{x}_t]$，输出神经元数量与信息高速公路中信息维度相同。采用 sigmoid 函数作为激活函数，则各神经元输出为 0～1 的归一化数值。如图 4-26 所示，遗忘门能够提供 $t-1$ 时刻信息高速公路中信息 $\boldsymbol{c}_{t-1}$ 在本细胞中继续传输的权重。当遗忘门所有神经元输出全为 1，表示信息高速公路中历史信息 $\boldsymbol{c}_{t-1}$ 被完全保留（记忆）；全为 0 表示 $\boldsymbol{c}_{t-1}$ 被完全放弃（遗忘）；0～1 的数值代表 $\boldsymbol{c}_{t-1}$ 信息被部分保留。遗忘门输出信息 $\boldsymbol{f}_1$ 的表达式为：

$$\boldsymbol{f}_1 = \text{sigmoid}(\boldsymbol{W}_1 \cdot [\boldsymbol{h}_{t-1}, \boldsymbol{x}_t] - \boldsymbol{b}_1) \tag{4-38}$$

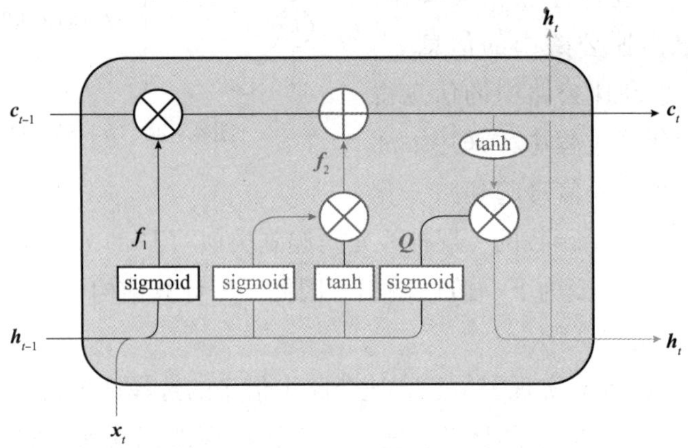

图 4-26 遗忘门涉及的计算结构

在这里 $t-1$ 时刻之前信息高速公路中信息 $\boldsymbol{c}_{t-1}$，作为 LSTM 中的长期记忆线，既包含理解当前输入所需要的有用信息，也包含对当前输入无用信息。因此，需要采用一种结构将有用信息选择性保留、无用信息选择性遗弃，以免对当前信息理解造成干扰。遗忘门正是起到对这种长期记忆信息选择性记忆的作用。

4.2.3 LSTM 输入门

输入门所起作用是将前一时刻隐层信息 $\boldsymbol{h}_{t-1}$ 及当前时刻新的输入信息 $\boldsymbol{x}_t$，选择性地记录到信息高速公路中，起到短期记忆信息的过滤作用。要想在信息高速公路中加入新的信息，就要首先决定哪些新的信息需要被输入，其次这些新信息的输入权重系数是多少。图 4-27所示为输入门所涉及的计算结构，计算过程分为三步：首先，输入门 $\boldsymbol{i}$ 采用 sigmoid 激活函数对输入高速公路中的候选记忆信息进行节流：

$$\boldsymbol{i} = \text{sigmoid}(\boldsymbol{W}_2 \cdot [\boldsymbol{h}_{t-1}, \boldsymbol{x}_t] - \boldsymbol{b}_2) \tag{4-39}$$

其次，构造与输入门 $\boldsymbol{i}$ 相同结构的一层并列神经元，利用 tanh 函数进行激活，对前一时刻隐层信息 $\boldsymbol{h}_{t-1}$ 及当前时刻输入信息 $\boldsymbol{x}_t$ 进行归一化处理，输出当前时刻的候选记忆信息 $\tilde{\boldsymbol{c}}_t$：

$$\tilde{\boldsymbol{c}}_t = \tanh(\hat{\boldsymbol{W}}_2 \cdot [\boldsymbol{h}_{t-1}, \boldsymbol{x}_t] - \hat{\boldsymbol{b}}_2) \tag{4-40}$$

经过式(4－39)与式(4－40)计算，生成具有相同维度的两层神经元信息输出值 $\boldsymbol{i}$ 和 $\tilde{\boldsymbol{c}}_t$，对两者进行按位相乘计算，向信息高速公路中注入 t 时刻的输入信息 $\boldsymbol{f}_2$。最终信息高速公路中的更新记忆信息 $\boldsymbol{c}_t$，就是由遗忘门处理后的长期记忆信息及输入门处理后的当前记忆信息 $\boldsymbol{f}_2$ 组成，即：

$$\begin{aligned} \boldsymbol{c}_t &= \boldsymbol{f}_1 \times \boldsymbol{c}_{t-1} + \boldsymbol{f}_2 \\ \boldsymbol{f}_2 &= \boldsymbol{i} \times \tilde{\boldsymbol{c}}_t \end{aligned} \tag{4-41}$$

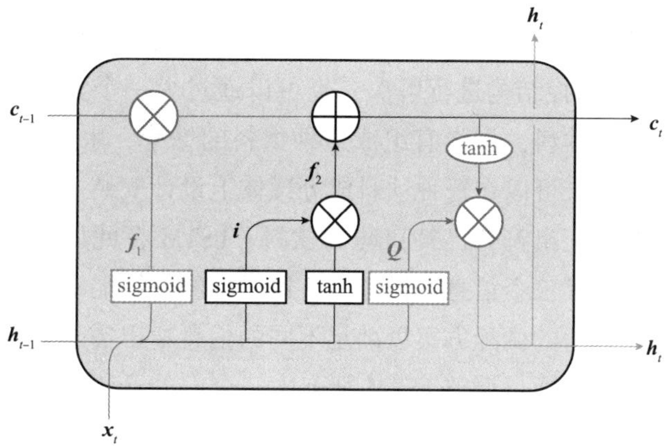

图 4－27　输入门涉及的计算结构

4.2.4　LSTM 输出门

输出门负责将信息高速公路更新后记忆信息 $\boldsymbol{c}_t$ 选择性地记录到细胞隐层输出 $\boldsymbol{h}_t$ 中。输出门所涉及的计算结构如图4－28 所示。首先，输出门 $\boldsymbol{Q}$ 同样以 $\boldsymbol{x}_t$ 与 $\boldsymbol{h}_{t-1}$ 两种信息作为神经元的输入，采用 sigmoid 函数作为激活函数，对更新后细胞状态 $\boldsymbol{c}_t$ 输出到细胞隐层 $\boldsymbol{h}_t$ 的程度进行节流：

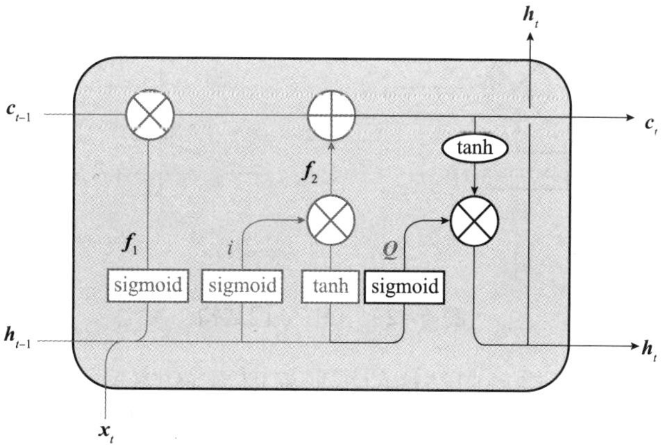

图 4－28　输出门涉及的计算结构

$$\boldsymbol{Q} = \text{sigmoid}(\boldsymbol{W}_Q \cdot [\boldsymbol{h}_{t-1}, \boldsymbol{x}_t] - \boldsymbol{b}_Q) \tag{4-42}$$

其次，利用 tanh 函数对更新后细胞状态 $\boldsymbol{c}_t$ 进行归一化处理，获得(-1，1)之间的状态向量，并将它和输出门 $\boldsymbol{Q}$ 进行按位相乘计算，最终确定需要输出的隐层信息 $\boldsymbol{h}_t$，即：

$$\boldsymbol{h}_t = \boldsymbol{Q} \times \tanh(\boldsymbol{c}_t) \tag{4-43}$$

为什么要搞这么复杂？需要明确的一点是所有的这些神经网络连接权值都需要依靠大数据训练出来。以前面小说人物正反派评价为例，小说中人物的所作所为贯穿整个故事情节，并且每一种行为都会对最终的评价结果造成一定影响，神经网络如何记住长时间的人物行为信息？这么多行为对最终结果的影响程度如何？神经网络如何从人物多种多样的时序行为信息中，筛选抽取有用的信息，并调控最终的评价结果？面对这种时序状态复杂调控问题，LSTM 采用三种门控结构进行解决。也可以通过另一个实例理解这种结构设置的合理性，如果要调配一种饮料，假设有组成这种饮料的糖浆、水及果汁原浆等所有成分，如何才能调配出这种饮料？可以在每种饮料成分罐体上设计安装一个阀门，通过不断调整阀门开闭程度，总可以调配出符合已知口味的饮料。LSTM 在此处设置的三个门控结构即为循环结构神经网络设置了三个信息调控阀门，通过神经网络的训练不断对阀门开合状态进行试探性调控，寻找合适的调配方案以满足不同的信息输出需求。对于小说人物正反派评价这种问题的回答，正是通过调整 LSTM 细胞中三个门的开闭程度来实现。充分训练后的神经网络总可以得到这一问题的答案。

4.2.5 LSTM 结构的理解

在第 4.2.4 节中介绍了三种“门”的具体结构，这里的门结构是用来去除或增加信息到细胞状态，实现信息的选择性通过(如图 4 - 29 所示)。三个门结构都包含相同结构的 sigmoid神经网络层，但通过对不同方向及结构信息的点乘计算，可以实现目标信息的节流处理。sigmoid 层输出 0 ~ 1 的数值，表示让对应信息通过的权重(或者比例)。0 代表“不允许任何信息通过”，1 代表“允许所有信息通过”，0.5 表示“信息可以通过，但只有原来权重的一半”。这正是“门”这种结构的形象表达。

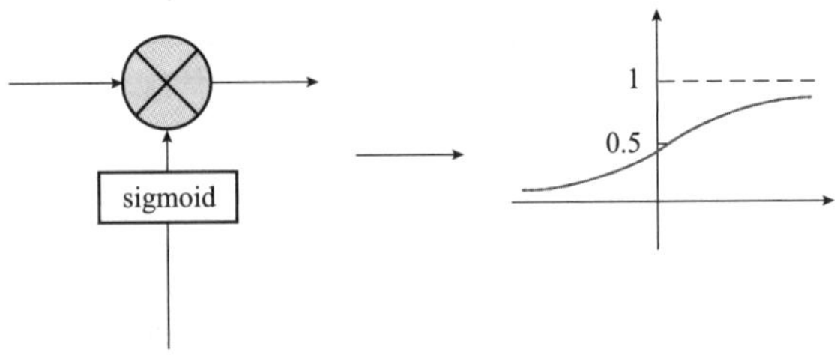

图 4 - 29 LSTM 门结构

如图 4 - 30 所示，包含三种门结构的矩形框即为 LSTM 中的一个细胞结构(LSTM - cell)，这也是表述 LSTM 结构的基本单元。一个 LSTM - cell 中含有三个并行的 sigmoid 神经网络层，分别对应遗忘门、输入门与输出门，能够实现信息高速公路中信息的选择性记忆、信息高速公路的时序更新及信息高速公路记忆信息的按需输出。采用如此多的门结构是否表明 LSTM 需要训练数量庞大的神经网络层参数？与 RNN 结构类似，在各细胞结构中 LSTM 采用权值共享方式：不管有多少个细胞结构连接，始终共享几个神经网络层的权值。

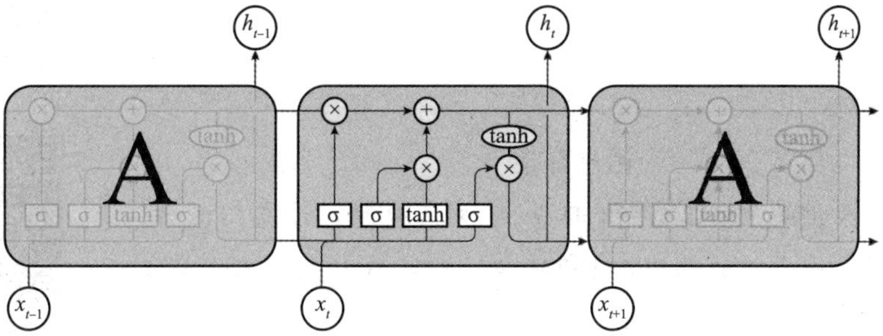

图 4－30　多细胞串联 LSTM 结构

结合具体实例对 LSTM 训练参数进行分析，假设输入向量($\boldsymbol{x}_t$)的维度为 75，隐层信息 $\boldsymbol{h}_t$ 的维度为 125，则遗忘层接收上一时刻的隐层向量 $\boldsymbol{h}_{t-1}$ 和当前时刻输入 $\boldsymbol{x}_t$ 作为遗忘门输入，如式(4－38)所示。经过矩阵 $\boldsymbol{W}_1$ 计算及 sigmoid 激活函数激活获得最终的输出 $\boldsymbol{f}_1$，各矩阵计算如下：

$$\boldsymbol{f}_1 = \underbrace{\begin{bmatrix} & \\ & \end{bmatrix}_{125\times(125+75)}}_{\boldsymbol{W}_1} \cdot \begin{bmatrix} \boldsymbol{h}_{t-1} \\ \\ \boldsymbol{x}_t \end{bmatrix}_{(125+75)\times 1} - \underbrace{\begin{bmatrix} \\ \end{bmatrix}_{125\times 1}}_{\boldsymbol{b}_1} \tag{4－44}$$

因此，遗忘门需要训练参数数量为 125×(125＋75)＋125×1，系统最终输出为 125×1 的列向量，与隐层 $\boldsymbol{h}_{t-1}$ 维度相同。

对于输入门所涉及的计算结构，首先，输入门 $\boldsymbol{i}$ 存在一个与遗忘门相同维度的权值矩阵 $\boldsymbol{W}_2$，这一过程需要训练参数数量为 125×(125＋75)＋125×1；其次，候选记忆信息生成神经元层存在权值矩阵 $\hat{\boldsymbol{W}}_2$，输出 $\tilde{\boldsymbol{c}}_t$ 也为 125×1 的列向量，这一过程需要的训练参数数量同为 125×(125＋75)＋125×1。因此，输入门所涉及的计算结构需要训练参数数量为：2×[125×(125＋75)＋125×1]。

对于输出门所涉及的计算结构，整个计算过程仅存在输出门一个神经网络层权值的计算，因此这一过程需要训练参数数量同样为 125×(125＋75)＋125×1。此细胞的最终输出 $\boldsymbol{h}_t$ 为一个 125×1 的列向量。与 RNN 类似，$\boldsymbol{h}_t$ 将作为下一时刻的隐层输入，继续参与网络中信息传播。

综上，对于多细胞结构的 LSTM 采用权值共享方式进行输入信息识别，整个 LSTM 三个门结构所涉及的训练参数数量为：4×[125×(125＋75)＋125×1]。不管连接多少个细胞结构，这一训练参数数量始终不变。

视频简介

本视频主要讲解 RNN 结构(部分)、RNN 前向传播与反向传播、RNN 梯度消失及 LSTM 剖析(部分)，观看以上内容讲解视频请扫描二维码。

视频简介

本视频主要讲解 LSTM 剖析(部分)，内容包括：遗忘门的作用、输入门的作用、输出门的作用及 LSTM 单元，观看以上内容讲解视频请扫描二维码。

本章小结

本章针对时间序列信息处理问题进行了重点论述，讲解了 RNN 的基本结构与简化方式，并对网络误差输出本质进行了详细论述；在深入了解 RNN 结构基础上，对 N vs 1 及 1 vs N 形式的 RNN 进行了介绍，重点论述了语言翻译中常用的互联形式 Encoder－Decode 模型的结构及信息传播方式；信息随时间传播稀释问题是 Encoder－Decode 模型单个上下文向量 $\boldsymbol{c}$ 编码过程中所面对的主要问题，针对此问题，重点论述了 Attention 机制的解决方案；RNN 误差反向传播具有随时间反向传播的特殊性，因此第 4.1.3 节对 RNN 三组关键参数误差随时间反向传播的方式进行了重点论述，并推导出了三组参数的详细误差反传公式；RNN 的替代网络 LSTM 具有信息记忆时间长及不容易出现梯度消失和爆炸等特点，在第 4.2 节重点对 LSTM 的核心：输入门、输出门及遗忘门三种门结构及训练参数数量进行了详细解读。

本章内容配套 PPT 课件获取链接：https://pan.baidu.com/s/1oxAJXE8iz1BJX－zdZajBfQ，提取码：1008。

实践 5　利用长短时记忆网络实现股票价格预测

实践 5 将构建一个 LSTM 模型并利用它实现对 Tata Global 公司股票开盘价格的预测。预测过程中，模型将利用前 60 个开盘日的价格数据来预测下一个开盘日的股票价格。所构建的 LSTM 模型包含 3 个 LSTM 层，其中前两个 LSTM 层中含有 20 个基本单元，最后一个 LSTM 层中含有 10 个基本单元。源码下载地址：https://github.com/BookCode－2024/LSTM_Stock.git，配套讲解视频可扫描右侧二维码获取。

习题

(1) 简述 RNN 的基本原理，并指出与 CNN 的主要区别。

(2) 设计一个能够进行简单语言翻译的互联形式 RNN 网络。

(3) RNN 中为何引入注意力机制对上下文信息进行向量编码？

(4) RNN 网络误差反向传播与 CNN 网络误差反向传播有何不同？

(5) LSTM 为何要设计三种门结构？三种门结构各自作用是什么？

(6) LSTM 为何具有比 RNN 更长期的记忆能力？

(7) 如下图所示的多输入多输出 RNN 模型，假设 $\boldsymbol{h}_0=\begin{bmatrix}1\\0.5\end{bmatrix}$，$\boldsymbol{x}_1=\begin{bmatrix}1\\1\end{bmatrix}$，$\boldsymbol{x}_2=\begin{bmatrix}0.5\\0\end{bmatrix}$，$\boldsymbol{U}=\begin{bmatrix}0.5&0.5\\0.5&0.5\end{bmatrix}$，$\boldsymbol{W}=\begin{bmatrix}1&0.5\\0&1\end{bmatrix}$，$\boldsymbol{V}=\begin{bmatrix}0.2&0.2\\0.5&1\end{bmatrix}$，所对应权值矩阵的偏置全部为 0，隐层采用 ReLU 激活函数，输出层采用 softmax 激活函数。试进行以下计算：①计算 $\hat{\boldsymbol{y}}_1$ 的输出；②计算 $\hat{\boldsymbol{y}}_2$ 的输出。

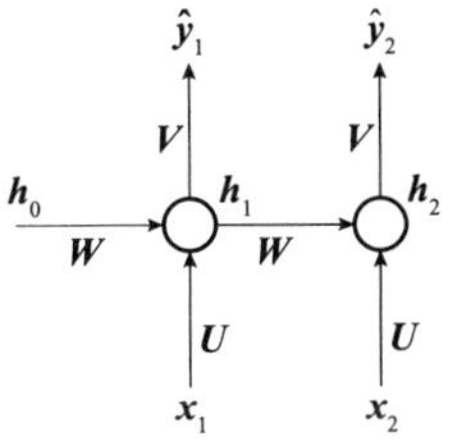

多输入多输出 RNN 模型

(8) 针对上题中的多输入多输出模型，假设样本 $\boldsymbol{x}_1=\begin{bmatrix}1\\1\end{bmatrix}$，$\boldsymbol{x}_2=\begin{bmatrix}0.5\\0\end{bmatrix}$，所对应训练标签分别为 $\boldsymbol{y}_1=\begin{bmatrix}0\\1\end{bmatrix}$，$\boldsymbol{y}_2=\begin{bmatrix}1\\0\end{bmatrix}$，激活函数不变，试推导计算此时 RNN 模型中误差的梯度。

(9) 针对图 4－25 中 LSTM 模型，第 t 时刻信息高速公路输入信息为 $\boldsymbol{c}_{t-1}=\begin{bmatrix}1\\1\end{bmatrix}$；隐层输入信息为 $\boldsymbol{h}_{t-1}=\begin{bmatrix}1\\0.5\end{bmatrix}$；输入信息为 $\boldsymbol{x}_t=\begin{bmatrix}1\\1\end{bmatrix}$；遗忘门权值矩阵为 $\boldsymbol{W}_1=\begin{bmatrix}0&1&0.5&0.5\\0.5&1&0&0.5\end{bmatrix}$，偏置向量为 $\boldsymbol{b}_1=\begin{bmatrix}0\\0.5\end{bmatrix}$；输入门权值矩阵为 $\boldsymbol{W}_2=\begin{bmatrix}0&1&0&1\\1&0&0&0.5\end{bmatrix}$，偏置向量为 $\boldsymbol{b}_2=\begin{bmatrix}0.1\\0.5\end{bmatrix}$；当前时刻候选记忆信息归一化权值矩阵为 $\hat{\boldsymbol{W}}_2=\begin{bmatrix}1&1&1&1\\1&0&1&0\end{bmatrix}$，偏置向量为 $\hat{\boldsymbol{b}}_2=\begin{bmatrix}0.1\\0.5\end{bmatrix}$；输出门权值矩阵为 $\boldsymbol{W}_Q=\begin{bmatrix}0&1&0&1\\1&1&1&0\end{bmatrix}$，偏置向量为 $\hat{\boldsymbol{b}}_Q=\begin{bmatrix}0\\1\end{bmatrix}$。试计

算第 t 时刻 LSTM 模型细胞结构输出信息 $\boldsymbol{h}_t$ 及信息高速公路输出信息 $\boldsymbol{c}_t$。

（10）LSTM 模型中，假设输入信息维度 $\boldsymbol{x}_t$ 为 85×1，隐层信息 $\boldsymbol{h}_t$ 的维度为 120×1，试计算此 LSTM 模型三个门所涉及的计算结构需要训练参数数量。

参考文献

[1] Cho K, van Merrienboer B, Gulcehre C, et al. Learning phrase representations using RNN encoder – decoder for statistical machine translation[J]. Computer Science, 2014. DOI: 10. 3115/v1/D14 – 1179.

[2] Hochreiter S, Schmidhubjjer J. Long short – term memory [J]. Neural Computation, 1997, 9 (8): 1735 – 1780.

[3] Bahdanau D, Cho K, Bengio Y. Neural machine translation by jointly learning to align and translate[C]// ICLR 2015. London: arXiv. org, 2015: 1 – 15.

[4] Vaswani A, Shazeer N, Parmar N, et al. Attention is all you need[C]//31st Annual Conference on Neural Information Processing Systems(NIPS). Long Beach: Clarivate, 2017: 1 – 16.

第 5 章　Transformer 模型

Transformer 模型独辟蹊径，形成了一种区别于 LSTM 和 RNN 串联式循环结构的并行信息处理架构，已成为当今多模态大模型的基础框架。与 RNN 中的注意力机制不同，它使用的是一种特殊的注意力机制，称为自注意力机制，能够建立输入信息序列内部任意两个信息点之间的相互关联。本章首先讲解 Transformer 解决时间序列问题的总体思想，并在此基础上重点讲解 Transformer 所涉及的自注意力机制、掩码自注意力机制及编码器 - 解码器信息交互思想。

5.1　总体思想与框架结构

Transformer 结构是 google 在 2017 年的 Attention Is All You Need 论文中提出，作为当前最先进的深度学习框架之一，被广泛用于自然语言处理领域，并以此为基础衍生出了使用编码器的 BERT、使用解码器的 GPT 及使用编码器 - 解码器的 T5 等著名模型。

Transformer 的总体框架如图 5 - 1 所示，由编码器和解码器两部分组成。首先利用编码器生成一组表述上下文关键信息的特征矩阵作为中间媒介，然后将特征矩阵作为解码器输入，通过解码器的信息解码计算，实现机器翻译、语音识别及情感识别等工作。然而，与 RNN 方法的不同之处在于 RNN 对信息的处理模式为典型的串行计算结构，而 Transformer 将信息处理模式修改为并行计算结构。如图 4 - 4 所示，RNN 要实现语言翻译，必须按语句顺序将每个单词编码后依次输入，要想处理 $\boldsymbol{x}_{t+1}$ 时刻的信息，必须等 $\boldsymbol{x}_{t-1}$ 和 $\boldsymbol{x}_t$ 时刻信息处理完成才能进行。这样的串联作用机制使 RNN 容易出现第 4.1.2 节所述的长期记忆信息丢失现象，同时降低了模型的信息处理效率。Transformer 的出现则改变了这种信息处理模式。在 Transformer 中，采用一种自注意力机制的编码方式，将整个语句输入信息编码为一个整体相关的关联特征矩阵，每个位置单词的计算依赖于输入序列中的其他所有位置单词信息，语句单词之间相互关联。这种模式从计算框架本质上来说，所有计算都并列进行，提高输入信息关联性的同时还提高了模型计算效率。

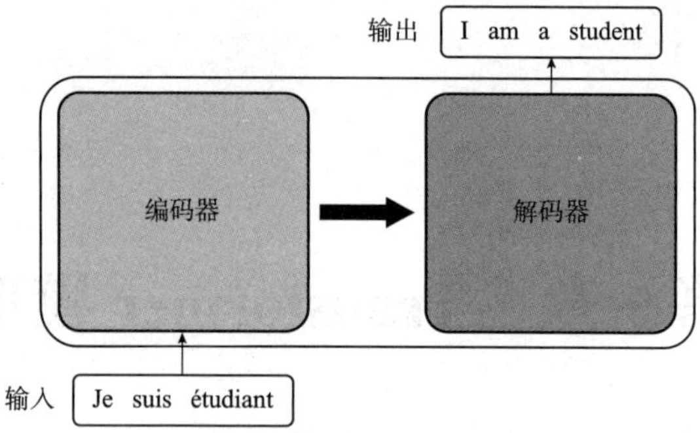

图 5 - 1　Transformer 的总体框架

Transformer 中的编码器与解码器通常不止一个，而是由一组编码器和一组解码器串联而成。上一个编码器或解码器的输出作为下一个的输入。如图 5 - 2 所示，有 6 个编码器和 6 个解码器，每个编码器都从上一层接收数据，再传递给下一层。最初的输入信息经多次编码计算后由最后一个编码器输出。解码器模块则根据最后编码器输出的关联特征矩阵这一中间特征信息，采用预测输出模式依次对输入信息进行解码处理，形成模型的输出特征。如图 5 - 3 所示，每一个编码器主要由两个子层组成：多头注意力层和前馈网络层。多头注意力层由多个结构相同但参数不同的并列自注意力层组成，通过多个自注意力层的同步并行计算，从多个角度完成输入信息的同步特征提取。前馈网络层主要起到非线性变换作用，增加多头注意力层输出信息的非线性度。解码器整体结构框架与编码器相似，拥有多头注意力层和前馈网络层，但解码器实际计算中，采用已知信息预测下一步未知信息的预测输出模式，这也造成当前时刻无法获取未来信息。如何在这种未来信息掩盖（“掩码”）状态下对已知训练信息进行编码？解码器在多头注意力层之前专门增设了一个掩码多头注意力层，用于解决解码器训练过程中输入信息的编码问题，这也是解码器与编码器的主要不同之处。在编码器和解码器的多头注意力层和前馈网络层之后还各串联一个叠加和归一层，以增强对复杂模式的捕捉能力，同时保持训练过程的稳定性和效率。

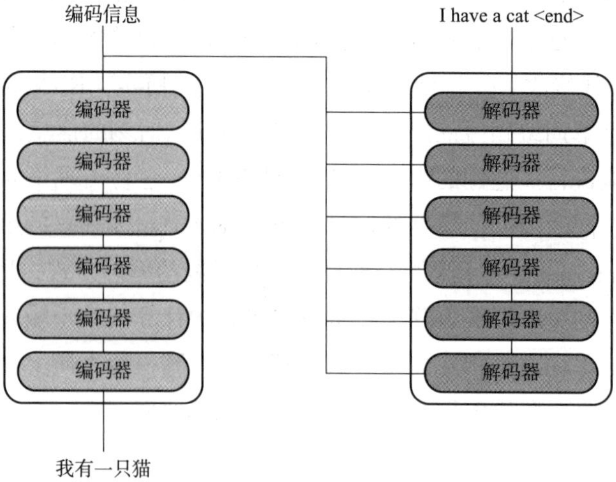

图 5 - 2　Transformer 多编码器和解码器串联结构

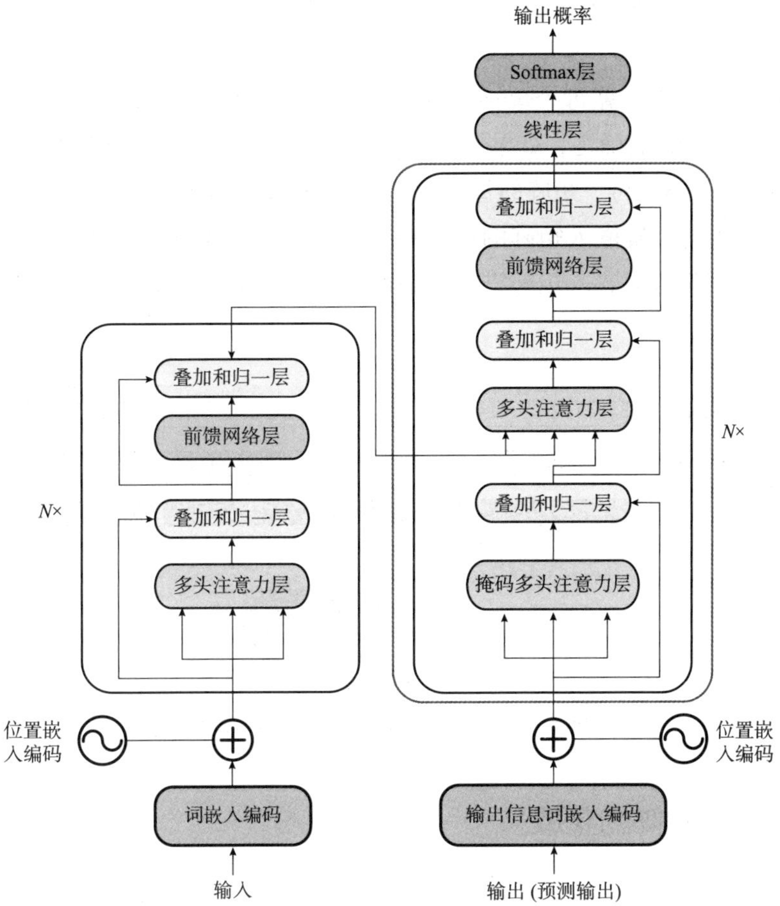

图5－3 Transformer中单个编码器与解码器结构

5.2 输入信息编码方式

由Transformer的信息处理框架可知，为了实现编码与解码计算，首先需要解决输入信息的编码问题。在本节中以Transformer最常用的语言翻译为例进行说明。

根据前面论述，Transformer采用并行计算模式处理所有单词，其中没有任何循环机制，在这种并行信息处理模式下如何才能做到单词时序信息的编码呢？Transformer采用以下方法：首先，对语句中单词进行编码，实现单词自身信息的表达；其次，引入位置编码机制，实现单词在语句中位置信息的表达；最后，将两种信息融合，形成语句输入信息的编码表达。

以“I have a cat”语句翻译为例，首先需要采用语言编码机制(图5－4)，对句子中的每个单词进行编码，将对应的词转换形成词嵌入向量(词Embedding)，这里的嵌入仅仅是对应词的特征编码向量，并未包含词的词序位置信息。然而，在语言翻译处理任务中，理解词序信息至关重要。因此，在图5－4中添加一些表明词序(词的位置)信息，以提高模型对句子含义和上下文的理解能力。这里引入一个表明单词位置信息的位置嵌入矩阵，以达到上述目的。

计算过程中，首先计算每个单词在句子中的词嵌入值。嵌入维度可以表示为 d_{model}。d_{model}由具体语言编码机制确定，如果设置为6，不考虑词嵌入开始与结束符，则输入矩阵的维度将是4×6(图5-4)，矩阵的每一行即为每个单词对应的嵌入值。词嵌入值确定后，词嵌入矩阵的维度与位置嵌入矩阵的维度相同。在将输入矩阵直接传递给 Transformer 之前，将位置嵌入矩阵与词嵌入矩阵进行按位相加计算，获取具备上下文关联信息的输入矩阵。

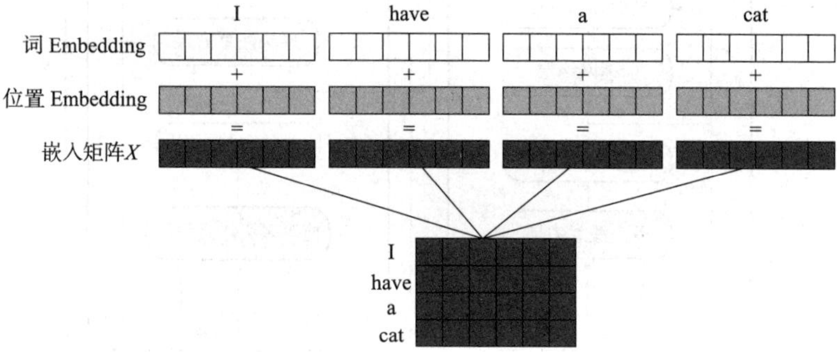

图5-4　Transformer 的信息输入表示

5.2.1　词嵌入矩阵的获取

这里的词嵌入矩阵有很多种方式可以获取，例如可以采用 Word2Vec、Glove 及 WordPiece 等算法得到。本节以预训练 Bert 模型中所使用的词嵌入矩阵为例，对单词嵌入矩阵的获取方法进行说明。

以"I have a cat"这个句子为例，假设需要提取句子中每个词的上下文嵌入。首先需要使用词元分析器 WordPiece 等构建词表，并对输入句子进行分词表达形成标记，如下所示：

tokens = [I，have，a，cat]

然后，在开头添加 SOS 标记，在结尾添加 EOS 标记，如下所示：

tokens = [SOS，I，have，a，cat，EOS]

依此类推，可以对训练集中的所有句子进行标记。但由于每个句子的长度不同，所以标记的长度也不同。为了保持所有句子标记的长度一致，将训练集中最长句子长度加2，作为所有句子的标记长度，对于不足部分添加 PAD 标记进行填充。例如"I have a cat"的标记长度为6，如果整个训练集规定的句子标记长度为9，则需要添加3个 PAD 标记进行填充，因此填充后句子如下：

tokens = [SOS，I，have，a，cat，EOS，PAD，PAD，PAD]

添加3个 PAD 标记后，整个句子长度达到所要求的9。在实际使用中，要让模型理解 PAD 标记只是匹配标记长度，而不是实际标记的一部分。为此，在应用中需要引入一个注意力掩码，并将所有位置的注意力掩码值设置为 1，将 PAD 标记位置设置为 0，具体掩码设置如下：

attention_mask = [1, 1, 1, 1, 1, 1, 0, 0, 0]

然后，将所有标记映射到一个唯一的标记 ID。假设映射标记 ID 如下：

token_ids = [101, 1032, 2250, 3002, 4200, 102, 0, 0, 0]

这里 101 表示标记 SOS 在词汇表中的位置，1032 表示标记“I”在词汇表中的位置，2250 表示标记“have”在词汇表中的位置，依此类推。假设每个单词词嵌入向量长度 $v=768$，则以上 token 向量在实际应用中被转换为 9×768 的张量矩阵。这一矩阵即为用于 Bert 模型预训练的词标记嵌入矩阵 $\boldsymbol{H}$。

5.2.2 位置嵌入矩阵的获取

位置编码矩阵经常采用正余弦函数计算，在 Transformer 论文“Attention is All You Need”中作者采用的计算方法如下：

$$
\begin{aligned}
P(pos,\ 2i) &= \sin\left(\frac{pos}{10000^{2i/d_{model}}}\right)\\
P(pos,\ 2i+1) &= \cos\left(\frac{pos}{10000^{2i/d_{model}}}\right)
\end{aligned}
\tag{5-1}
$$

式中 pos——该词在句子中的位置；

i——在输入矩阵中的位置，$i\in[0,\ d_{model}/2)$。

假设每个标记嵌入向量长度为 4，则可以通过式(5-2)理解以上等式：

$$
P=\begin{matrix}\text{SOS}\\ \text{I}\\ \text{have}\\ \text{a}\\ \text{cat}\\ \text{EOS}\\ \text{PAD}\\ \text{PAD}\\ \text{PAD}\end{matrix}
\begin{bmatrix}
\sin\left(\frac{pos}{10000^{0}}\right) & \cos\left(\frac{pos}{10000^{0}}\right) & \sin\left(\frac{pos}{10000^{2/4}}\right) & \cos\left(\frac{pos}{10000^{2/4}}\right)\\
\sin\left(\frac{pos}{10000^{0}}\right) & \cos\left(\frac{pos}{10000^{0}}\right) & \sin\left(\frac{pos}{10000^{2/4}}\right) & \cos\left(\frac{pos}{10000^{2/4}}\right)\\
\sin\left(\frac{pos}{10000^{0}}\right) & \cos\left(\frac{pos}{10000^{0}}\right) & \sin\left(\frac{pos}{10000^{2/4}}\right) & \cos\left(\frac{pos}{10000^{2/4}}\right)\\
\sin\left(\frac{pos}{10000^{0}}\right) & \cos\left(\frac{pos}{10000^{0}}\right) & \sin\left(\frac{pos}{10000^{2/4}}\right) & \cos\left(\frac{pos}{10000^{2/4}}\right)\\
\sin\left(\frac{pos}{10000^{0}}\right) & \cos\left(\frac{pos}{10000^{0}}\right) & \sin\left(\frac{pos}{10000^{2/4}}\right) & \cos\left(\frac{pos}{10000^{2/4}}\right)\\
\sin\left(\frac{pos}{10000^{0}}\right) & \cos\left(\frac{pos}{10000^{0}}\right) & \sin\left(\frac{pos}{10000^{2/4}}\right) & \cos\left(\frac{pos}{10000^{2/4}}\right)\\
\sin\left(\frac{pos}{10000^{0}}\right) & \cos\left(\frac{pos}{10000^{0}}\right) & \sin\left(\frac{pos}{10000^{2/4}}\right) & \cos\left(\frac{pos}{10000^{2/4}}\right)\\
\sin\left(\frac{pos}{10000^{0}}\right) & \cos\left(\frac{pos}{10000^{0}}\right) & \sin\left(\frac{pos}{10000^{2/4}}\right) & \cos\left(\frac{pos}{10000^{2/4}}\right)\\
\sin\left(\frac{pos}{10000^{0}}\right) & \cos\left(\frac{pos}{10000^{0}}\right) & \sin\left(\frac{pos}{10000^{2/4}}\right) & \cos\left(\frac{pos}{10000^{2/4}}\right)
\end{bmatrix}
\tag{5-2}
$$

在位置编码中，$2i$ 位置编码使用正弦函数；$2i+1$ 位置编码使用余弦函数。代入每个单词的 pos 值，可以得到最终的计算结果。

将词嵌入矩阵 $\boldsymbol{H}$ 与位置嵌入矩阵 $\boldsymbol{P}$ 进行按位相加，并将得出结果作为输入矩阵 $\boldsymbol{X}$ 送入编码器中，如式(5-3)所示：

$$
\begin{aligned}
X &= \underbrace{\begin{bmatrix} 0 & 0 & 0 & 0 \\ 3.331 & 1.102 & 0.354 & 1.877 \\ & & \vdots & \\ 2.221 & 3.331 & 1.112 & 1.187 \end{bmatrix}_{9\times 4}}_{\boldsymbol{H}} + \underbrace{\begin{bmatrix} 0 & 1 & 0 & 1 \\ 0.841 & 0.540 & 0.010 & 1 \\ & & \vdots & \\ 0.989 & -0.146 & 0.080 & 0.997 \end{bmatrix}_{9\times 4}}_{\boldsymbol{P}} \\
&= \begin{bmatrix} 0 & 1 & 0 & 1 \\ 4.172 & 1.642 & 0.364 & 2.877 \\ & & \vdots & \\ 3.210 & 3.185 & 1.192 & 2.184 \end{bmatrix}_{9\times 4}
\end{aligned}
\tag{5-3}
$$

5.3 自注意力机制

在正式讲解自注意力机制之前，首先阅读以下两个例句。

句子1：我有一只马尔济斯犬，名字叫毛球。

句子2：它特别喜欢毛球玩具。

以人类的认知，根据上下文信息进行综合分析，可以很容易理解单词“毛球”在这两个句子中的含义完全不同。在句子1中，“毛球”是指狗的名字，而在句子2中，“毛球”是指一种玩具。然而，机器该如何认知并理解这种同一单词的不同含义呢？由于 Transformer 网络并不遵循递归循环模式，仅仅依靠嵌入向量显然无法区分同一个词的不同含义，即便添加位置编码信息也仅能代表单词在语句中出现的时序性信息。为此，Transformer 模型模拟人类对语言信息的处理方式，采用一种自注意力机制，对上下文信息进行关联，实现了对语言“灵魂”信息的理解。

5.3.1 自注意力机制的基本思想

分析以下例句：“A dog eat the food because it was hungry(一只狗吃了食物，因为它很饿)”。例句中的代词“it”可以指代“dog”或者“food”。当人类理解这句话时，会根据上下文的关联性信息自然地认为“it”指代的是“dog”，而不是“food”。如何模拟人类的这种上下文关联信息处理能力呢？如图5-5所示，可以设想采用以下思路解决：首先建立单词“A”与句子中其他词之间的关系(包含词本身)，其次建立“dog”与句子中其他词之间的关系(包含词本身)，然后再建立“eat”与其他单词之间的关系(包含词本身)，依此类推，直到建立所有单词之间的相互关联关系。这样就可以实现对整个语句上下文关联性信息的表达。这就是自注意力机制处理信息关联问题的基本思想，每个局部输入信息都能够与其他所有输入信息进行关联，以理解同一输入在不同环境下的不同含义。由此，可以给出自注意力机制的定义：自注意力机制是一种让模型能够关注到输入数据不同部分之间关系的机制，它允许模型在处理序列数据时自动学习到不同位置之间的关联性，从而捕捉到更丰富的上下文信息。

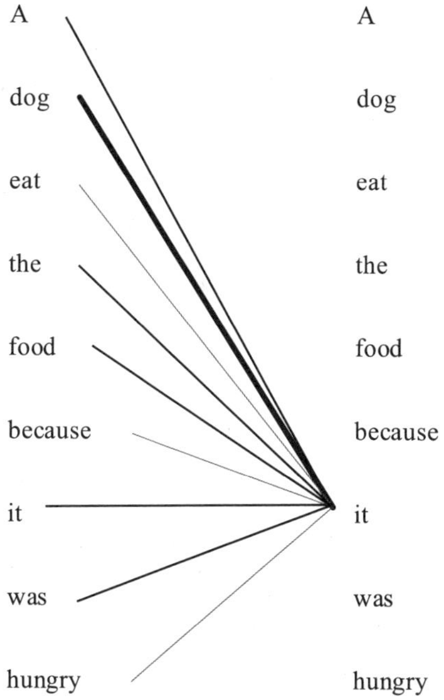

图5-5 自注意力机制示例

以上是Transformer处理语言关联信息的基本思路，如何通过数学方式表达这种关联性思想呢？首先，应该建立一个描述单词之间关联性的矩阵，以定量评价任意两个单词之间的关联程度；其次，应该将这种关联程度信息融入每个单词的特征向量，形成融合后的关联特征信息。评价单词之间的关联程度信息，一种有效的方法是计算任意两个单词嵌入向量之间内积，构建分数矩阵，并采用softmax函数行归一化处理，即可获取任一单词与其他单词之间的关联程度信息(图5-6)。图5-6中分数值仅用于解释，不代表实际值。将行归一化的分数矩阵再与单词的输入信息进行点积计算，可以获取单词融合后的关联特征信息(图5-7)。

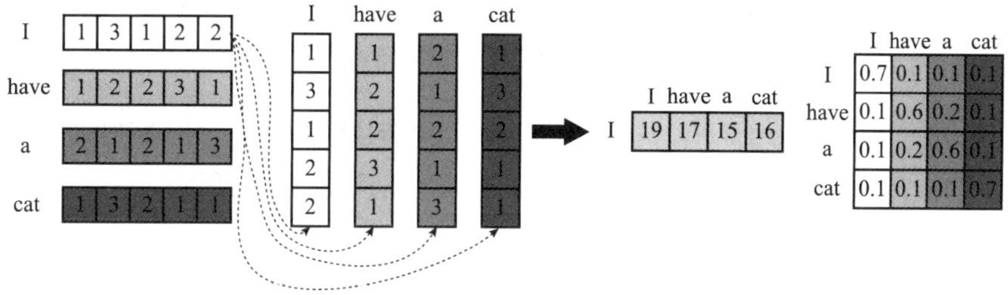

图5-6 单词之间的分数向量与分数矩阵

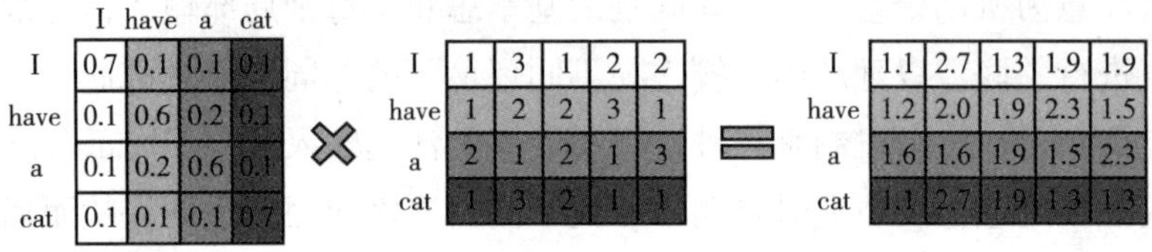

图 5-7　信息关联特征矩阵

以上是解决信息关联问题的基本数学思想，但仅仅通过以上两种矩阵的运算，仍然无法对系统进行调控，中间缺乏能够进行调控的权重。为此，还需要创建三个可训练的权重矩阵。仍然以“I have a cat”为例对整个信息关联计算方法进行理解。暂不考虑语句开始及结束标志，原始嵌入矩阵 $\boldsymbol{X}$ 的第一行代表单词“I”的编码输入向量，第二行代表单词“have”的编码输入向量。依此类推，最后一行代表最后一个单词“cat”的编码输入向量。自注意力机制的核心在于建立句子内部不同单词之间的关联，为此需要通过矩阵 $\boldsymbol{X}$ 创建三个新的矩阵：查询(query)矩阵 $\boldsymbol{Q}$、键(key)矩阵 $\boldsymbol{K}$ 与值(value)矩阵 $\boldsymbol{V}$。为实现以上三种矩阵的创建，还需要创建另外三个权重矩阵，分别为 $\boldsymbol{W}^Q$、$\boldsymbol{W}^K$ 与 $\boldsymbol{W}^V$，以便对系统进行调整，形成系统输入与输出之间的映射。如图 5-8 所示，用矩阵 $\boldsymbol{X}$ 分别乘以矩阵 $\boldsymbol{W}^Q$、$\boldsymbol{W}^K$ 与 $\boldsymbol{W}^V$，所得结果即为所创建的查询矩阵 $\boldsymbol{Q}$、键矩阵 $\boldsymbol{K}$ 和值矩阵 $\boldsymbol{V}$。

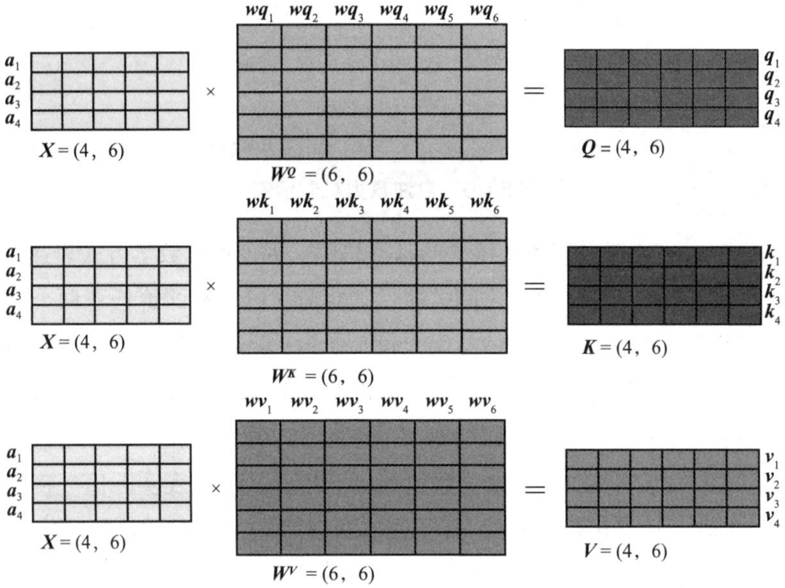

图 5-8　创建查询矩阵、键矩阵和值矩阵

图 5-8 所生成三组矩阵的每一行 q_i、k_i 与 v_i 分别代表单词 a_i 的查询向量、键向量和值向量。这里权重矩阵 $\boldsymbol{W}^Q$、$\boldsymbol{W}^K$ 与 $\boldsymbol{W}^V$ 的初始值完全随机，最优值需要通过训练获得。正是三个权重矩阵的引入，才使整个系统具备训练调整的可能性，并能够建立输入与输出之间映射。

5.3.2　自注意力机制的计算步骤

有了以上三个矩阵 $\boldsymbol{Q}$、$\boldsymbol{K}$ 和 $\boldsymbol{V}$ 之后，就可以建立不同单词之间的相互关联，具体的自注意力机制计算包含 4 个步骤。为了清晰说明自注意力机制的计算过程，同样暂不考虑开始、结尾及 PAD 标记，以“I am good”为例进行逐一说明。

第一步：自注意力机制首先计算查询矩阵 $\boldsymbol{Q}$ 与键矩阵 $\boldsymbol{K}^{\mathrm{T}}$ 的点积，两个矩阵如式(5－4)所示。通过计算可以看到 $\boldsymbol{Q}\cdot\boldsymbol{K}^{\mathrm{T}}$ 矩阵的第一行计算的是查询向量 $\boldsymbol{q}_1$(I)与所有的键向量 $\boldsymbol{k}_1$(I)、$\boldsymbol{k}_2$(am)、$\boldsymbol{k}_3$(good)之间的点积。通过计算两个向量之间的点积可以获得两个单词(包含自身 I)之间的相似度。通过计算结果可知，单词 I 与自己的点积值 $\boldsymbol{q}_1\cdot\boldsymbol{k}_1$ 大于 $\boldsymbol{q}_1\cdot\boldsymbol{k}_2$ 和 $\boldsymbol{q}_1\cdot\boldsymbol{k}_3$，说明 I 与自己的关系比 am 和 good 两个词的关系更紧密。同样，从第二行及第三行单词 am 和 good 的点积计算结果也可以看出两者与自己的关系更紧密。

$$\boldsymbol{Q}\cdot\boldsymbol{K}^{\mathrm{T}}=\underbrace{\begin{matrix}\mathrm{I}\\ \mathrm{am}\\ \mathrm{good}\end{matrix}\begin{bmatrix}3.69 & 7.62 & \cdots & 4.44\\ 11.11 & 7.07 & \cdots & 76.70\\ 99.3 & 3.69 & \cdots & 0.85\end{bmatrix}_{3\times 64}\begin{matrix}\boldsymbol{q}_1\\ \boldsymbol{q}_2\\ \boldsymbol{q}_3\end{matrix}}_{\boldsymbol{Q}}\cdot\underbrace{\begin{matrix} & \mathrm{I} & \mathrm{am} & \mathrm{good}\end{matrix}\begin{bmatrix}5.31 & 11.71 & 10.10\\ 6.78 & 0.86 & 11.44\\ \vdots & \vdots & \vdots\\ 0.96 & 11.31 & 5.11\end{bmatrix}_{64\times 3}\begin{matrix}\boldsymbol{k}_1 & \boldsymbol{k}_2 & \boldsymbol{k}_3\end{matrix}}_{\boldsymbol{K}^{\mathrm{T}}}$$

$$=\begin{matrix}\\ \mathrm{I}\\ \mathrm{am}\\ \mathrm{good}\end{matrix}\begin{matrix}\mathrm{I} & \mathrm{am} & \mathrm{good}\\ \end{matrix}\begin{bmatrix}\boldsymbol{q}_1\cdot\boldsymbol{k}_1 & \boldsymbol{q}_1\cdot\boldsymbol{k}_2 & \boldsymbol{q}_1\cdot\boldsymbol{k}_3\\ \boldsymbol{q}_2\cdot\boldsymbol{k}_1 & \boldsymbol{q}_2\cdot\boldsymbol{k}_2 & \boldsymbol{q}_2\cdot\boldsymbol{k}_3\\ \boldsymbol{q}_3\cdot\boldsymbol{k}_1 & \boldsymbol{q}_3\cdot\boldsymbol{k}_2 & \boldsymbol{q}_3\cdot\boldsymbol{k}_3\end{bmatrix}=\begin{matrix}\mathrm{I}\\ \mathrm{am}\\ \mathrm{good}\end{matrix}\overset{\begin{matrix}\mathrm{I} & \mathrm{am} & \mathrm{good}\end{matrix}}{\begin{bmatrix}110 & 90 & 80\\ 70 & 99 & 70\\ 90 & 70 & 100\end{bmatrix}_{3\times 3}}\tag{5－4}$$

第二步：将 $\boldsymbol{Q}\cdot\boldsymbol{K}^{\mathrm{T}}$ 矩阵除以键向量维度 d_k 的平方根，以获得稳定的梯度。在本例中，所采用键向量的维度 $d_k=64$。则需要将第一步中的 $\boldsymbol{Q}\cdot\boldsymbol{K}^{\mathrm{T}}$ 矩阵除以 8，如式(5－5)所示。

$$\frac{\boldsymbol{Q}\cdot\boldsymbol{K}^{\mathrm{T}}}{\sqrt{d_k}}=\frac{\boldsymbol{Q}\cdot\boldsymbol{K}^{\mathrm{T}}}{8}=\begin{matrix}\mathrm{I}\\ \mathrm{am}\\ \mathrm{good}\end{matrix}\overset{\begin{matrix}\mathrm{I} & \mathrm{am} & \mathrm{good}\end{matrix}}{\begin{bmatrix}13.75 & 11.25 & 10\\ 8.75 & 12.38 & 8.75\\ 11.25 & 8.75 & 12.50\end{bmatrix}_{3\times 3}}\tag{5－5}$$

第三步：利用 softmax 函数按行进行归一化使关联性数值分布在 0～1 范围内，且每行的所有数之和等于 1，如式(5－6)所示。这里的矩阵称为分数矩阵。通过这些分数，可以直观了解句子中的每个词与所有词的相关程度。

$$\mathrm{softmax}\left(\frac{\boldsymbol{Q}\cdot\boldsymbol{K}^{\mathrm{T}}}{\sqrt{d_k}}\right)=\begin{matrix}\mathrm{I}\\ \mathrm{am}\\ \mathrm{good}\end{matrix}\overset{\begin{matrix}\mathrm{I} & \mathrm{am} & \mathrm{good}\end{matrix}}{\begin{bmatrix}0.90 & 0.07 & 0.03\\ 0.03 & 0.95 & 0.02\\ 0.22 & 0.02 & 0.76\end{bmatrix}_{3\times 3}}\tag{5－6}$$

第四步：计算自注意力矩阵 $\boldsymbol{Z}$，自注意力矩阵包含句子中每个单词的注意力值。它可以通过将分数矩阵 softmax$(\boldsymbol{Q}\cdot\boldsymbol{K}^{\mathrm{T}}/\sqrt{d_k})$乘以值矩阵 $\boldsymbol{V}$ 得出，如式(5－7)所示。

$$\boldsymbol{Z}=\underbrace{\begin{array}{c}\\ \mathrm{I}\\ \mathrm{am}\\ \mathrm{good}\end{array}\begin{array}{c}\begin{array}{ccc}\mathrm{I} & \mathrm{am} & \mathrm{good}\end{array}\\ \begin{bmatrix}0.90 & 0.07 & 0.03\\ 0.03 & 0.95 & 0.02\\ 0.22 & 0.02 & 0.76\end{bmatrix}_{3\times 3}\end{array}}_{\mathrm{softmax}\left(\frac{\boldsymbol{Q}\cdot\boldsymbol{K}^{\mathrm{T}}}{\sqrt{d_k}}\right)}\cdot\underbrace{\begin{array}{c}\mathrm{I}\\ \mathrm{am}\\ \mathrm{good}\end{array}\begin{bmatrix}67.85 & 91.20 & \cdots & 0.13\\ 13.13 & 63.10 & \cdots & 4.44\\ 12.12 & 96.10 & \cdots & 43.40\end{bmatrix}_{3\times 64}}_{V} \tag{5－7}$$

通过计算可以得到自注意力矩阵：

$$\boldsymbol{Z}=\begin{array}{c}\mathrm{I}\\ \mathrm{am}\\ \mathrm{good}\end{array}\begin{bmatrix}z_1\\ z_2\\ z_3\end{bmatrix}_{3\times 64} \tag{5－8}$$

由式(5－8)可以看出，自注意力矩阵 $\boldsymbol{Z}$ 是值向量与分数加权之后求和所得到的结果。以第一行 z_1 对应词“I”的自注意力值计算为例，通过图 5－9 中方法计算得到。

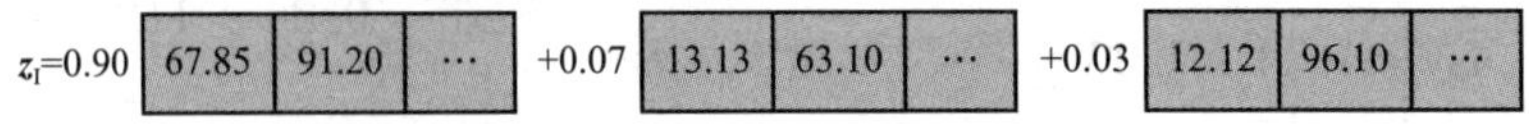

图 5－9　单词 I 的自注意力机制

由图 5－9 可知，单词“I”的自注意力值 z_1 是分数加权的值向量之和。因此，z_1 的值将包含 90% 的值向量 $\boldsymbol{v}_1$(I)、7% 的值向量 $\boldsymbol{v}_2$(am)以及 3% 的值向量 $\boldsymbol{v}_3$(good)。这种计算的意义在哪儿？回头看之前的例句“我有一只马尔济斯犬，名字叫毛球，它特别喜欢毛球玩具”。在这里“它”这个词表示“毛球”这只马尔济斯犬。可以按照前面的步骤来计算“它”的自注意力值。这个计算过程如图 5－10 所示。

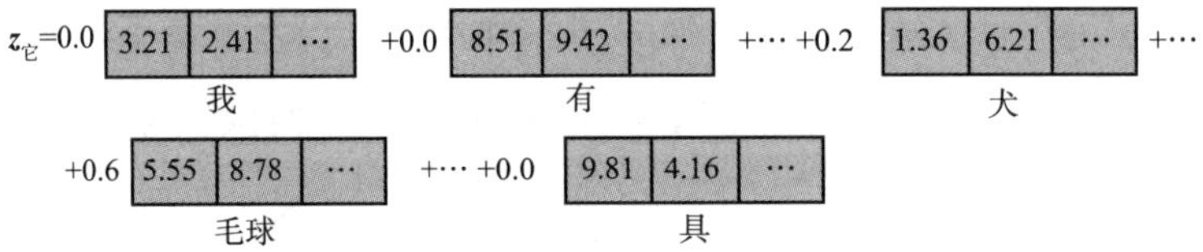

图 5－10　单词“它”的自注意力机制

从图 5－10 可以看出，“它”这个词的自注意力值包含 20% 的值向量 $\boldsymbol{v}$(犬)，60% 的值向量 $\boldsymbol{v}$(毛球)。这有助于通过上下文理解“它”这个词实际上是指的“马尔济斯犬”和“毛球”。这也再次说明，通过自注意力机制，可以了解一个词与句子中所有词的相关程度。

考虑整个注意力计算流程，则注意力矩阵 $\boldsymbol{Z}$ 由句子中所有单词的自注意力值组成，其计算公式为：

$$\boldsymbol{Z}=\mathrm{softmax}\left(\frac{\boldsymbol{Q}\cdot\boldsymbol{K}^{\mathrm{T}}}{\sqrt{d_k}}\right)\cdot\boldsymbol{V} \tag{5－9}$$

其整个自注意力机制的计算步骤如图 5－11 所示：

第一步，设置权重矩阵 $\boldsymbol{W}^Q$、$\boldsymbol{W}^K$ 和 $\boldsymbol{W}^V$ 的初始值，并计算形成矩阵 $\boldsymbol{Q}$、$\boldsymbol{K}$ 与 $\boldsymbol{V}$；

第二步，计算查询矩阵 $\boldsymbol{Q}$ 与键矩阵的点积 $\boldsymbol{Q}\cdot\boldsymbol{K}^{\mathrm{T}}$，求得任意两个单词之间的关联程度信息，称为分数；

第三步，将 $\boldsymbol{Q}\cdot\boldsymbol{K}^{\mathrm{T}}$ 除以键向量 $\boldsymbol{K}$ 维度的平方根 $\sqrt{d_k}$，进行缩放计算，并用 softmax 函数对分数进行归一化，得到分数矩阵 $\mathrm{softmax}(\boldsymbol{Q}\cdot\boldsymbol{K}^{\mathrm{T}}/\sqrt{d_k})$；

第四步，通过将分数矩阵与值矩阵 $\boldsymbol{V}$ 相乘，计算自注意力矩阵 $\boldsymbol{Z}$。

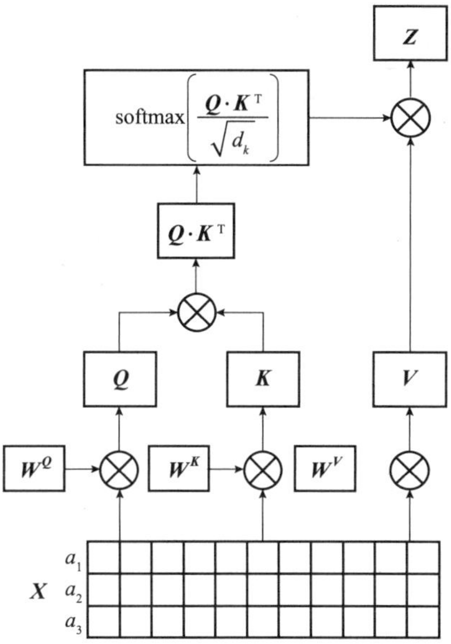

图 5－11　自注意力机制计算

视频简介

本视频主要讲解 Transformer 模型，内容包括：模型的总体思想、模型的框架结构、输入信息的编码方式与自注意力机制等，观看以上内容讲解视频请扫描二维码。

5.4　编码器信息编码机制与整体结构

5.4.1　编码器中的多头注意力机制

通过第 5.3 节的分析，已经了解怎样通过自注意力机制（Self－Attention）计算获得自注意力矩阵 $\boldsymbol{Z}$。然而，与 CNN 中的卷积核相似，单头自注意力机制仅能从某一个角度进行关联特征提取。为了从更多角度获取句子中不同单词之间的关联性信息，编码器中的自注意力层采用多头自注意力机制（Multi－Head Attention）进行并行特征提取计算。顾名思义，一个编码器的自注意力层由多个 Self - Attention 组合形成，与 CNN 中的多个卷积核有异曲同工之处，都是多角度看同一问题，然后将多角度意见进行融合，形成融合特征，具体内部结构如图 5 - 12 所示。

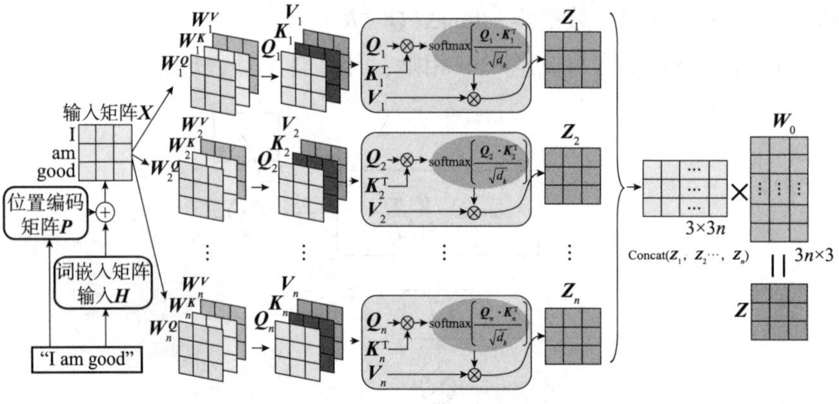

图 5 - 12 多头注意力层计算

由图 5 - 12 可以看出，整个多头注意力层采用 n 个单头注意力层进行并行计算，获取 $\boldsymbol{Z}_1$，$\boldsymbol{Z}_2$，…，$\boldsymbol{Z}_n$ 共 n 个自注意力矩阵，将这 n 个单头注意力矩阵串联组成一个 $3\times 3n$ 尺度的输出矩阵 Concat($\boldsymbol{Z}_1$，$\boldsymbol{Z}_2$，…，$\boldsymbol{Z}_n$)，并将结果乘以一个新的 $3n\times 3$ 权重矩阵 $\boldsymbol{W}_0$，从而得出最终的多头注意力矩阵 $\boldsymbol{Z}$。具体计算方法如式(5 - 10)所示：

$$\text{Mult - head attention} = \text{Concat}(\boldsymbol{Z}_1, \boldsymbol{Z}_2, \cdots, \boldsymbol{Z}_n)\cdot \boldsymbol{W}_0 \tag{5-10}$$

注意：在计算过程中为了保证编码器中各层串联及多个编码器串联计算的流畅性，通常规定输入矩阵 $\boldsymbol{X}$ 与输出矩阵 $\boldsymbol{Z}$ 具有相同的维度。因此，权重矩阵 $\boldsymbol{W}_0$ 的列通常与输入矩阵 $\boldsymbol{X}$ 的列相同。

5.4.2 编码器中的前馈网络层

编码器中前馈网络(FFN)由两层具有 ReLU 激活函数的全连接层组成，其主要目的是进行非线性变换，将输入的词向量映射到输出词向量。具体结构如图 5 - 13 所示。需要注意的是，前馈网络层中的参数 $\boldsymbol{W}_h$ 与 $\boldsymbol{V}_h$ 在句子不同位置上相同，但在不同编码器模块上不同。

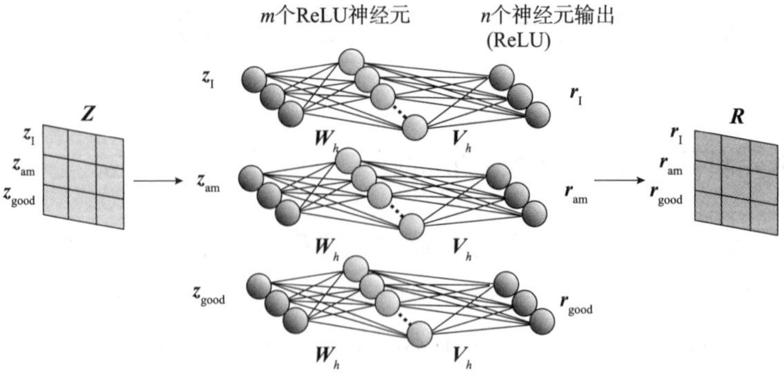

图 5 - 13 编码器中的前馈网络(FFN)结构

5.4.3　编码器中的叠加和归一层

叠加和归一层(Add & Norm 层)由 Add 和 Norm 两部分组成。它一般连接在一个子层(多头注意力层或前馈网络层)的后部，并同时连接对应子层的输入和输出。如图 5-14 所示，其中一个 Add & Norm 层同时连接多头注意力层的输入和输出，另一个 Add & Norm 层同时连接前馈网络层的输入和输出。其计算公式如下：

$$\begin{aligned}\boldsymbol{Z}_{AN} &= \mathrm{LayerNorm}(\boldsymbol{X} + \mathrm{MultiHeadAttention}(\boldsymbol{X})) \\ \boldsymbol{R}_{AN} &= \mathrm{LayerNorm}(\boldsymbol{Z}_{AN} + \mathrm{FeedForward}(\boldsymbol{Z}_{AN}))\end{aligned} \tag{5-11}$$

式中　$\boldsymbol{X}$——编码器模块的输入；

$\boldsymbol{Z}_{AN}$——多头注意力层叠加和归一化输出；

$\boldsymbol{R}_{AN}$——前馈网络层叠加和归一化输出。

注意：为了保证计算过程的顺利进行，通常将编码器的输入和输出设置为相同的维度，以保证计算过程中系统维度的不变性。

这里的 Add 指 $\boldsymbol{X}$ + MultiHeadAttention($\boldsymbol{X}$)，为第 3.3.5 节所论述的残差连接结构(图 5-15)。该层的输出不仅包括经过非线性变换的特征，还包括未经处理的输入特征，以允许网络学习到输入和输出之间的残差(差异)，而不是直接学习一个完整的映射，有助于梯度在训练过程中更有效地回流，减轻深度网络中的梯度消失问题。Norm 指 Layer Normalization，通常用于 RNN 结构，层归一化(Layer Normalization)可以防止每层的值剧烈变化，以提高模型的训练速度。

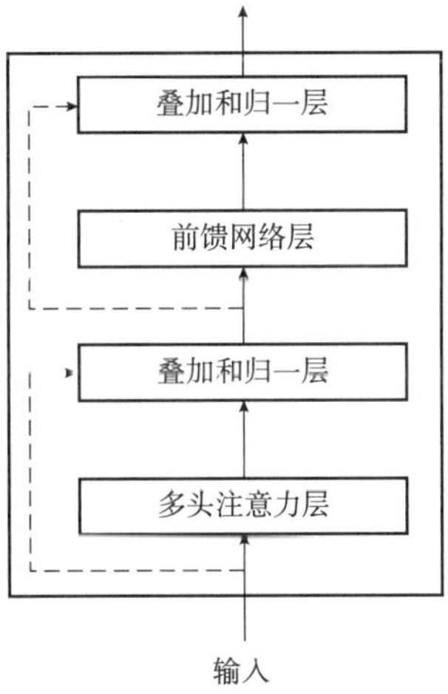

图 5-14　编码器中叠加和归一化组件

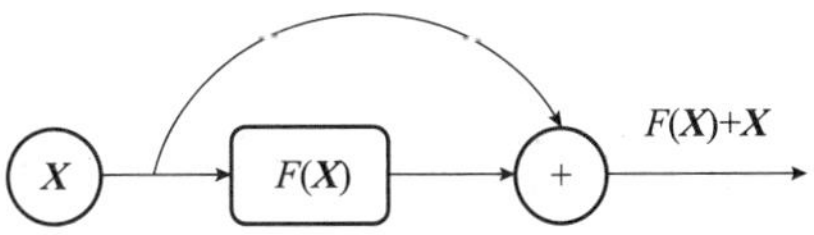

图 5-15　Add & Norm 层叠加计算

5.4.4　编码器结构总览

图 5-16 所示为叠加的两个编码器的总体结构，其中只有编码器 1 被展开。通过此图，可以总结编码器计算整体流程：

(1)将输入数据转换为词嵌入矩阵，并与位置嵌入矩阵按位相加，形成输入矩阵 ***X***，作为底层编码器(编码器 1)的输入。

(2)编码器 1 接收输入并将其送入多头注意力层进行自注意力计算，该子层运算后输出与输入相同维度的注意力矩阵。

(3)将注意力矩阵输入下一子层，即前馈网络层。该网络层将注意力矩阵作为输入，进行非线性变换后输出与输入信息相同维度的特征值矩阵。

(4)将编码器 1 前馈网络层的输出作为输入，传入下一个编码器(编码器 2)。

(5)编码器 2 对输入信息进行同样处理，所形成的输出再作为下一层编码器的输入。

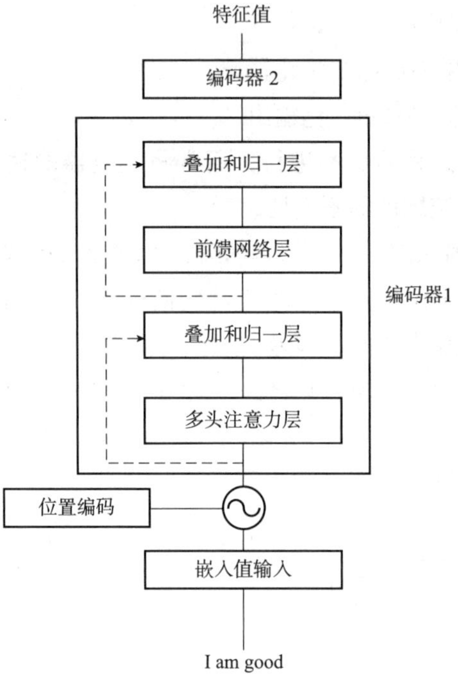

图 5－16　叠加的两个编码器的总体结构

通过这种多层计算将 N 个编码器一个接一个叠加，从最后一个编码器(顶层编码器)得到的输出将是给定输入句子的特征值。这里的特征值将作为输入传给解码器，解码器将基于这个输入生成目标句。

5.5　解码器信息编码机制与整体结构

Transformer 中的解码器结构与编码器结构相似，主要由多头注意力层、前馈网络层及叠加和归一层叠合组成(图 5－17)。但也存在一些区别：第一个多头注意力层采用掩码操作；第二个多头注意力层的 ***K*** 与 ***V*** 矩阵使用编码器的编码信息矩阵 ***R*** 进行计算，而 ***Q*** 使用上一个解码器模块的输出计算；最后的线性层与 Softmax 层则预测输出下一个翻译单词的概率分布。具体信息处理方式如图 5－18 所示，整个 Transformer 编码器－解码器结构具有两个输入，分别为编码器的原信息输入与解码器的自回归信息输入。

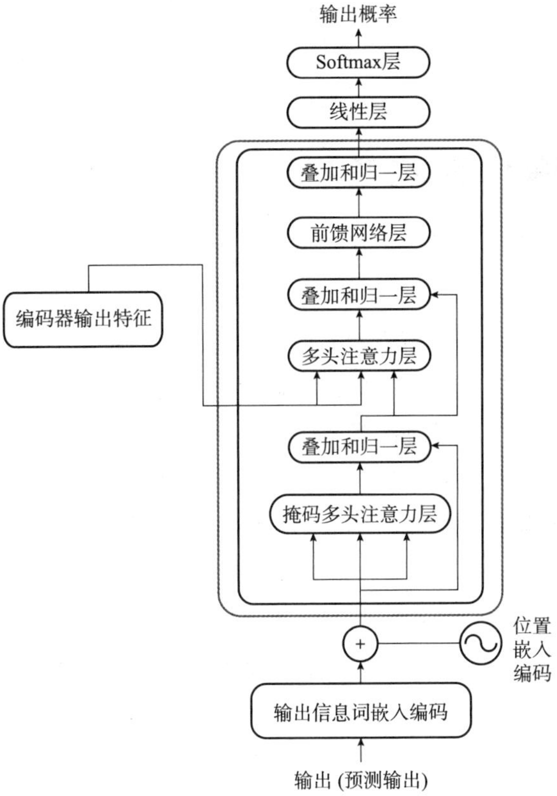

图 5－17 Transformer 的解码器结构

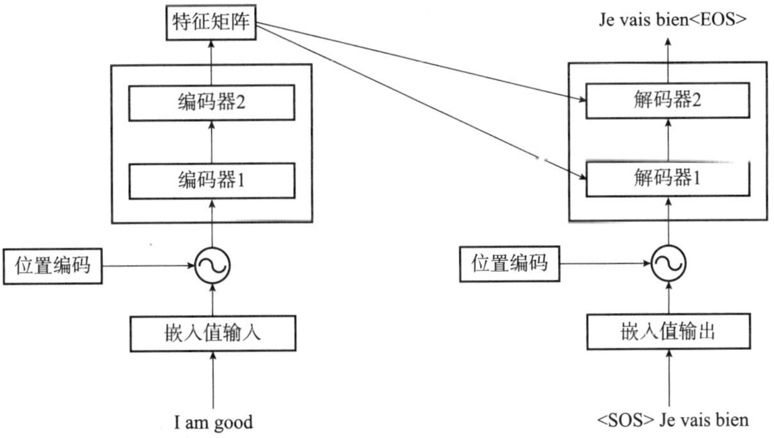

图 5－18 Transformer 编码器和解码器的训练框架

由于 Transformer 主要采用信息相互关联方式处理信息，任何一个信息的处理都需要考虑与其他信息之间的关联性。为建立这种关联性，Transformer 解码器采用自回归的方式生成目标输出，即将已经生成的词再次带入解码器模块，然后基于已经生成的词预测下一个词。这与互联形式编码器－解码器 RNN 模型有异曲同工之处，但所建立的信息关联关系更为紧密，t 时刻输出不仅需要考虑 $t-1$ 时刻的输出，还要考虑之前所有阶段的输出。由于要将之前已经输出句子信息全部作为嵌入，这种机制有助于模型理解词语之间的复杂关系，并在生成过程中不断参考和修正自己的输出序列，从而确保解码器能够根据已有的输出信息预测接下来的输出信息，并保持输出在语法、逻辑和语义上的连贯性和正确性。

5.5.1 解码器的掩码多头注意力层

为理解句子内词语之间的复杂关系，解码器同样需要采用自注意力机制进行上下文信息的关联。然而，将编码器自注意力矩阵的运算方法直接应用于解码器会存在什么问题呢？通过前面论述可知，为保证模型能够理解句子的含义及句内单词之间的复杂关系，解码器在训练过程中采用了输入整个原句，并且让解码器预测位移后的目标句，这种预测输出模式(图 5－18)。因此，如果直接采用编码器中自注意力矩阵的运算方法，训练过程所建立的自注意力矩阵将融合语句内所有单词的输入信息。然而，解码器在实际测试及应用中，只能看到从开始到当前的信息。例如，在“<SOS> Je vais bien”测试期间，当 $t=2$ 时，解码器的输入中只有[<SOS> Je]，并不能看到后面的其他单词，更无法做到与未来信息的关联。这就要求解码器在训练阶段需要将未来信息掩盖。因此，基于这种翻译任务的时序性，Transformer 解码器采用带掩码的多头注意力层，以模拟解码器测试过程信息的序列输入方式。本节以英语语句“I am good”翻译成法语“Je vais bien”为例，对 Transformer 解码器的掩码计算过程进行说明。如图 5－18 所示，在训练期间，由于有正确的目标句，解码器可以直接将整个目标句稍作修改作为输入。在目标句开头添加 <SOS> 标记作为语句翻译开始标记，再将整体作为输入发送给解码器。解码器最终预测输出为“Je vais bien <EOS>”。训练过程中掩码多头注意力层的信息处理过程如下。

第一，与编码器信息处理方式相同，将输入信息进行处理，转变为词嵌入矩阵，并添加位置编码，然后送入解码器。添加词嵌入矩阵和位置编码后得到矩阵 $\boldsymbol{X}$，如式(5－12)所示。

$$\boldsymbol{X}=\begin{matrix}\text{SOS}\\\text{Je}\\\text{vais}\\\text{bien}\end{matrix}\begin{bmatrix}7.9 & 3.5 & \cdots & 16.1\\8.1 & 4.4 & \cdots & 83.1\\17 & 0.54 & \cdots & 6.12\\11.12 & 11.12 & \cdots & 22.1\end{bmatrix}_{4\times 64} \tag{5-12}$$

第二，将矩阵 $\boldsymbol{X}$ 送入解码器，解码器中的第一层为带掩码的多头注意力层。与编码器多头注意力层工作原理类似，为了运行自注意力机制，首先需要创建三个新矩阵，即查询矩阵 $\boldsymbol{Q}$、键矩阵 $\boldsymbol{K}$ 和值矩阵 $\boldsymbol{V}$。同样此层为多头注意力层，因此需要创建 h 个查询矩阵 $\boldsymbol{Q}$、键矩阵 $\boldsymbol{K}$ 和值矩阵 $\boldsymbol{V}$。对于注意力头 i 的查询矩阵 $\boldsymbol{Q}_i$、键矩阵 $\boldsymbol{K}_i$ 和值矩阵 $\boldsymbol{V}_i$，可以将 $\boldsymbol{X}$ 分别乘以权重矩阵 $\boldsymbol{W}_i^Q$、$\boldsymbol{W}_i^K$ 与 $\boldsymbol{W}_i^V$ 获得。模型的注意力机制也应该只与当前输入单词之前的单词有关，而不是其后的单词。因此，在训练过程中需要采用掩码机制掩盖后面所有还未被模型预测的词。以“<SOS> Je vais bien”为例，揭示模型训练过程掩码自注意力机制的计算流程：

第一步，针对一个自注意力头 i，首先计算生成查询矩阵 $\boldsymbol{Q}_i$、键矩阵 $\boldsymbol{K}_i$ 和值矩阵 $\boldsymbol{V}_i$，并计算查询矩阵 $\boldsymbol{Q}_i$ 与键矩阵 $\boldsymbol{K}_i^{\mathrm{T}}$ 的点积。这一步计算与编码器自注意力机制的计算方式相同。式(5－13)显示了点积计算结果，当然这里的数值随机，只是为了方便理解。

$$\boldsymbol{Q}_i \cdot \boldsymbol{K}_i^{\mathrm{T}} = \begin{array}{r} \\ \text{SOS} \\ \text{Je} \\ \text{vais} \\ \text{bien} \end{array}\begin{array}{c} \begin{array}{cccc} \text{SOS} & \text{Je} & \text{vais} & \text{bien} \end{array} \\ \begin{bmatrix} 73 & 60 & 10 & 45 \\ 40 & 99 & 25 & 70 \\ 58 & 40 & 83 & 10 \\ 12 & 11 & 15 & 80 \end{bmatrix}_{4\times 4} \end{array} \tag{5－13}$$

第二步，将 $\boldsymbol{Q}_i \cdot \boldsymbol{K}_i^{\mathrm{T}}$ 矩阵除以键向量维度的平方根 $\sqrt{d_k}$，得到式(5－14)。

$$\frac{\boldsymbol{Q}_i \cdot \boldsymbol{K}_i^{\mathrm{T}}}{\sqrt{d_k}} = \begin{array}{r} \\ \text{SOS} \\ \text{Je} \\ \text{vais} \\ \text{bien} \end{array}\begin{array}{c} \begin{array}{cccc} \text{SOS} & \text{Je} & \text{vais} & \text{bien} \end{array} \\ \begin{bmatrix} 9.125 & 7.5 & 1.25 & 5.625 \\ 5.0 & 12.37 & 3.12 & 8.75 \\ 7.25 & 5.0 & 10.37 & 1.25 \\ 1.5 & 1.37 & 1.87 & 10.0 \end{bmatrix}_{4\times 4} \end{array} \tag{5－14}$$

第三步，对式(5－14)所得矩阵进行数值掩码转换计算。以矩阵的第 1 行为例，为了预测 <SOS> 后面的词，模型不应该知道 <SOS> 右侧的所有词(因为在测试及应用中不会有这些词)。因此，可以用 $-\infty$ 掩盖 <SOS> 后面的所有词，如式(5－15)所示。

$$\frac{\boldsymbol{Q}_i \cdot \boldsymbol{K}_i^{\mathrm{T}}}{\sqrt{d_k}} = \begin{array}{r} \\ \text{SOS} \\ \text{Je} \\ \text{vais} \\ \text{bien} \end{array}\begin{array}{c} \begin{array}{cccc} \text{SOS} & \text{Je} & \text{vais} & \text{bien} \end{array} \\ \begin{bmatrix} 9.125 & -\infty & -\infty & -\infty \\ 5.0 & 12.37 & 3.12 & 8.75 \\ 7.25 & 5.0 & 10.37 & 1.25 \\ 1.5 & 1.37 & 1.87 & 10.0 \end{bmatrix}_{4\times 4} \end{array} \tag{5－15}$$

对于矩阵的第 2 行模型，在实际应用中并不应该知道“Je”右侧的所有词，需要采用 $-\infty$ 掩盖“Je”后面的所有词，如式(5－16)所示。依此类推，可以用 $-\infty$ 掩盖“vais”后面的所有词，最终得到掩码后的矩阵，如式(5－17)所示。

$$\frac{\boldsymbol{Q}_i \cdot \boldsymbol{K}_i^{\mathrm{T}}}{\sqrt{d_k}} = \begin{array}{r} \\ \text{SOS} \\ \text{Jc} \\ \text{vais} \\ \text{bien} \end{array}\begin{array}{c} \begin{array}{cccc} \text{SOS} & \text{Je} & \text{vais} & \text{bien} \end{array} \\ \begin{bmatrix} 9.125 & -\infty & -\infty & -\infty \\ 5.0 & 12.37 & -\infty & -\infty \\ 7.25 & 5.0 & 10.37 & 1.25 \\ 1.5 & 1.37 & 1.87 & 10.0 \end{bmatrix}_{4\times 4} \end{array} \tag{5－16}$$

$$\frac{\boldsymbol{Q}_i \cdot \boldsymbol{K}_i^{\mathrm{T}}}{\sqrt{d_k}} = \begin{array}{r} \\ \text{SOS} \\ \text{Je} \\ \text{vais} \\ \text{bien} \end{array}\begin{array}{c} \begin{array}{cccc} \text{SOS} & \text{Je} & \text{vais} & \text{bien} \end{array} \\ \begin{bmatrix} 9.125 & -\infty & -\infty & -\infty \\ 5.0 & 12.37 & -\infty & -\infty \\ 7.25 & 5.0 & 10.37 & -\infty \\ 1.5 & 1.37 & 1.87 & 10.0 \end{bmatrix}_{4\times 4} \end{array} \tag{5－17}$$

第四步，将 softmax 函数应用于式(5－17)中的矩阵，并将结果与值矩阵 $\boldsymbol{V}_i$ 相乘，得到最终的自注意力矩阵 $\boldsymbol{Z}_i$。同样，可以计算 h 个自注意力矩阵，将这些矩阵采用图 5－12 相同方式进行串联，并将结果按式(5－10)乘以新的权重矩阵 $\boldsymbol{W}_0$，即可得到最终的掩码自注意力矩阵 $\boldsymbol{M}$。

以上即为掩码多头注意力层的计算步骤，从本质上说模拟了人类对语言逐字从前向后翻译的机制，最终得到的掩码自注意力矩阵 $\boldsymbol{M}$ 将被送到解码器的下一子层，也就是另一个多头自注意力层进行进一步计算。

5.5.2 解码器的多头注意力层

在解码器的掩码多头注意力层之后连接的是多头注意力层，与编码器不同的是，每个解码器中的多头注意力层都有两个输入：一个来自掩码多头注意力层，另一个来自编码器输出的特征值(图 5－19)。利用 $\boldsymbol{R}$ 表示编码器输出的特征值矩阵，用 $\boldsymbol{M}$ 表示带掩码的多头注意力层输出的注意力矩阵。通过两种信息的交互，将编码器与解码器联合统一到一起。由于涉及编码器与解码器的信息交互，这一层也被称为编码器－解码器注意力层。

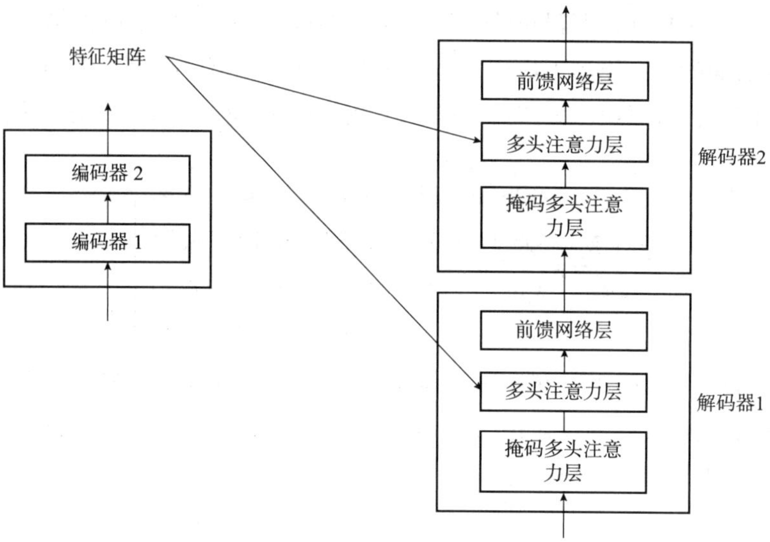

图 5－19　编码器与解码器的交互

现在了解编码器－解码器注意力层，如何将矩阵 $\boldsymbol{R}$(编码器输出的特征矩阵)与矩阵 $\boldsymbol{M}$(掩码多头注意力层输出)相互关联？其实很简单，可以利用掩码注意力矩阵 $\boldsymbol{M}$ 创建查询矩阵 $\boldsymbol{Q}$，发出输入单词之间相互关联程度的询问；然后，利用编码器输出的特征值矩阵 $\boldsymbol{R}$ 创建键矩阵 $\boldsymbol{K}$ 及值矩阵 $\boldsymbol{V}$，回答单词之间的关联程度，并将句子单词自身涵盖的信息进行抽取。通过此种方法计算，利用 $\boldsymbol{M}$ 求得查询矩阵，从本质上包含了目标句的特征。利用 $\boldsymbol{R}$ 计算键矩阵和值矩阵则含有了原句特征。由于采用多头注意力机制，因此对于头 i，需采用图 5－20 形式进行处理。

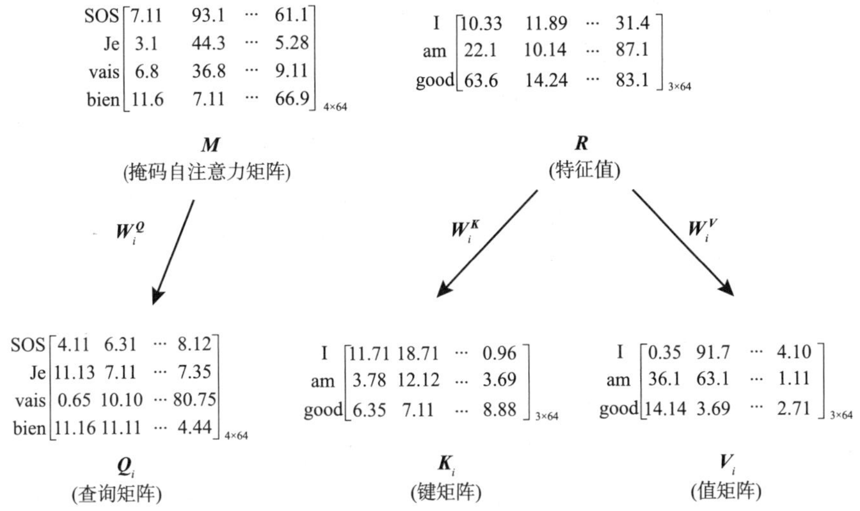

图5-20 创建解码器查询矩阵、键矩阵和值矩阵

①查询矩阵 $\boldsymbol{Q}_i$ 通过将注意力矩阵 $\boldsymbol{M}$ 乘以权重矩阵 $\boldsymbol{W}_i^{\boldsymbol{Q}}$ 创建;

②键矩阵 $\boldsymbol{K}_i$ 和值矩阵 $\boldsymbol{V}_i$ 通过将编码器输出的特征值 R 分别与权重矩阵 $\boldsymbol{W}_i^{\boldsymbol{K}}$ 和 $\boldsymbol{W}_i^{\boldsymbol{V}}$ 相乘进行创建。

为了进一步理解编码器与解码器的交互计算，对各步进行详细说明：

第一步，计算查询矩阵 $\boldsymbol{Q}_i$ 与键矩阵 $\boldsymbol{K}_i$ 的点积，将输出与输入信息相关联，式(5-18)显示了查询矩阵与键矩阵的点积计算结果。矩阵第1行表示目标词 <SOS> 与原句中所有词(I、am 和 good)的相似度，矩阵第2行表示目标词“Je”与原句所有词(I、am 和 good)的相似度。依此类推，同样的道理可以应用到其他所有行。通过计算 $\boldsymbol{Q}_i \cdot \boldsymbol{K}_i^{\mathrm{T}}$，可以得出查询矩阵(目标句特征)与键矩阵(原句特征)的相似度。

$$\boldsymbol{Q}_i \cdot \boldsymbol{K}_i^{\mathrm{T}} = \underbrace{\begin{matrix} \text{SOS} \\ \text{Je} \\ \text{vais} \\ \text{bien} \end{matrix}\begin{bmatrix} 4.11 & 6.31 & \cdots & 8.12 \\ 11.13 & 7.11 & \cdots & 7.35 \\ 0.65 & 10.10 & \cdots & 80.75 \\ 11.16 & 11.11 & \cdots & 4.44 \end{bmatrix}_{4\times 64}\begin{matrix} \boldsymbol{q}_1 \\ \boldsymbol{q}_2 \\ \boldsymbol{q}_3 \\ \boldsymbol{q}_4 \end{matrix}}_{\boldsymbol{Q}} \cdot \underbrace{\begin{matrix} \text{I} & \text{am} & \text{good} \\ \end{matrix}\begin{bmatrix} 5.31 & 11.71 & 10.10 \\ 6.78 & 0.86 & 11.44 \\ \vdots & \vdots & \vdots \\ 0.96 & 11.31 & 5.11 \end{bmatrix}_{64\times 3}\begin{matrix} \boldsymbol{k}_1 & \boldsymbol{k}_2 & \boldsymbol{k}_3 \end{matrix}}_{\boldsymbol{K}^{\mathrm{T}}}$$

$$= \begin{matrix} \text{SOS} \\ \text{Je} \\ \text{vais} \\ \text{bien} \end{matrix}\overset{\quad\text{I}\qquad\quad\text{am}\qquad\quad\text{good}}{\begin{bmatrix} \boldsymbol{q}_1\cdot\boldsymbol{k}_1 & \boldsymbol{q}_1\cdot\boldsymbol{k}_2 & \boldsymbol{q}_1\cdot\boldsymbol{k}_3 \\ \boldsymbol{q}_2\cdot\boldsymbol{k}_1 & \boldsymbol{q}_2\cdot\boldsymbol{k}_2 & \boldsymbol{q}_2\cdot\boldsymbol{k}_3 \\ \boldsymbol{q}_3\cdot\boldsymbol{k}_1 & \boldsymbol{q}_3\cdot\boldsymbol{k}_2 & \boldsymbol{q}_3\cdot\boldsymbol{k}_3 \\ \boldsymbol{q}_4\cdot\boldsymbol{k}_1 & \boldsymbol{q}_4\cdot\boldsymbol{k}_2 & \boldsymbol{q}_4\cdot\boldsymbol{k}_3 \end{bmatrix}_{4\times 3}} = \begin{matrix} \text{SOS} \\ \text{Je} \\ \text{vais} \\ \text{bien} \end{matrix}\overset{\text{I}\quad\text{am}\quad\text{good}}{\begin{bmatrix} 91 & 60 & 77 \\ 96 & 63 & 12 \\ 41 & 111 & 48 \\ 36 & 45 & 65 \end{bmatrix}_{4\times 3}} \tag{5-18}$$

第二步，与编码器类似，将 $\boldsymbol{Q}_i \cdot \boldsymbol{K}_i^{\mathrm{T}}$ 除以键向量维度 d_k 的平方根，然后利用 softmax 函数，得到分数矩阵 $\mathrm{softmax}(\boldsymbol{Q}_i \cdot \boldsymbol{K}_i^{\mathrm{T}} / \sqrt{d_k})$。

第三步，将分数矩阵乘以值矩阵 $\boldsymbol{V}_i$，得到注意力矩阵 $\boldsymbol{Z}_i$，如式(5－19)所示。其中分数矩阵数值仅为理解使用，并非实际值。

$$\boldsymbol{Z}_i = \underbrace{\begin{array}{c} \\ \text{SOS} \\ \text{Je} \\ \text{vais} \\ \text{bien} \end{array}\!\!\begin{array}{c} \begin{array}{ccc} \text{I} & \text{am} & \text{good} \end{array} \\ \begin{bmatrix} 0.84 & 0.02 & 0.14 \\ 0.98 & 0.02 & 0.0 \\ 0.0 & 1.0 & 0.0 \\ 0.0 & 0.0 & 1.0 \end{bmatrix}_{4\times 3} \end{array}}_{\text{softmax}\left(\frac{\boldsymbol{Q}_i \cdot K_i^{\mathrm{T}}}{\sqrt{d_k}}\right)} \cdot \underbrace{\begin{array}{c} \text{I} \\ \text{am} \\ \text{good} \end{array}\!\!\begin{bmatrix} 0.35 & 91.7 & \cdots & 4.10 \\ 36.1 & 63.1 & \cdots & 1.11 \\ 14.14 & 3.69 & \cdots & 2.71 \end{bmatrix}_{3\times 64}}_{\boldsymbol{V}_i} \qquad (5-19)$$

采用同样方法，可以计算出 h 个注意力矩阵，将它们串联起来。然后，根据式(5－10)将结果乘以一个新的权重矩阵 $\boldsymbol{W}_0$，得到最终的注意力矩阵。整个解码器多头注意力机制计算过程如图 5－21 所示，与编码器计算方式相同，将最终注意力矩阵送入解码器的下一子层(前馈网络层)进行计算，并获得解码器模块输出。

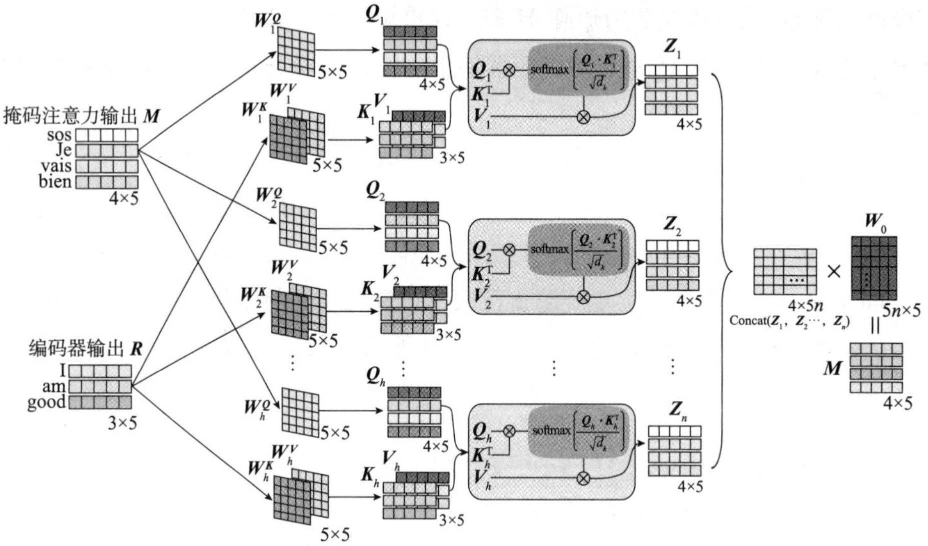

图 5－21　解码器多头注意力机制计算过程

5.5.3　解码器的前馈网络层与叠加和归一层

解码器的整体结构如图 5－22 所示，总体架构与编码器结构类似。在解码器的掩码多头注意力层、多头注意力层及前馈网络层之后，分别连接一个叠加和归一层，将每一子层的输入和输出相连接，以减轻深度网络中的梯度消失问题，并防止每层的值剧烈变化，提高模型的训练速度。在多头注意力层的叠加和归一层后面连接的前馈网络层，结构及所起作用与编码器中的前馈网络层完全相同，在此不再赘述。

5.5.4 解码器的线性层和 Softmax 层

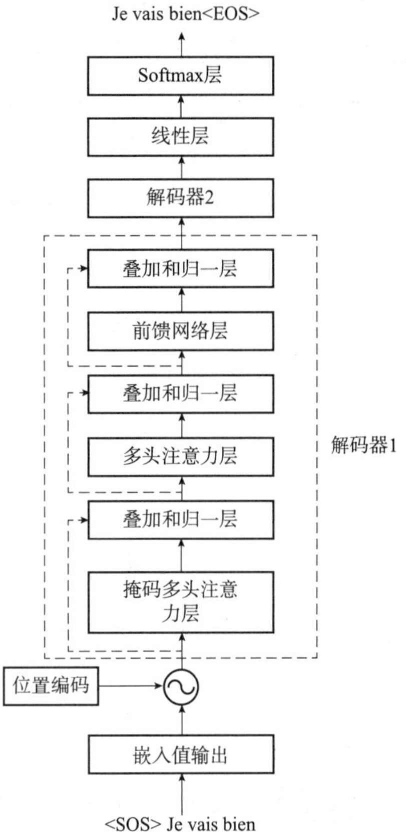

图 5-22 解码器的总体结构

解码器采用预测目标句下一个单词形式进行输出。如图 5-23 所示，假设解码器在语句翻译过程中，$t=1$ 时刻输入开始标记 <SOS>，则经过各层计算之后，语句输出为单词“Je”；$t=2$ 时刻输入词 <SOS> 和 Je，则经过各层计算之后，语句会预测输出单词“Je vais”，依此类推，直到整个语句输出完毕。

通过前面讲解可知，解码器采用自回归方式输入信息，并与编码器输出的特征值矩阵融合，对解码器输入信息采用自回归方式进行关联编码计算，输出为解码器已输入单词编码特征向量所组成的矩阵。但到这一步仍然无法实现编码特征向量与词汇表的对接，如何实现这种对接并完成语句的翻译？这就需要将特征信息映射到词汇表中的具体位置，在此采用全连接线性层解决。线性层为一个普通的全连接网络，它以解码器输出的单词特征值向量为输入，通过线性变换，将低维特征值向量映射到一个与词汇表相同大小向量，这个向量被称为 logits 向

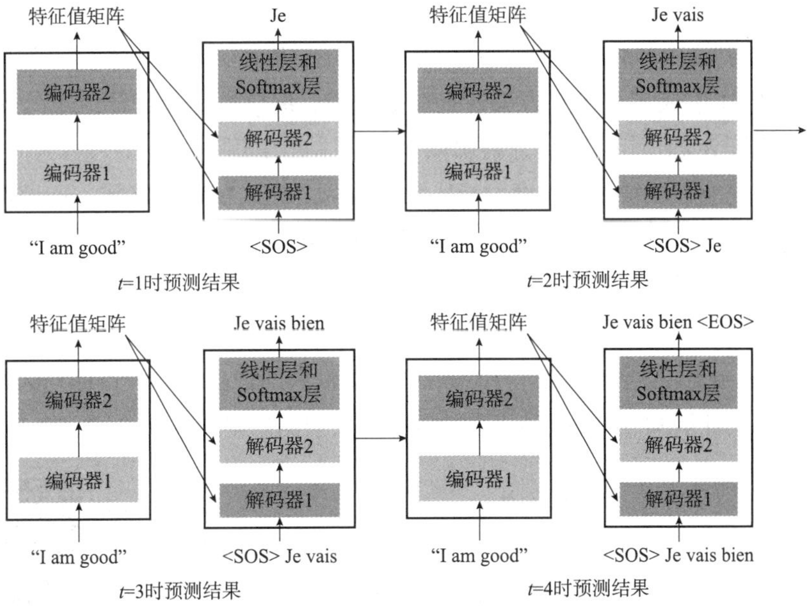

图 5-23 解码器的预测输出方式

量。假设词汇表模型有 10000 个单词(词汇表的容量)，此 logits 向量便要有 10000 维。最后，将 softmax 函数应用于 logits 向量，获得一个归一化的概率分布函数，选择概率最高的那个数字对应的单词，作为本轮的输出单词。两层的具体结构如图 5－24 所示。

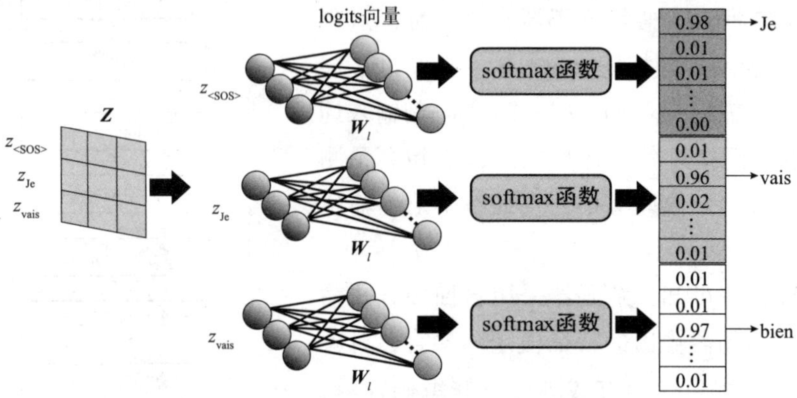

图 5－24　解码器的线性层和 Softmax 层的结构

5.5.5　解码器结构总览

图 5－22 所示的两个解码器结构，为了避免重复，只有解码器 1 被展开说明。解码器具体解码计算步骤如下：

①将解码器的输入转换为嵌入矩阵，然后将位置编码加入其中，并将其作为输入送入底层的解码器(解码器 1)。

②解码器 1 收到输入，并将其发送给带掩码的多头注意力层，生成掩码注意力矩阵 $\boldsymbol{M}$。

③将掩码注意力矩阵 $\boldsymbol{M}$ 和编码器输出特征值矩阵 $\boldsymbol{R}$ 作为多头注意力层的输入，其中掩码注意力矩阵 $\boldsymbol{M}$ 生成多头注意力层的查询矩阵 $\boldsymbol{Q}$，编码器输出特征值矩阵 $\boldsymbol{R}$ 生成多头注意力层的键矩阵 $\boldsymbol{K}$ 和值矩阵 $\boldsymbol{V}$，并再次输出新的注意力矩阵。

④把从多头注意力层得到的注意力矩阵作为输入，送入前馈网络层。前馈网络层将注意力矩阵作为输入，并将非线性映射后的特征作为输出。

⑤把从解码器 1 得到的输出作为输入，将其送入解码器 2，进行同样处理，并输出目标句特征。

⑥将 N 个解码器层层堆叠起来，从最后解码器得到的输出，即为目标句的特征，将目标句的特征送入线性层和 Softmax 层，通过概率得到预测的单词。

视频简介

本视频主要讲解 Transformer 模型的多头自注意力层、前馈网络层、叠加和归一层、掩码多头自注意力层的结构及计算方式，观看以上内容讲解视频请扫描二维码。

本章小结

Transformer 模型凭借其强大的并行信息处理能力，在文本、图像、语音及视频等多模态信息融合任务中展现出卓越性能，成为多模态大模型领域的核心技术。Transformer 模型架构非常灵活，编码器与解码器既可以分开单独使用，形成 BERT、GPT－3 及 GPT－4 等模型，也可以联合使用，形成 T5 模型。本章首先对 Transformer 处理问题的总体思想与架构进行了讲解；其次对编码器－解码器联合信息处理中所涉及的信息编码、自注意力机制及掩码自注意力机制等信息处理方式进行了重点论述；最后，在解读自注意力机制基础上对编码器、解码器中的整体结构及运算方式进行了详细介绍，并在这一过程中讲述了 Transformer 处理语言翻译时序性问题的具体步骤与信息关联思想。

本章内容配套 PPT 课件获取链接：https://pan. baidu. com/s/1Ms6GZ7vnrFS6iO_QLNVuEA，提取码：1019。

实践 6　利用 Transformer 实现电影评论数据情感分析

实践 6 将构建一个 Transformer 模型并利用它实现对 IMDB 电影评论数据集的分类。该数据集包含了一组英文电影评论，其标签代表该评论的情感是正面或者负面，因此是一个二分类任务。在所构建的 Transformer 模型中，首先进行了 Token Embedding 和 Position Embedding 操作，并设置多头注意力的头数为 2。源码下载地址：https://github. com/BookCode－2024/IMDB_Transformer. git，配套讲解视频可扫描右侧二维码获取。

习题

(1) Transformer 模型与 RNN 网络在时间序列信息处理方式上有何区别？

(2) Transformer 编码器为何设置多头注意力层？

(3) Transformer 编码器与解码器为何添加前馈网络层？

(4) Transformer 编码器与解码器训练为何采用整体语句输入训练模式？

(5) Transformer 解码器为何添加掩码自注意力层？

(6) Transformer 解码器如何实现输入与输出信息关联？

(7) Transformer 解码器为何采用线性层和 Softmax 层？

(8) 针对下图中的词嵌入矩阵编码信息，计算位置嵌入矩阵及最终的信息融合矩阵。

I	1	3	1	2	2
have	1	2	2	3	1
a	2	1	2	1	3
cat	1	3	2	1	1

词嵌入编码信息

(9)已知解码器掩码注意力层训练过程中，查询矩阵 $\boldsymbol{Q}$ 输出为 $\begin{bmatrix}1 & 2 & 4 & 5\\1 & 1 & 1 & 1\\2 & 1 & 3 & 4\end{bmatrix}$，键矩阵 $\boldsymbol{K}$ 输出为 $\begin{bmatrix}1 & 0 & 0 & 1\\0 & 1 & 1 & 1\\1 & 1 & 2 & 1\end{bmatrix}$，值矩阵 $\boldsymbol{V}$ 输出为 $\begin{bmatrix}1 & 2 & 2 & 1\\1 & 1 & 2 & 1\\3 & 1 & 1 & 1\end{bmatrix}$，试计算此掩码注意力层的自注意力输出矩阵 $\boldsymbol{M}$。

(10)已知 4 个字的汉语输入“我爱中国”，每个汉字嵌入处理后编码向量长度为 6，每个英语单词嵌入处理后编码向量长度同为 6，已知 Transformer 模型中所采用编码器结构为：①多头注意力层自注意力头数为 1；②前馈网络层由 2 层具有 ReLU 激活函数的全连接层组成，且隐层神经元数量为 8。所采用解码器结构为：①掩码注意力层掩码自注意力头数为 1；②多头注意力层自注意力头数为 1；③前馈网络层由 2 层具有 ReLU 激活函数的全连接层组成，且隐层神经元数量为 8；④线性层由 1 层神经元组成。假设英语与汉语词汇表大小同为 6，不添加叠加和归一层，考虑每个神经元的偏置，试设计一个具有单个编码器及解码器结构的 Transformer 模型实现以上语句的英文输出，不考虑嵌入参数，计算编码器和解码器所需要训练参数数量。

参考文献

[1]Vaswani A, Shazeer N, Parmar N, et al. Attention is all you need[C]//31st Annual Conference on Neural Information Processing Systems(NIPS). Long Beach: Clarivate, 2017: 1-16.

[2][印]苏达哈尔桑·拉维昌迪兰. BERT 基础教程——Transformer 大模型实战[M]. 周参，译. 北京：人民邮电出版社，2023.

[3]Devlin J, Mingwei C, Lee K, et al. BERT: Pre-training of deep bidirectional transformers for language understanding[J]. 2018. DOI: 10.48550/arXiv.1810.04805.

第6章　强化学习

以模拟人类与环境交互学习行为而诞生的强化学习，因其优秀的决策能力而受到广泛关注，它是行为学派最具代表性成果。人的行为对读者来说最为清晰明了，由此可能会认为强化学习理论应该容易理解与掌握，但实际可能恰恰相反，很多读者都有强化学习难学的共同感受。究其原因主要在于人与环境的交互行为具有很大的随机性，强化学习理论需要用随机过程加以描述，这是学习强化学习必须把握的关键点。本章首先从拟人的视角剖析了强化学习的基本思想与典型特征；其次，引出庞大的强化学习概念体系，这些概念层层递进，逐渐逼近强化学习的本质，概念体系是支撑强化学习理论的支柱，概念一旦模糊，强化学习的精髓就无法清晰理解，所以本章利用大量的篇幅诠释概念；再次，模型强化学习方法是理解强化学习理论内涵的核心内容，虽然模型强化学习方法难以应用，但它是对具有广泛应用价值的无模型强化学习方法所树立的标杆，所以本章详细讲解了模型强化学习方法；从次，无模型强化学习方法是应用更为广泛的方法，本章将利用较多篇幅介绍蒙特卡洛与时序差分两类重要的无模型强化学习方法；最后，从统一的视角分析了不同强化学习方法之间的相互关联。

6.1　强化学习基本思想

强化学习是不同于监督学习与非监督学习的第三种范式，它试图模拟人类与环境交互的学习过程，与前两种学习范式相比，强化学习的内涵更深邃且更具思想性。

6.1.1　强化学习的拟人思路

模拟人类在与环境交互中的学习过程是强化学习的灵感源泉。如果对人类的学习过程进行总结，每个人都有太多的话要说，下面首先提炼一些关键词，然后利用这些关键词对人与环境的交互学习过程加以概括，关键词与概括虽然不是标准答案，也不会很完整，但对于透彻理解强化学习的起源、处理问题的方式及关键理论问题都具有重要启迪作用，使强化学习的学习过程不但能知其然，更能知其所以然。关键词与概括具有开放性，当你掌握了强化学习的理论体系后，可回头补充关键词并完善概括。

关键词：智能体、学习、环境、交互、感知、状态、目标、动作、策略、行动、决策；反馈、裁判、分数、奖励、评价、多次、尝试、试探、试错、经验；动态、序贯、连续、周期、随机、最优、奖励、回报、累积奖励、价值、开发、试探。

概括1：每个人都是一个智能体，大部分时间都是在没有老师的指导下学习与工作，在与环境的交互过程中，人们会感知到环境的状态，根据环境状态并结合自己的目标会做出下一步的动作，动作不会盲目，心中肯定会有一些策略，将会根据已有的策略做出采取什么行动的决策。

概括2：人们从环境的反馈中会感觉到自己做得怎么样，这个反馈一般不会给出标准做法，只会给出好坏的程度，就像一个裁判给运动员打分一样，反馈一般是一种分数形式的奖励性数值评价，裁判打分越高，认为做得越好，不会像一个教练那样给你标准答案并让你按照标准去做。有时人们也不知道怎么做才正确，只有多次不断地尝试与试探，这样就不可避免地会犯一些错误，但会从失误中吸取教训，也就是在试错中学习，并不断获得和积累经验。

概括3：人们与环境的交互是动态的、序贯的和连续的，像下棋与游戏这样的任务还具有周期性，很多时候环境的状态与人们的动作具有随机性。每个人都有追求，喜欢将事情做到最优，获得更多的奖励，如果一个人目光短浅，就会重视眼前的奖励，如果一个人目光远大，将会更重视称为回报的人生累积奖励，实现人生的最大价值。人们大多情况的决策是在开发已有的经验来选择最优行动，这样容易使人陷入局部最优，最好的办法是适当放弃一些经验最优，试探一些未经历过的行动，或许会有意外收获，可能使选择更接近全局最优。

6.1.2 强化学习的典型特征

强化学习就是能够根据当前的情景与状态，学习做什么动作才能使所提前规定的数值回报信号最大化。

(1)试错与延迟奖励

学习者感知到当前的状态后，一般不被告知应该采取什么动作，必须自己通过尝试去发现哪些动作将产生最丰厚的奖励，动作往往不仅影响即时奖励，也会影响下一个状态，从而影响随后的奖励，试错与延迟奖励是强化学习的两个最显著特征。

(2)试探与开发的平衡

为了获得大量的奖励，强化学习智能体一定会更喜欢那些在过去产生过最多奖励的动作，但为了发现这些动作，往往需要尝试从未选择过的动作。智能体必须开发已有的经验来获取目前眼界中的最大奖励，同时也要进行尝试，使得未来可以获得更好的动作选择空间，获得超越目前经验下的最大奖励，于是两难情况产生了：无论是尝试还是开发，都不能在完全没有失败的情况下进行，智能体必须尝试各种各样的动作，并且逐渐地筛选出那些最好的动作。

(3)闭环学习

强化学习明确考虑了目标导向的智能体与不确定的环境交互这样一个完整过程，考虑了从一个完整的、交互式的、目标导向的智能体与环境之间的连续不断的闭环交互过程。智能体有一个明确的目标，既能感知环境的各个方面，又可以选择动作影响它们所处的环境。

6.1.3　强化学习的发展思路

强化学习的发展史也是一种思想的发展史，强化学习主要由三条主线汇聚而成。第一条主线是源于动物学习心理学的试错法，这条主线贯穿了一些人工智能最早期的工作，并在 20 世纪 80 年代早期激发了强化学习的复兴；第二条主线则关注最优控制的问题以及使用价值函数和动态模型的解决方案；尽管以上两条主线在很大程度上相互独立，但它们都与第三条不太明显关注的时序差分法的主线有一定程度的关联。20 世纪 80 年代末，这三条主线交汇在一起产生了现代的强化学习领域。强化学习的公认鼻祖是 Sutton R.（Barto 的学生）和 Barto A.，是他们师徒把强化学习作为一个机器学习的重要分支，搬上了大雅之堂。

随着 AlphaGo 与 AlphaGo Zero 的问世，强化学习这种机器学习方法名声大振，逐渐成为人工智能的主流方向。

视频简介

本视频主要讲解强化学习的拟人思路、强化学习的典型特征及强化学习的发展思路，强化学习的拟人思路为重点学习内容，观看以上内容讲解视频请扫描二维码。

6.2　强化学习的概念体系

强化学习几乎是由概念支撑起的框架结构，对关键概念的理解是透彻领悟强化学习本质的关键，一旦概念模糊，很多疑惑就会随之产生。

6.2.1　随机变量与期望

确定性概念与处理确定性问题的方法是大家最熟悉的事情，但随机性问题的处理就要相对复杂一些。随机变量与期望的概念虽然不是强化学习本身的概念，但由于这两个概念在强化学习中的特殊地位，也将其纳入强化学习的概念体系中。强化学习总是与随机变量打交道，理解对随机变量求期望的内涵是理解强化学习重要公式的关键点，一旦期望概念模糊，对含有随机变量期望的公式内涵将会难以理解。

(1)随机变量与观测值

随机变量是一个不确定量，它的值取决于一个随机事件的结果。以大家最熟知的抛硬币为例，正面朝上记为1，反面朝上记为0，抛硬币是个随机事件，抛硬币的结果记为随机变量 X。随机变量 X 有两种可能的取值：1 或0。抛硬币之前，X 取1 或0 均随机，即取这两个值的概率都为0.5：$Pr(X=1)=Pr(X=0)=0.5$。抛硬币之后，将会观测到硬币哪一面朝上，此时随机变量 X 就有了观测值，记为 x。如果重复抛硬币5 次，得到了5 个观测值：

$$x_1=0,\ x_2=1,\ x_3=0,\ x_4=1,\ x_5=0$$

这5 个观测值只是数字而已，没有随机性。一般用大写字母表示随机变量，小写字母表示观测值，避免造成混淆。注意：强化学习中随机变量字母大小写具有完全不同的物理意义，一旦混淆，概念都会模糊不清；随机变量可通过求期望获得平均值，而观测值是具体数字，不涉及期望问题。

(2)随机变量的期望

对随机变量求期望，理论上需要知道随机变量的概率分布，下面就复习一下累积分布函数、概率质量函数和概率密度函数的知识点。

给定随机变量 X，其累积分布函数 F_X 为：

$$F_X(x)=Pr(X\leqslant x) \tag{6-1}$$

概率质量函数用于描述离散概率分布，变量的取值范围为离散集合。在抛硬币的例子中，随机变量 X 的取值范围是集合 $\chi=\{1,0\}$。X 的概率质量函数为：

$$p(1)=Pr(X=1)=\frac{1}{2},\ p(0)=Pr(X=0)=\frac{1}{2}$$

也就是说，随机变量取值为1 和0 的概率都是1/2。概率质量函数具有以下性质：

$$\sum_{x\in\chi}p(x)=1 \tag{6-2}$$

概率密度函数用于描述连续概率分布，变量的取值范围 χ 为连续集合。众所周知，正态分布是最常见的一种连续概率分布，当均值为 μ，标准差为 σ 时，其概率密度函数为：

$$p(x)=\frac{1}{\sqrt{2\pi}\sigma}\exp\left(-\frac{(x-\mu)^2}{2\sigma^2}\right) \tag{6-3}$$

与离散分布不同，连续分布的 $p(x)$ 不等于 $Pr(X=x)$，但满足以下性质：

$$\int_{-\infty}^{x}p(u)\,\mathrm{d}u=F_X(x) \tag{6-4}$$

随机变量或随机变量函数的期望到底怎么计算？为什么与概率分布相关？对于随机变量来说，其观测值按照概率分布抽样得到，当抽样的样本很大时，每个可能取值的抽中次数占比应该与其概率分布一致，也就是概率大的取值抽中次数多，在观测值中出现的次数占比大，而概率小的取值抽中次数少，其在观测值中出现的次数占比小。如果观测次数趋于无穷时，对所有观测值取均值的话，其结果不是随机变量可能取值的算术平均(抛硬币问题只是一个特例)，应该是随机变量可能取值的概率加权平均，其实随机变量期望的本质就是概率加权平均，只不过这种权值之和为 1。注意：随机变量可能取值与观测值的区别。

对于离散随机变量 X，函数 $h(X)$ 关于变量 X 的期望为：

$$E_{X\sim p(\cdot)}[h(X)] = \sum_{x\in\chi} p(x)h(x) \tag{6-5}$$

如果 X 是连续随机变量，则函数 $h(X)$ 关于变量 X 的期望为：

$$E_{X\sim p(\cdot)}[h(X)] = \int p(x)h(x)dx \tag{6-6}$$

对于抛硬币来说，按照式(6-5)计算$[h(x)=x]$，随机变量 X 的期望 $E(X)$ 为：

$$E(X) = \sum_{x\in\chi} p(x)x = 0.5\times 0 + 0.5\times 1 = 0.5$$

期望还有一个重要用途，对表达式中某随机变量求期望，表达式中将不再显含某随机变量，这是表达式中消掉某些随机变量的常用方法。只要知道随机变量的概率分布，就可以通过求期望的方式使得公式中不再显含这些随机变量。

设 $g(X, Y)$ 为二元函数，如果对 $g(X, Y)$ 关于随机变量 X 求期望，那么会消掉 X，得到的结果是 Y 的函数。举个例子，设随机变量 X 的取值范围 $\chi=[0, 10]$，概率密度函数 $p(x)=0.1$，设 $g(X, Y)=0.2XY$，那么 $g(X, Y)$ 关于 X 的期望等于：

$$\begin{aligned} E_{X\sim p(\cdot)}[g(X,Y)] &= \int_0^{10} g(x,Y)p(x)\mathrm{d}x \\ &= \int_0^{10} 0.2xY\cdot 0.1\mathrm{d}x = Y \end{aligned}$$

上述例子说明期望是如何消掉函数 $g(X, Y)$ 中的变量 X，在强化学习理论中，经常用求期望的方法使公式中不再显含一些随机变量。

6.2.2 智能体-环境交互

强化学习是智能体通过与环境的交互而进行不断学习的过程，智能体与环境的交互可用马尔可夫决策过程进行描述。马尔可夫决策过程是由马尔可夫性、马尔可夫随机过程及马尔可夫过程逐渐演变而来。

(1)马尔可夫决策过程

马尔可夫性是指系统的下一状态仅与当前状态有关，而与以前的状态无关，可用式(6-7)表示。

$$Pr[S_{t+1}\mid S_t] = Pr[S_{t+1}\mid S_1, S_2, \cdots, S_t] \tag{6-7}$$

很多事情都具有马尔可夫性，例如下棋，当某人接替另一人继续下后面的残局时，这个人不需要了解之前双方各自是怎么走棋的，只需知道当前的棋局就可以做出下一步的落子选择，也就是说当前的棋局状态涵盖了以前所有状态的信息，即知道了当前的信息，当前以前的所有信息不再需要。

马尔可夫随机过程是指若随机变量序列中的每个状态都具有马尔可夫性，则称此随机过程为马尔可夫随机过程。

马尔可夫过程是一个二元数组(S，P)，且满足：S是有限状态集合，P是状态转移概率矩阵，矩阵中的元素下标表示状态对，每个元素表示状态对之间相互转移发生的概率。

$$P=\begin{bmatrix} P_{11} & \cdots & P_{1n} \\ \vdots & \ddots & \vdots \\ P_{n1} & \cdots & P_{nn} \end{bmatrix}$$

将动作和奖励考虑在内的马尔可夫过程称为马尔可夫决策过程，如图6－1所示。

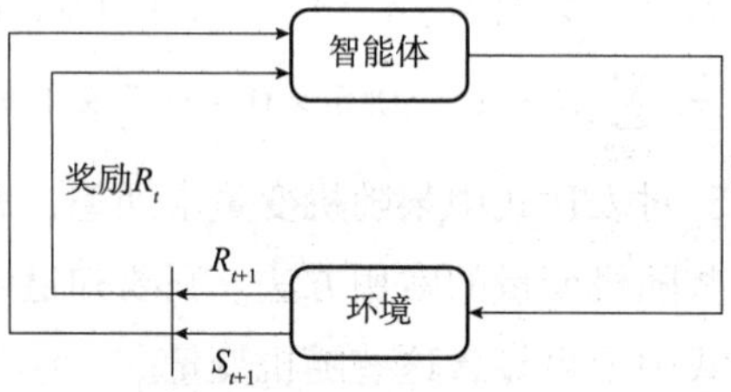

图6－1　马尔可夫决策过程中的“智能体－环境交互”空间结构

由图6－1可以看出，马尔可夫决策过程较真实地反映了智能体与环境的交互学习过程，智能体观测到环境的状态S_t，做出动作A_t，动作A_t会改变环境的状态，环境反馈给智能体奖励R_{t+1}以及新的状态S_{t+1}，如此反复循环。图中用大写字母或小写字母表示均可，但意义不同，大写字母表示随机变量，小写字母表示抽样结果的观测值。

这种交互过程也可用图6－2的时间序列表示。

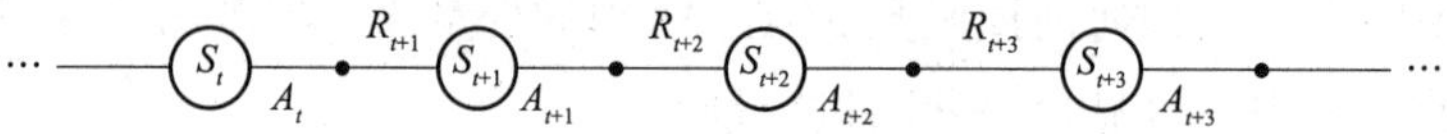

图6－2　马尔可夫决策过程中的“智能体－环境交互”时间结构

如果这个交互过程具有周期性，那么智能体与环境交互一定的时间步之后，整个交互过程会重置。如果交互过程连续，那么智能体与环境可以一直交互下去，直至触发终止条件。

视频简介

本视频主要讲解强化学习概念体系中的随机变量、随机变量观测值、随机变量期望、智能体与环境交互马尔可夫决策过程，观看以上内容讲解视频请扫描二维码。

(2)“智能体－环境交互”过程的基本概念

图6－1的交互模式构成了强化学习的基本框架，在此框架中的基本概念如下。

状态：状态是对当前环境的一个概括，状态是做决策的依据，动作可以影响环境从而改变状态，状态记为$\boldsymbol{S}$或s。状态可根据不同的强化学习任务合理确定，它可以用向量、矩阵及张量等形式表达。对于一个走迷宫任务来说，智能体所处位置可称为状态；对于下棋来说，当前的双方棋子布局可称为状态；对于自动驾驶来说，综合路况信息就是状态；对于一个采摘苹果的机器人来说，苹果树结构及苹果布局也可称为状态；对于大家熟知的打砖块游戏来说，游戏中的砖块画面就是状态。

状态空间：状态空间是指所有可能存在状态的集合，记作$\mathcal{S}$。状态空间可能是有限集合(如棋类游戏与走迷宫)，也可能是无限集合(如自动驾驶与打砖块游戏)，第6章主要考虑有限状态空间的强化学习问题，但为了说明一些问题也会涉及少量无限集合。举个简单例子，对于如图6－3所示的3×3走迷宫格子世界，假设第9个格子为智能体要达到的终极状态，智能体可能从任意格子出发向终点行走，每个格子可称为一个状态，9个格子就构成了由9个状态构成的状态空间：$\mathcal{S}=\{S_1, S_2, S_3, S_4, S_5, S_6, S_7, S_8, S_9\}$。

S_1	S_2	S_3
S_4	S_5	S_6
S_7	S_8	S_9

图6－3　3×3走迷宫格子世界

动作：动作是指智能体做出的决策，记为A或a。在强化学习框架中，智能体唯一能决定的事情就是根据策略做动作，其他都不是智能体要考虑的事情，但是智能体能感知到环境的一切状态，包括环境给予的奖励。针对图6－3，假设3×3格子的最外部是墙，当智能体朝着墙的方向行走时会撞墙，然后弹到原位，但允许这样走。图6－4所示为每个状态下智能体可以做的4个动作，显然每个状态下智能体采取上、下、左、右运动的随机策略，当然每个状态下智能体也可采取确定行动策略，且每个状态下动作方向也可以不相同。

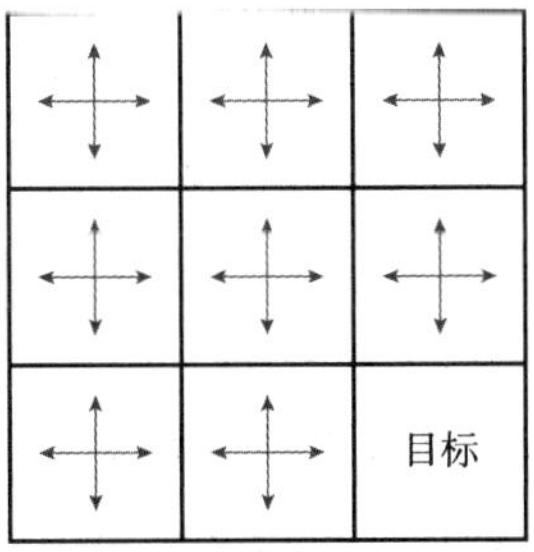

图6－4　每种状态下智能体的可能动作

动作空间：动作空间是指所有可能动作的集合，记作$\mathcal{A}$。图6－4说明每个状态下智能体只有上、下、左、右四个动作可以选择，也就是说走迷宫问题的动作空间$\mathcal{A}=\{a_1=$上，$a_2=$下，$a_3=$左，$a_4=$右$\}$。对于打砖块游戏来说，虽然状态空间为无限集合，但接球板的动作空间只有两个：向左移动与向右移动。

第 6 章重点考虑的范围是状态空间与动作空间都有限的情况，这样的问题可用一张类似表 6－1 的表格展现出来，行代表状态，列代表动作，行与列交叉点可表示感兴趣的要素，因此本章所介绍的强化学习方法也称表格型强化学习方法。

表 6－1　表格型强化学习示例

状态 | 动作	a_1	a_2	…	a_m
s_1	*	*	*	*
s_2	*	*	*	*
⋮	*	*	*	*
s_n	*	*	*	*

智能体：智能体是指做动作的主体，由谁做动作，谁就是智能体。如自动驾驶任务的汽车、执行具体任务的机器人及“超级马里奥”游戏中的“马里奥”等。

环境：智能体之外所有与其相互作用的事物称为环境，一般谁能生成新的状态，谁就是环境。智能体与环境交互过程中，智能体选择动作，环境对这些动作做出相应的响应，并向智能体呈现出新的状态。AlphaGo 与人下围棋时，它所面对的对手及棋盘棋局就构成了环境；图 6－3 中，智能体所面临的迷宫就是环境。

奖励：奖励是在智能体执行一个动作之后，环境返回给智能体的一个数值，用 R 或 r 表示，奖励的集合用$\mathcal{R}$表示。奖励是根据最终目标预先定义的标量数值，奖励定义得好坏直接影响强化学习的效果。比如，让智能体与人下一盘围棋，为了赢棋，怎么定义奖励呢？可以定义最终赢棋奖励为 100，中间每走一步棋奖励为 0，这样智能体就会以赢棋为最终目标；如果定义最终赢棋奖励为 100，每吃掉对方一子奖励为 10，这种定义容易使智能体绕过赢棋，靠吃对方的棋子获得超过 100 的奖励，哪怕最终输掉这盘棋。一般情况下，根据学习任务的目标，都可以定义出奖励的方法与具体奖励数值，但奖励定义的方法不同会在一定程度上影响学习的效果与效率。如果对中间过程每一步的奖励难以把握，可以定义中间过程奖励为零，目标实现奖励一个比较大的数值。注意：奖励是由强化学习设计者根据智能体的终极目标提前定义的标量数值，强化学习效果与其具有直接关系，强化学习名称中的“强化”其实就是强化与“奖励”有关的因素。

针对图 6－4 中的动作，如何设计奖励更合适呢？可以让智能体每移动一个格子，奖励为 0；如果智能体试图移出边界撞墙了，奖励为 －1；智能体到达目标奖励为 1。当然可以设计成其他奖励方式，设计奖励的总体原则是有利于最终目标的快速实现，具体奖励数值的大小是一个反映好与坏的相对量，与奖励的绝对值大小几乎无关，只要能够形成合理评价即可。如果将智能体每移动一个格子奖励为 2，撞墙奖励为 1，到达目标奖励为 10，智能体有可能通过无目标的移动与撞墙来获得奖励，不利于快速到达目的地的核心任务。奖励可用表 6－2 形式表示。

表 6-2 奖励的表格型表示

状态 | 动作	a_1	a_2	…	a_m
s_1	$r(s_1, a_1)$	$r(s_1, a_2)$	…	$r(s_1, a_m)$
s_2	$r(s_2, a_1)$	$r(s_2, a_2)$	…	$r(s_2, a_m)$
⋮	⋮	⋮	⋮	⋮
s_n	$r(s_n, a_1)$	$r(s_n, a_2)$	…	$r(s_n, a_m)$

视频简介

本视频主要讲解智能体与环境交互的基本概念，主要包括：状态、状态空间、动作、动作空间、智能体、环境与奖励等，观看以上内容讲解视频请扫描二维码。

6.2.3 动态特性函数

(1)四参数动态特性函数

如何应用数学手段描述图 6-1 的智能体与环境的交互过程呢？在智能体与环境的持续交互过程中，智能体根据当前的状态选择动作，环境对这些动作做出相应的响应，并向智能体呈现出新的状态。环境也会产生奖励，通常是特定的数值，这就是智能体在动作选择过程中想要获得与奖励有关的最大化的目标。

更具体地说，在每个离散时刻 $t=0, 1, 2, 3, \cdots$，智能体和环境都发生了交互。在每个时刻 t，智能体观察到所在的环境状态的某种特征表达，$S_t \in \mathcal{S}$，并且在此基础上选择一个动作，$A_t \in \mathcal{A}(s)$。下一时刻，作为其动作的结果，智能体接收到一个数值化的奖励，$R_{t+1} \in \mathcal{R}$，并进入一个新的状态 S_{t+1}。从而，环境与智能体共同给出一个如下所示的序列或轨迹。

$$S_0, A_0, R_1, S_1, A_1, R_2, S_2, A_2, R_3, \cdots \tag{6-8}$$

在有限马尔可夫决策过程模型中，状态、动作和奖励的集合($\mathcal{S}$、$\mathcal{A}$和$\mathcal{R}$)都只有有限个元素。在这种情况下，随机变量 R_t 和 S_t 具有定义明确的离散概率分布，并且只依赖于前继状态和动作。也就是说，给定前继状态和动作的值时，这些随机变量的特定值，$s' \in \mathcal{S}$和 $r \in \mathcal{R}$，在 t 时刻出现的概率为：

$$p(s', r \mid s, a) = Pr\{S_t = s', R_t = r \mid S_{t-1} = s, A_{t-1} = a\} \tag{6-9}$$

对于任意 s'，$s \in \mathcal{S}$，$r \in \mathcal{R}$，以及 $a \in \mathcal{A}(s)$。函数 p 定义了智能体与环境交互的动态特性。动态函数 p：$\mathcal{S} \times \mathcal{R} \times \mathcal{S} \times \mathcal{A} \to [0, 1]$是具有 4 个参数的函数。中间的"｜"表示条件概率的符号，函数 p 为每个 s 和 a 的选择都指定了一个概率分布。显然，式(6-10)成立。

$$\sum_{s' \in \mathcal{S}} \sum_{r \in \mathcal{R}} p(s', r \mid s, a) = 1 \qquad 对于所有\ s \in \mathcal{S},\ a \in \mathcal{A}(s) \tag{6-10}$$

在马尔可夫决策过程中，由 p 给定的概率完全刻画了环境的动态特性，是一种完备的环境模型。也就是说，S_t 和 R_t 的每个可能的值出现的概率只取决于前一个状态 S_{t-1} 和前一个动作 A_{t-1}，并且与更早之前的状态和动作完全无关。这个限制并不是针对决策过程，而是针对状态。状态必须包括过去智能体和环境交互方方面面的信息，这些信息会对未来产生一定影响。这样，状态就被认为具有马尔可夫性。

注意：式(6－9)的四参数动态特性函数不是只有一个公式，而是一个强化学习任务有多少个状态－动作对，就有多少个这样的公式，这个模型非常强大、非常完备及非常有用，只要知道这个模型，智能体与环境的一切交互信息均可已知，强化学习的一切问题均可解决，对于简单问题可以给出这样的模型。但是，对于复杂的任务，想获得如此完备的强化学习模型几乎不可能。针对图6－3与图6－4的走迷宫问题，如果智能体每次只能移动一个格子，只要明确动作方向，每步状态转移后的状态也就确定了，每移动一个格子奖励为0，试图移出边界撞墙了奖励为－1，到达目标奖励为1，对于如此简单的问题，可以写出所有四参数动态特性函数。例如：

$$p(s_2,\ 0\mid s_1,\ 右)=1,\ p(s_3,\ 0\mid s_1,\ 右)=0,$$
$$p(s_7,\ -1\mid s_7,\ 下)=1,\ p(s_9,\ 1\mid s_6,\ 下)=1。$$

如果动作定义为上、下、左、右等概率随机移动，而不明确方向，那么动作空间只有“移动”一个动作，针对这种情况，四参数动态特性函数就要发生变化。例如：

$$p(s_2,\ 0\mid s_1,\ 移动)=0.25,\ p(s_9,\ 1\mid s_6,\ 移动)=0.25,$$

其动态特性函数具有随机性。

(2)三参数状态转移函数

从四参数动态特性函数 p 中，可以计算出关于环境的任何其他信息，例如状态转移概率(将其表示为一个三参数函数：p：$\mathcal{S}\times\mathcal{S}\times\mathcal{A}\to[0,\ 1]$)可通过四参数动态特性函数对奖励 r 求和得到(通常用求和方法消掉某个参数)。

$$p(s'\mid s,a) = Pr\{S_t = s'\mid S_{t-1} = s,A_{t-1} = a\} = \sum_{r\in\mathcal{R}} p(s',r\mid s,a) \qquad (6-11)$$

式(6－11)称为状态转移函数，从式中可以看出，状态一般在概率控制下发生转移，所以状态具有随机性。状态的随机性来自状态转移函数，当状态 s 和动作 a 都被确定下来，下一个状态仍然具有随机性。环境用状态转移函数 $p(s'\mid s,\ a)$ 计算所有可能的状态的概率，然后做随机抽样，得到新的状态。图6－5中[暂时忽略 $\pi(a\mid s)$ 部分]，针对状态 s_1，当执行 a_1 动作后，可能发生两种状态转移，分别以不同的概率转移到 s_1' 和 s_2'，具体转移到哪种状态，由概率抽样结果决定。

状态转移函数由环境决定，当智能体做出一个动作后，环境马上呈现出变化后的环境状态，即发生状态转移，同时会给智能体一个即时奖励。注意：智能体本身既不能控制状态转移，也不能控制奖励。例如，对于学生期末考试来说，考试之前学生处于“复习”状态，学生参加考试是动作，考试之后的状态转移有“通过”与“不通过”两种状态，具体转移到哪种状态，虽然与学生动作质量有关，但不能由学生确定，而是由环境中的阅卷老师决定。另外，可以将具体的百分制成绩视为对动作的奖励，这同样是由环境中的阅卷老师决定。还是以上面的迷宫游戏为例，$p(s_2 \mid s_1，右)=1$，$p(s_2 \mid s_1，移动)=0.25$。

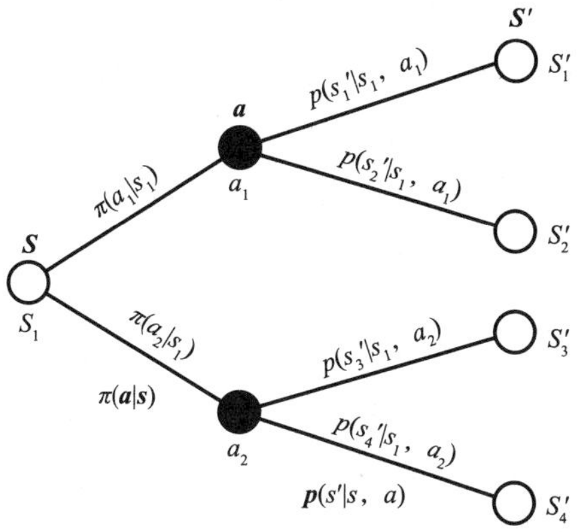

图6－5 状态转移函数示意

(3)双(或三)参数奖励函数

还可以定义“状态－动作”二元组的期望奖励，并将其表示为一个双参数函数 r：$\mathcal{S}\times\mathcal{A}\rightarrow\mathcal{R}$：

$$r(s,a)=E[R_t \mid S_{t-1}=s,A_{t-1}=a]=\sum_{r\in\mathcal{R}} r\sum_{s'\in\mathcal{S}} p(s',r \mid s,a) \tag{6-12}$$

“状态－动作－后继状态”三元组的期望奖励，可表示为一个三参数函数 r：$\mathcal{S}\times\mathcal{A}\times\mathcal{S}\rightarrow\mathcal{R}$：

$$r(s,a,s')=E[R_t \mid S_{t-1}=s,A_{t-1}=a,S_t=s']=\sum_{r\in\mathcal{R}} r\frac{p(s',r \mid s,a)}{p(s' \mid s,a)} \tag{6-13}$$

强化学习经常用到完整的四参数函数与三参数状态转移函数，但偶尔也会用到双(或三)参数奖励函数。

视频简介

本视频主要讲解动态特性函数的概念，内容包括：四参数动态特性函数、三参数状态转移函数及双(或三)参数奖励函数，观看以上内容讲解视频请扫描二维码。

6.2.4 目标与回报

强化学习的目标就是追求累积奖励最大化，也就是实现最大化的回报，如何定义回报是强化学习首先应该解决的问题。将时刻 t 后接受的奖励序列表示为 R_{t+1}，R_{t+2}，R_{t+3}，…。

回报 G_t 是奖励的总和，可定义如下：

$$G_t = R_{t+1} + R_{t+2} + R_{t+3} + \cdots + R_T \tag{6-14}$$

式中，T 为最终时刻，像玩游戏与下棋这类重复性交互的过程都具有最终时刻，智能体与环境的交互能够被自然地分成一系列子序列，每个子序列称为“幕”。

在许多情况下，智能体－环境交互不一定能被自然地分为单独的幕，而是持续不断地发生。这种情况下，式(6－14)就会面临两个问题：一是 G_t 可能会趋于无穷大，G_t 不收敛；二是不能衡量智能体的远见卓识与目光短浅。解决这两个问题的方法很简单，只要在式(6－14)中引入折扣系数即可。

$$G_t = R_{t+1} + \gamma R_{t+2} + \gamma^2 R_{t+3} + \cdots = \sum_{k=0}^{\infty} \gamma^k R_{t+k+1} \tag{6-15}$$

式中，γ 是一个参数，$0 \leqslant \gamma \leqslant 1$，称为折扣率。

可以证明只要 $\gamma < 1$，式(6－15)收敛。当 $\gamma = 0$ 时，G_t 只包含眼前的奖励 R_{t+1}，智能体太急功近利；当 γ 接近 1 时，智能体看得长远；γ 在 0 与 1 之间取不同的数值，反映了智能体的远见程度；由于折扣程度与动作先后密切相关，能够促进智能体快速完成目标。

回报 G_t 的定义具有非常深远的意义(强化学习追求回报最大化)，它是强化学习最本质的概念，揭示了强化学习的精髓，反映了强化学习的终极目标，强化学习的所有理论、概念与思想都围绕 G_t 展开。从拟人的角度看，一个具有远见卓识的人，会追求长远收获，而不仅仅是追求眼前利益；对于一个棋手来说，一定以赢棋这种终极大奖为目标，不会追求吃子这种即时奖励。注意：G_t 反映的是一幕中的奖励序列，由于是随机变量，所以 G_t 的值存在多种可能，如果将式(6－14)写成 $g_t = r_{t+1} + r_{t+2} + r_{t+3} + \cdots + r_T$，就代表 G_t 的一次整幕奖励采样，都是确定的奖励数值，不具随机性。

邻接时刻的回报可以用如下递归方式(递归又称自举)相互联系，这对于强化学习的理论和算法来说至关重要。

$$\begin{aligned} G_t &= R_{t+1} + \gamma R_{t+2} + \gamma^2 R_{t+3} + \gamma^3 R_{t+4} + \cdots \\ &= R_{t+1} + \gamma(R_{t+2} + \gamma R_{t+3} + \gamma^2 R_{t+4} + \cdots) \\ &= R_{t+1} + \gamma G_{t+1} \\ &= R_{t+1} + \gamma R_{t+2} + \gamma^2 G_{t+2} \\ &= R_{t+1} + \gamma R_{t+2} + \gamma^2 R_{t+3} + \gamma^3 G_{t+3} \\ &\ \vdots \end{aligned} \tag{6-16}$$

在强化学习中一些重要的公式几乎都采用递归模式，也就是自举模式。正是存在形如式(6－16)的灵活多变的递归模式，才产生了丰富多彩的强化学习算法。

视频简介

本视频主要讲解强化学习概念体系中目标与回报的概念，分析了回报在强化学习中的重要地位，给出了回报的递归公式，观看以上内容讲解视频请扫描二维码。

6.2.5　策略和价值函数

(1)策略函数

策略是从状态到每个动作的选择概率之间的映射，即策略是根据观测到的状态做出决策，控制智能体动作，策略一般用式(6－17)表示：

$$\pi(a \mid s) = Pr_{\pi}(A = a \mid S = s) \tag{6-17}$$

动作的随机性来自策略函数。给定当前状态 s，策略函数 $\pi(a \mid s)$会算出动作空间$\mathcal{A}$中每个动作 a 的概率值。智能体执行的动作是随机抽样的结果，所以具有随机性。强化学习学什么？就是学这个策略函数 π。只要有了策略函数，就可以让智能体产生动作。图6－5中，状态 s_1 如何在动作 a_1 与 a_2 之间进行选择呢？完全由 $\pi(a \mid s)$这个策略函数决定，按照$\pi(a_1 \mid s)$与$\pi(a_2 \mid s)$的概率值进行随机抽样，抽到哪个动作就执行哪个动作，由于策略的随机性，必然给动作带来随机性。注意：强化学习的任务就是要学到最优策略，一系列过程都围绕寻找最优策略展开。策略也可以表示成表6－3 的形式。

表6－3　策略的表格型表示

状态 | 动作	a_1	a_2	…	a_m
s_1	$\pi(a_1 \mid s_1)$	$\pi(a_2 \mid s_1)$	…	$\pi(a_m \mid s_1)$
s_2	$\pi(a_1 \mid s_2)$	$\pi(a_2 \mid s_2)$	…	$\pi(a_m \mid s_2)$
⋮	⋮	⋮	⋮	⋮
s_n	$\pi(a_1 \mid s_n)$	$\pi(a_2 \mid s_n)$	…	$\pi(a_m \mid s_n)$

策略与状态转移函数一般都具有随机性，当然也可以具有确定性，确定性只是随机性的特殊情况，强化学习中很多随机性均来自两者的随机性，为了更深刻理解这两个函数，下面结合一个人所共知的象棋行棋策略加以具体说明。

这里需要注意的是，动作空间划分的不同会对状态转移概率有很直接的影响。中国象棋棋盘里“仕”只能在四宫格里进行对角走动，假设当前状态表示“仕”在四宫格的中心位置，如图6－6 所示，执行动作空间仕五进六、仕五进四、仕五退六、仕五退四里的一个动作，策略可表示为：$\pi(a_1 \mid s_1) = 0.25$，$\pi(a_2 \mid s_1) = 0.25$，$\pi(a_3 \mid s_1) = 0.25$，$\pi(a_4 \mid s_1) = 0.25$。进入下一个状态，状态转移遵循转移概率，即给定当前状态和动作，那么下一个状态就确定了。图6－6 中由于每个动作之后可转移的状态唯一，所以状态转移函数概率为1，也就是一个确定性事件。

如图6－7 所示，当把动作空间划分为进仕与退仕时，相对动作空间的划分粒度更大，其中“进仕”这个动作又可以划分为仕五进六、仕五进四这两个动作；“退仕”这个动作又可以划分为仕五退六、仕五退四这两个动作。其策略为：$\pi(a_1 \mid s_1) = 0.5$，$\pi(a_2 \mid s_1) = 0.5$。此时给定当前状态和动作，那么下一个状态具有概率性，由于针对每个动作只有两个可选状态，如果按照均匀分布计算，状态转移函数的概率均为 1/2。

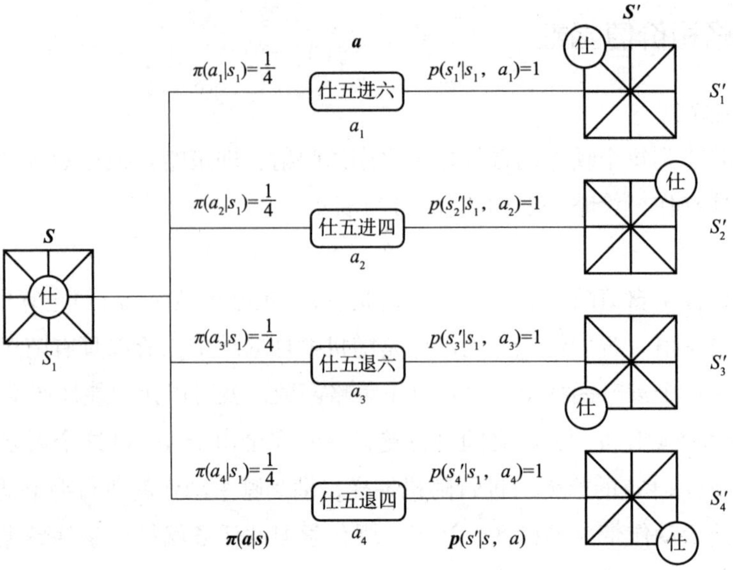

图 6-6　象棋“仕”动作空间示意(4 动作)

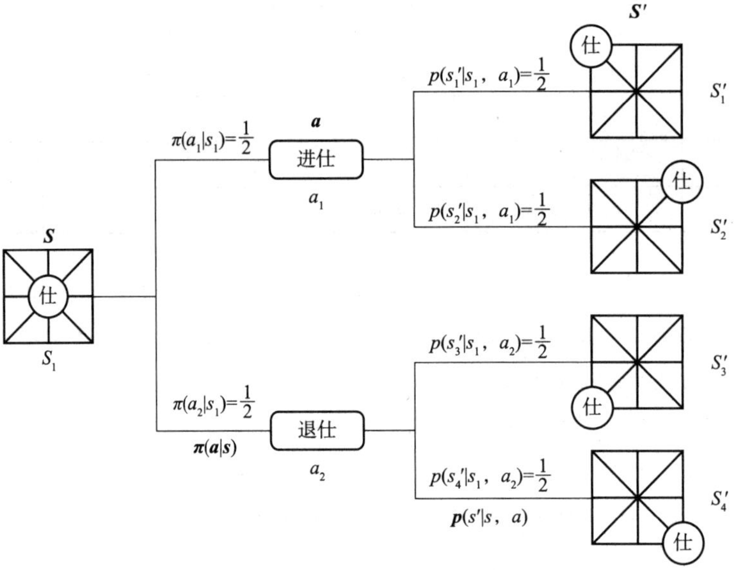

图 6-7　象棋“仕”动作空间示意(2 动作)

(2)价值函数

奖励可以看作状态和动作的函数。给定当前状态 s_t 和动作 a_t，那么奖励 r_{t+1} 就唯一确定。假设给定当前状态 s_t，但智能体尚未做决策，也就是说 t 时刻动作还未知，应当记作随机变量 A_t(而非 a_t)；那么 t 时刻的奖励仍然未知，应当记作随机变量 R_{t+1}(而非 r_{t+1})，它的随机性从未知的动作 $A_t \sim \pi(\cdot \mid s_t)$ 中来。同样，回报的随机性来自动作和状态。

强化学习的目标虽然是回报最大化，但回报公式中都是随机变量，随机变量不存在所谓的最大值，即使存在也没什么价值。对于随机变量，如果抽样的话，将会有很多的回报样本，那该如何衡量回报呢？最有效的方法是对回报求期望，追求期望最大化（期望就是均值，具有稳定性），由此产生了状态价值函数与动作价值函数两个概念。注意：如果追求某个随机变量的最大化，一定是指期望最大化。

将策略 π 下状态 s 的价值函数记为 $v_\pi(s)$，即从状态 s 开始，智能体按照策略 π 进行决策所获得的回报的概率期望值。注意：$v_\pi(s)$ 既是状态的函数，也是策略的函数，在某种策略下，$v_\pi(s)$ 的值越大，说明状态越好。同理，在某种状态下，$v_\pi(s)$ 值越大，说明策略越好。

$$v_\pi(s) = E_\pi[G_t \mid S_t = s] = E_\pi\left[\sum_{k=0}^{\infty}\gamma^k R_{t+k+1} \mid S_t = s\right] \text{对于所有 } s \in \boldsymbol{S} \quad (6-18)$$

式中，$E_\pi[\cdot]$ 为在给定策略 π 时一个随机变量的期望值，t 可以是任意时刻，将函数 $v_\pi(s)$ 称为策略 π 的状态价值函数，即策略越好，状态价值函数的值越大。

如果将式（6－16）中 G_t 的表达式代入式（6－18），$v_\pi(s)$ 将会有式（6－19）的多种表达形式。

$$\begin{aligned} v_\pi(s) &= E_\pi[G_t \mid S_t = s] \\ &= E_\pi[R_{t+1} + \gamma G_{t+1} \mid S_t = s] \\ &= E_\pi[R_{t+1} + \gamma R_{t+2} + \gamma^2 G_{t+2} \mid S_t = s] \\ &= E_\pi[R_{t+1} + \gamma R_{t+2} + \gamma^2 R_{t+3} + \gamma^3 G_{t+3} \mid S_t = s] \\ &\vdots \end{aligned} \quad (6-19)$$

式（6－19）多种形式的状态价值函数表达式，在以后的学习内容中将会陆续登场。为了叙述问题方便，将式（6－19）中按行的不同表达形式分别称为无递归、一阶递归、二阶递归及三阶递归等。注意：式（6－19）不是只有一个方程，而是有多少个状态就有多少个这种类型的方程，整体构成一个方程组。

将策略 π 下在状态 s 时采取动作 a 的价值记为 $q_\pi(s, a)$。这就是根据策略 π，从状态 s 开始，执行动作 a 之后，所有可能的决策序列的期望回报。

$$q_\pi(s,a) = E_\pi[G_t \mid S_t = s, A_t = a] = E_\pi\left[\sum_{k=0}^{\infty}\gamma^k R_{t+k+1} \mid S_t = s, A_t = a\right] \quad (6-20)$$

$q_\pi(s, a)$ 称为策略 π 的动作价值函数，即策略越好，动作价值函数的值越大。$q_\pi(s, a)$ 既是状态－动作对的函数，也是策略的函数，在某个策略下，$q_\pi(s, a)$ 的值越大，说明在状态 s 下，执行动作 a 的价值越大；在某状态－动作对下，$q_\pi(s, a)$ 的数值越大，说明策略越好。

同理，式（6－20）也可以表达成式（6－21）的多样化形式。

$$\begin{aligned} q_\pi(s, a) &= E_\pi[G_t \mid S_t = s, A_t = a] \\ &= E_\pi[R_{t+1} + \gamma G_{t+1} \mid S_t = s, A_t = a] \\ &= E_\pi[R_{t+1} + \gamma R_{t+2} + \gamma^2 G_{t+2} \mid S_t = s, A_t = a] \end{aligned}$$

$$
=E_{\pi}[R_{t+1}+\gamma R_{t+2}+\gamma^{2}R_{t+3}+\gamma^{3}G_{t+3}\mid S_{t}=s,\ A_{t}=a]
$$

$$
\vdots \tag{6-21}
$$

式(6－21)分别展示了无递归、一阶递归、二阶递归、三阶递归等形式。同样注意：式(6－21)不是只有一个方程，而是有多少个状态－动作对就有多少个这种类型的方程，整体构成一个方程组。

动作价值函数与状态价值函数在强化学习中的作用类似，都能用于评估策略的好坏，两者之间的唯一差别是动作价值函数比状态价值函数多走了一步，多执行了一个动作 a。两个价值函数是评估策略的重要工具，在强化学习中具有特殊地位，通常将式(6－19)与式(6－21)统称为贝尔曼原始方程。状态价值函数与动作价值函数也可以用表 6－4 与表 6－5 的形式表示。

表 6－4　状态价值函数的表格型表示

状态	s_1	s_2	…	s_n
状态价值	$v_\pi(s_1)$	$v_\pi(s_2)$	…	$v_\pi(s_n)$

表 6－5　动作价值函数的表格型表示

状态 | 动作	a_1	a_2	…	a_m
s_1	$q_\pi(s_1,\ a_1)$	$q_\pi(s_1,\ a_2)$	…	$q_\pi(s_1,\ a_m)$
s_2	$q_\pi(s_2,\ a_1)$	$q_\pi(s_2,\ a_2)$	…	$q_\pi(s_2,\ a_m)$
⋮	⋮	⋮	⋮	⋮
s_n	$q_\pi(s_n,\ a_1)$	$q_\pi(s_n,\ a_2)$	…	$q_\pi(s_n,\ a_m)$

状态价值函数 $v_\pi(s)$ 和动作价值函数 $q_\pi(s,\ a)$ 应该如何求呢？要想求出这两个价值函数，要么需要四参数动态特性函数模型，要么需要大量的智能体与环境交互的经验数据，模型与数据两者必需其一。

现在主要讨论在已知环境动态特性模型的情况下，$v_\pi(s)$ 和 $q_\pi(s,\ a)$ 如何求呢？四参数动态特性函数含有智能体与环境交互的全部信息，它是智能体与环境交互的完备模型，有这样的模型存在根本不需要任何经验数据就可以准确地求出 $v_\pi(s)$ 和 $q_\pi(s,\ a)$，能否用递归方式(也称自举方式)来求呢？答案是肯定的，只要画出回溯图，公式很容易推导出来。解决此类问题时，主要用贝尔曼原始方程的一阶递归形式。

首先，正向来看图 6－8，针对状态 s，智能体根据策略 $\pi(a\mid s)$ 产生行动 a，图中只给出了三个可选行动，每个行动都有自己的概率值。然后，针对每个行动 a，又按照动态特性函数 $p(s',\ r\mid s,\ a)$ 产生新的状态 s' 并产生奖励 r，这些过程都是按照概率分布抽样进行。显然，顶部的状态价值函数 $v_\pi(s)$，能够用后继所有称为 s' 的 v_π 表达出来，它们之间涉及策略、行动及动态特性函数。再倒着看图 6－8 进行回溯，如果对所有 $v_\pi(s')$ 加 r 按照动态特性函数 $p(s',\ r\mid s,\ a)$ 通过概率加权平均求期望，就可得到动作层的价值。如果动作层再按照策略

$\pi(a \mid s)$通过概率加权平均求期望，就可得到$v_\pi(s)$，当然还要将后继价值取折扣。即：

$$\begin{aligned} v_\pi(s) &= E_\pi[R_{t+1} + \gamma G_{t+1} \mid S_t = s] \\ &= \sum_a \pi(a \mid s) \sum_{s',r} p(s',r \mid s,a)[r + \gamma v_\pi(s')] \text{ 对所有 } s \in \mathcal{S} \end{aligned} \quad (6-22)$$

同理，根据回溯图6-9，很容易得到：

$$\begin{aligned} q_\pi(s,a) &= E_\pi[G_t \mid S_t = s, A_t = a] \\ &= \sum_{s',r} p(s',r \mid s,a)[r + \gamma \sum_{a'} \pi(a' \mid s') q_\pi(s',a')] \end{aligned} \quad (6-23)$$

同理，还有：

$$v_\pi(s) = \sum_a \pi(a \mid s) q_\pi(s,a) \quad (6-24)$$

$$q_\pi(s,a) = \sum_{s',r} p(s',r \mid s,a)[r + \gamma v_\pi(s')] \quad (6-25)$$

式(6-22)与式(6-23)称为贝尔曼期望方程，它们以期望形式表达贝尔曼方程。式(6-24)与式(6-25)表明两种价值函数可以相互表达，双方之间相隔一个动作。

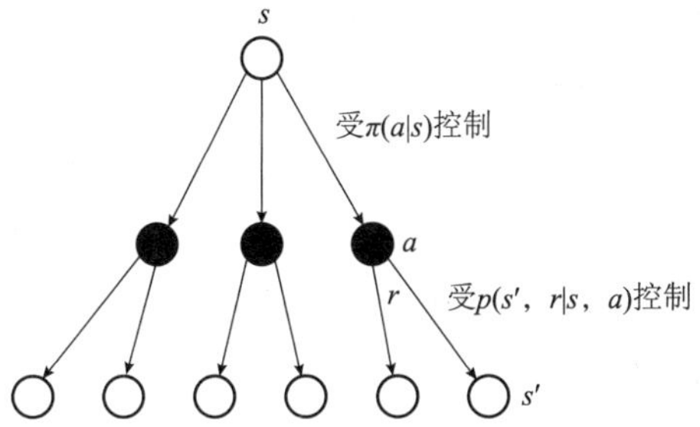

图6-8 $v_\pi(s)$的回溯图

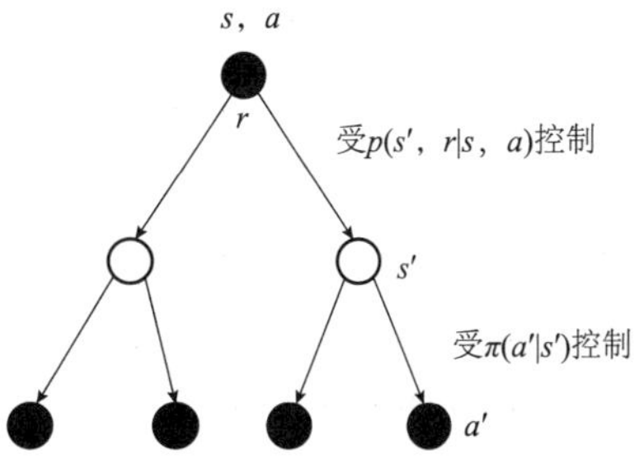

图6-9 $q_\pi(s, a)$的回溯图

应该清楚，回溯图只是给出了一个单步的回溯，实际上，状态与动作有很多，可以根据全部回溯图得到一个由多个贝尔曼期望方程组成的方程组。注意：以上根据回溯图所得到的状态价值函数、动作价值函数以及相互关系的表达式都是由随机变量期望的计算方法得到的。

6.2.6 最优策略与最优价值函数

解决一个强化学习任务就表明要找出一个策略，使其能够在长期过程中获得最大奖励，对于有限马尔可夫决策过程，可以通过比较价值函数定义一个最优策略。如果要说一个策略π与另一个策略π'相差不多甚至更好，那么其所有状态上的期望回报都应该等于或大于π'的期望回报。也就是说，若对于所有的$s \in \mathcal{S}$，$\pi \geqslant \pi'$，那么应当$v_\pi(s) \geqslant v_{\pi'}(s)$。总会存在至少一个策略不劣于其他所有的策略，这就是最优策略。尽管最优策略可能不止一个，还是可以用v_*来表示所有这些最优策略，它们共享相同的状态价值函数，称为最优状态价值函数，记为v_*，其定义为：对于任意$s \in \mathcal{S}$，

$$v_*(s) = \max_\pi v_\pi(s) \quad (6-26)$$

最优的策略也共享相同的最优动作价值函数，记为q_*，其定义为：对于任意$s \in \mathcal{S}$，

$a \in \mathcal{A}$，

$$q_*(s, a) = \max_{\pi} q_{\pi}(s, a) \tag{6-27}$$

对于“状态－动作”二元组(s, a)，这个函数给出了在状态s下，先采取动作a，之后按照最优策略去决策的期望回报。

显然，最优状态价值函数只与状态有关，而与策略π无关，消除了策略的影响；同样，最优动作价值函数只与状态－动作对有关，与策略也无关系。

最优动作价值函数q_*非常有用，它具有高超的洞察力，一眼能看出当前状态下执行哪个动作能获得最优终极目标。例如，在玩“超级马里奥”游戏时，给定当前画面状态s_t，智能体该执行动作空间$\mathcal{A}=\{$左，右，上$\}$中的哪个动作呢？假设已知q_*，那么就让q_*给三个动作打分，比如：

$$q_*(s_t, 左)=130,\ q_*(s_t, 右)=-50,\ q_*(s_t, 上)=296$$

这三个值是什么意思呢？$q_*(s_t, 左)=130$的意思是：如果现在智能体选择向左走，那么不管以后智能体用什么策略函数π，回报G_t的期望最多不会超过130；同理，如果现在向右走，则回报的期望最多不超过-50；如果现在向上跳，则回报的期望最多不超过296。智能体应该执行哪个动作呢？毫无疑问，智能体应该向上跳，这样才有希望获得尽量高的回报。

图6－10与图6－11分别所示为v_*和q_*的回溯图，图中与贝尔曼期望方程的回溯图类似，只是将对策略求期望的地方改为求最大值即可。

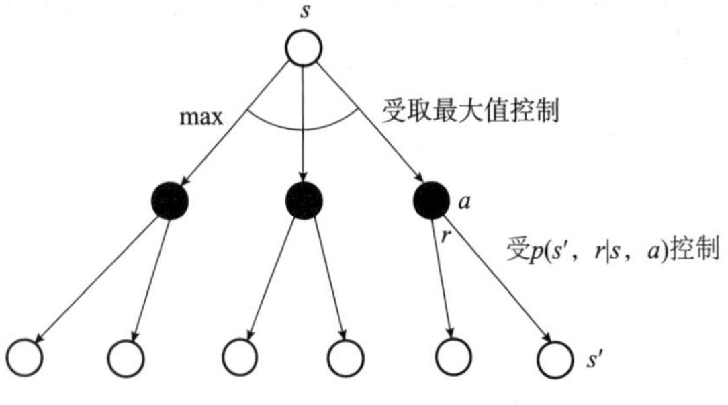

图6－10　v_*的回溯图

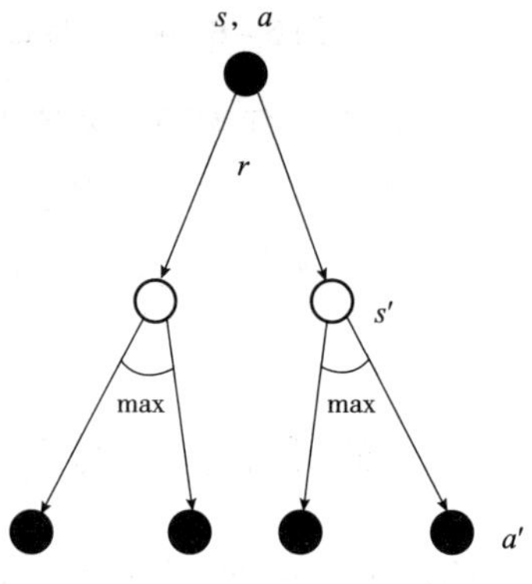

图6－11　q_*的回溯图

由回溯图可以直接写出v_*和q_*的贝尔曼最优方程的表达式：

$$\begin{aligned} v_*(s) &= \max_a q_{\pi_*}(s,a) \\ &= \max_a E_{\pi_*}[G_t \mid S_t = s, A_t = a] \\ &= \max_a E_{\pi_*}[R_{t+1} + \gamma G_{t+1} \mid S_t = s, A_t = a] \\ &= \max_a E[R_{t+1} + \gamma v_*(S_{t+1}) \mid S_t = s, A_t = a] \\ &= \max_a \sum_{s',r} p(s',r \mid s,a)[r + \gamma v_*(s')] \end{aligned} \tag{6-28}$$

$$q_*(s,a) = E[R_{t+1} + \gamma \max_{a'} q_*(S_{t+1},a') \mid S_t = s, A_t = a] \\ = \sum_{s',r} p(s',r \mid s,a)[r + \gamma \max_{a'} q_*(s',a')] \quad (6-29)$$

式(6－28)与式(6－29)统称为贝尔曼最优方程。

理论上，只要学到了最优策略与最优动作价值函数，智能体就会做出最优的决策，这是强化学习的核心所在。同理，回溯图只是给出了一个单步的回溯，可以根据全部回溯图得到一个由多个贝尔曼最优方程组成的方程组。

注意：贝尔曼方程总共有三种形式，分别为贝尔曼原始方程、贝尔曼期望方程与贝尔曼最优方程，这些形式的贝尔曼方程在强化学习中具有重要地位。

强化学习的概念体系非常庞大，这些概念构成了强化学习的基石，是学习强化学习的敲门砖。本节突然讲解了如此多的概念，可能一时难以掌握，随着后续内容的学习，这些概念将会逐渐变得清晰直至心领神会。

视频简介

本视频主要讲解策略函数、状态价值函数、动作价值函数、贝尔曼原始方程、最优策略、最优状态价值与最优动作价值，观看以上内容讲解视频请扫描二维码。

视频简介

本视频主要讲解以回溯图为基础的贝尔曼期望方程的推导过程，给出了状态价值函数与动作价值函数的递归表达及关联，观看以上内容讲解视频请扫描二维码。

视频简介

本视频主要讲解贝尔曼最优方程的推导过程，内容包括：回溯图、最优价值递归关系、最优动作价值递归关系与最优策略，观看以上内容讲解视频请扫描二维码。

6.3 模型强化学习方法

什么是模型强化学习方法？什么又是无模型强化学习方法？两者之间存在怎样的关系？其实，模型方法是一种理论研究成果，它重点解决在给定一个用马尔可夫决策过程描述的完备环境模型的情况下，也就是在知道动态特性函数的基础上，求解最优策略的问题。既然有了完备的模型，当然就不需要任何数据。那么问题就来了，$p(s', r \mid s, a)$函数究竟如何得到，要想精确知道针对所有情况的$p(s', r \mid s, a)$几乎不可能，这样就使得模型方法的直接用途有限，但理论指导意义巨大，它是透彻理解无模型强化学习的思想基础，在第6.4节所介绍的非常实用的无模型强化学习方法，都是对模型方法的一种近似，只不过降低了计算复杂度以及减弱了对环境模型完备性的依赖。也可以这样来理解，对解决强化学习问题来说，可以依赖模型，也可以依赖经验数据，一般情况下两者必居其一，当然两者都具有才最为理想。模型强化学习方法一般要通过策略评估与策略改进的不断迭代来实现，由于历史发展的原因，模型强化学习更为普遍的叫法为动态规划，本书中除特殊情况外，不采用动态规划这一名称。

6.3.1 策略评估

假设不依赖任何数据，只依赖完备模型，如何评估策略$\pi(a \mid s)$的好坏呢？显然，其价值函数$v_\pi(s)$可以承担评估任务，理论上策略越好，$v_\pi(s)$的值越大。对于任意一个策略π，如何计算其状态价值函数v_π，这一过程称为策略评估。为方便理解，现将式(6-22)的最终形式再写一遍。

$$v_\pi(s) = \sum_a \pi(a \mid s) \sum_{s',r} p(s',r \mid s,a)[r + \gamma v_\pi(s')] \tag{6-30}$$

再回头看一下式(6-30)，其方程为递归式，对于所有状态都成立，是一个由$|\boldsymbol{S}|$个方程组成的方程组。当所有的$\pi(a \mid s)$与$p(s', r \mid s, a)$都已知时，显然方程组含有$|\boldsymbol{S}|$个$v_\pi(s)$，而且是一个线性方程组，可直接求解，但计算过程涉及矩阵求逆，还是有些复杂，能否找到更为简单的方法呢？

将式(6-30)加以改造，写成如下的迭代式：

$$v_{k+1}(s) = \sum_a \pi(a \mid s) \sum_{s',r} p(s',r \mid s,a)[r + \gamma v_k(s')] \tag{6-31}$$

理论上已经证明(证明略)，这是一个收缩映射，$v_k = v_\pi$是这个更新规则的一个不动点，也就是说，序列$\{v_k\}$在$k \to \infty$时将会收敛到v_π，而且v_0还可以任意选取，这个算法被称为迭代策略评估。

为了对迭代策略评估有更为全面的认识，下面举一个策略评估的实例。

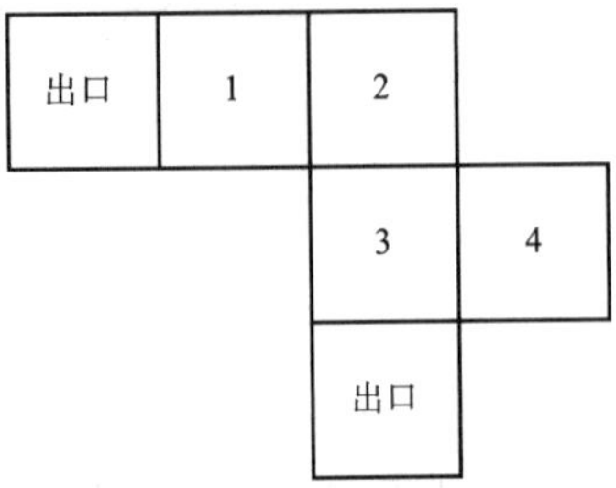

图6-12 格子问题示意

【例题6.1】如图6-12所示的格子问题，假设有一个智能体在格子中移动，在每个格子中智能体都采用向4个方向移动的等概率策略，每次移动一步，奖励为-1，移动到出口结束游戏。若当前移动会导致出界，则移动后位置不变，但奖励也为-1。注意：出口状态的价值始终为0。

问题分析：

这个问题的非出口状态集合$\mathcal{S}=\{1, 2, 3, 4\}$，每个状态有四种可能的动作，$\mathcal{A}=$ {上，下，左，右}，每个动作都将导致状态转移，但当动作导致智能体移出网格时，状态保持不变。显然，很容易构造出四参数动态特性函数，例如，当智能体在格子3中向右移动时，移动到格子4并且奖励为 −1 的概率为1，即 $p(4, -1 \mid 3, 右)=1$；当智能体处于格子4中时，继续向右移动，显然要出界，按照约定，位置保持在格子4中不动，但奖励为 −1，这也是一个概率为1的确定事件，即 $p(4, -1 \mid 4, 右)=1$；对于任意 $r\in\mathcal{R}$，都有 $p(1, r \mid 3, 右)=0$，也就是说，在格子3中向右移动一格，到达格子1的概率为0。这是一个分幕式任务，为了简化计算，折扣系数 γ 取1，在到达出口状态之前，所有动作的奖励均为 −1。假设智能体初始时采取等概率随机策略，即所有上、下、左、右动作等可能执行。本例题的任务是给定一个策略，怎样去评估其优劣。

策略评估：

可设初始状态每个格子的价值都为0，其中出口状态的价值始终为0，如图6−13所示。

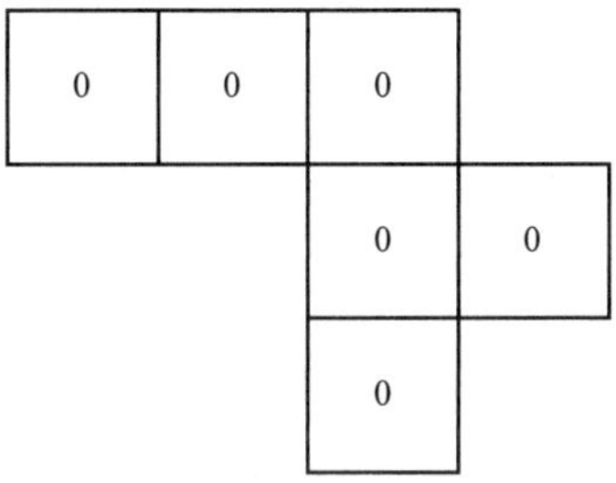

图6−13　初始价值 v_0

显然，$v_0(1)=v_0(2)=v_0(3)=v_0(4)=0$，假设开始采用随机策略，如图6−14所示。

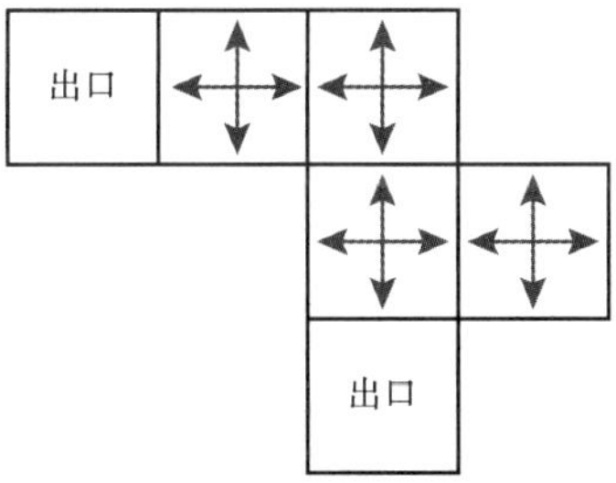

图6−14　随机策略示意

根据随机策略，按照式(6−31)进行第一次迭代：

$v_1(1)=0.25\times1\times(-1+1\times0)+0.25\times1\times(-1+1\times0)+0.25\times1\times(-1+1\times0)+0.25\times1\times(-1+1\times0)=-1$（约定按照上、下、左、右的动作次序计算，以下同）

同理，$v_1(2)=v_1(3)=v_1(4)=-1$，结果如图6−15所示。

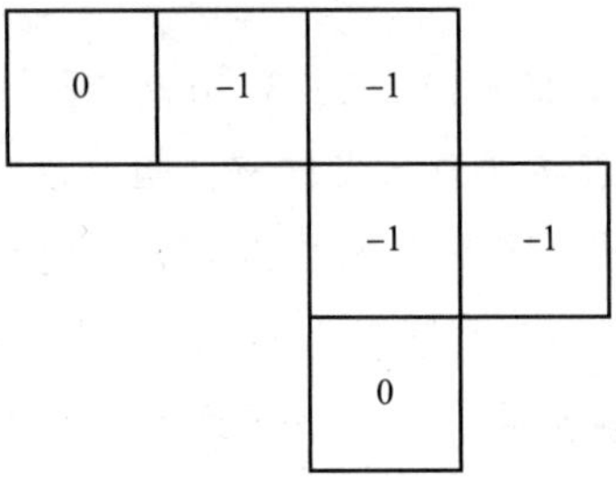

图 6－15　第一次迭代后的 v_1 值

如果根据图 6－15 按照贪心策略行动，智能体需要向价值高的格子移动，会出现图 6－16 所示的贪心策略图。

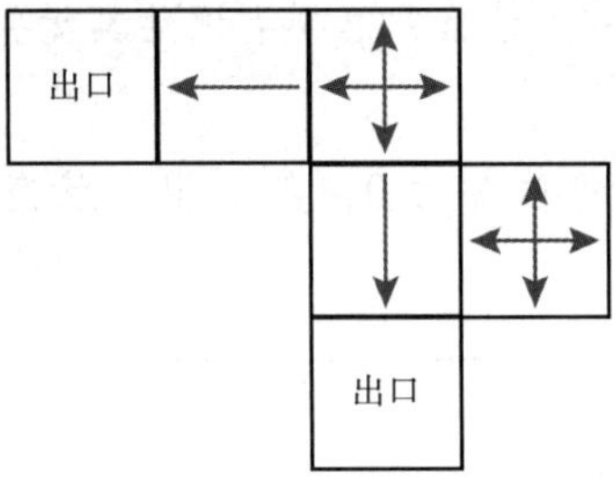

图 6－16　第一次迭代后形成的贪心策略

针对第一次迭代后的 v_1 值，按照式(6－31)进行第二次迭代：

$v_2(1)=0.25\times1\times(-1+1\times(-1))+0.25\times1\times(-1+1\times(-1))+0.25\times1\times(-1+1\times0)+0.25\times1\times(-1+1\times(-1))=-1.75$

$v_2(2)=0.25\times1\times(-1+1\times(-1))+0.25\times1\times(-1+1\times(-1))+0.25\times1\times(-1+1\times(-1))+0.25\times1\times(-1+1\times(-1))=-2$

$v_2(3)=0.25\times1\times(-1+1\times(-1))+0.25\times1\times(-1+1\times0)+0.25\times1\times(-1+1\times(-1))+0.25\times1\times(-1+1\times(-1))=-1.75$

$v_2(4)=0.25\times1\times(-1+1\times(-1))+0.25\times1\times(-1+1\times(-1))+0.25\times1\times(-1+1\times(-1))+0.25\times1\times(-1+1\times(-1))=-2$

其结果如图 6－17 所示。

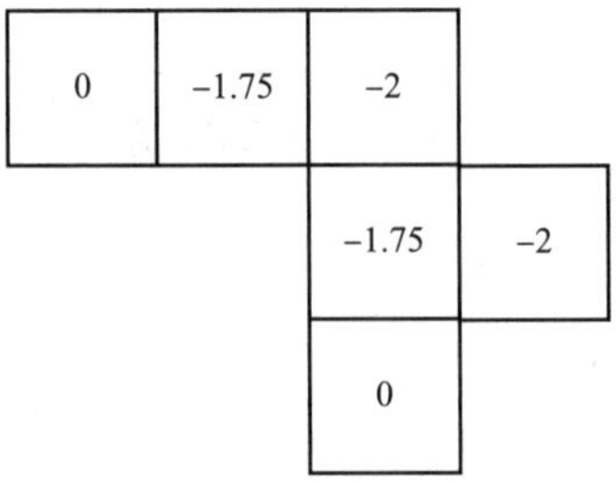

图 6－17　第二次迭代后的 v_2 值

如果根据图 6－17 按照贪心策略行动，智能体需要向价值高的格子移动，会出现图 6－18 所示的贪心策略图。

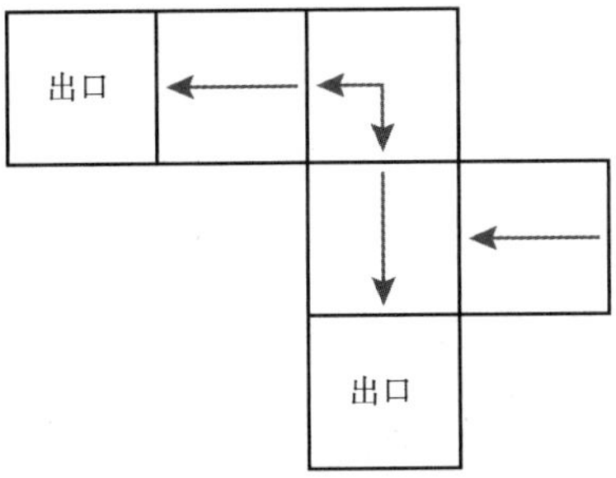

图 6－18 第二次迭代后形成的贪心策略

针对第二次迭代后的 v_2 值，按照式(6－31)进行第三次迭代：

$v_3(1)=0.25\times1\times(-1+1\times(-1.75))+0.25\times1\times(-1+1\times(-1.75))+0.25\times1\times(-1+1\times0)+0.25\times1\times(-1+1\times(-2))=-0.6875-0.6875-0.25-0.75=-2.375$

$v_3(2)=0.25\times1\times(-1+1\times(-2))+0.25\times1\times(-1+1\times(-1.75))+0.25\times1\times(-1+1\times(-1.75))+0.25\times1\times(-1+1\times(-2))=-0.75-0.6875-0.6875-0.75=-2.875$

$v_3(3)=0.25\times1\times(-1+1\times(-2))+0.25\times1\times(-1+1\times0)+0.25\times1\times(-1+1\times(-1.75))+0.25\times1\times(-1+1\times(-2))=-0.75-0.25-0.6875-0.75=-2.4375$

$v_3(4)=0.25\times1\times(-1+1\times(-2))+0.25\times1\times(-1+1\times(-2))+0.25\times1\times(-1+1\times(-1.75))+0.25\times1\times(-1+1\times(-2))=-0.75-0.75-0.6875-0.75=-2.9375$

其结果如图 6－19 所示。

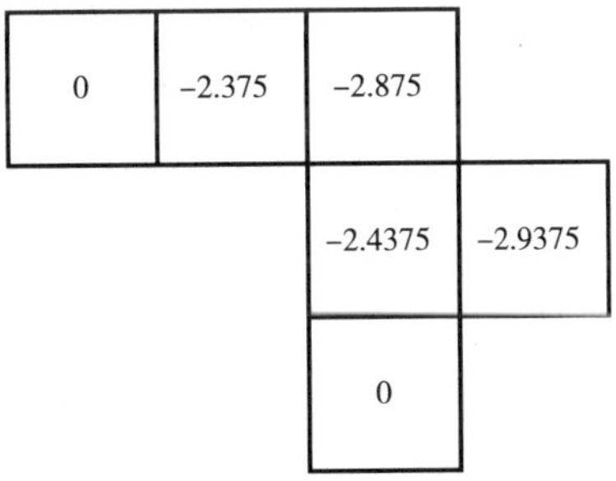

图 6－19 第三次迭代后的 v_3 值

如果根据图 6－19 按照贪心策略行动，智能体需要向价值高的格子移动，会出现图 6－20 所示的贪心策略图。

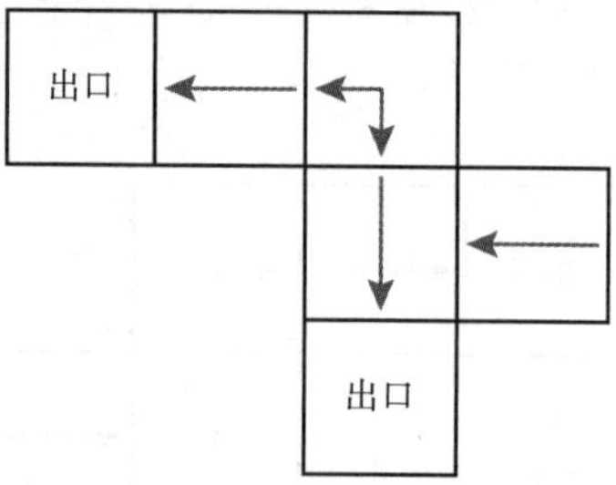

图 6－20　第三次迭代后形成的贪心策略

从以上三次迭代的数值结果可以看出：从随机策略出发，第一次迭代后，每个格子的价值都从 0 变为 －1，如果按照这种价值用贪心策略做决定，状态 1 与状态 3 行动策略明确，而状态 2 与状态 4 只能采用随机策略；第二次迭代后，状态的价值开始出现更大差别，假设按照这种价值用贪心策略做决定，已经是最优策略了；第三次迭代后，状态的价值虽然继续变化，但是假设按照这种价值用贪心策略做决定，与第二次迭代后的策略一致；如果继续迭代，各状态的价值将会逐渐向真实价值逼近，但对于做出决策已无意义。理论上，迭代策略评估只能在极限意义下收敛，但实际上它必须在此之前停止，停止条件有多种，灵活处理即可。注意：策略评估的本质是在求解贝尔曼期望方程。

图 6－21 所示为策略评估的伪代码(就地更新方式)。

Iterative Policy Evaluation, for estimating $V \approx v_\pi$

Input π ,　the policy to be evaluated
Algorithm parameter: a small threshold $\theta > 0$ determining accuracy of estimation
Initialize $V(s)$, for all $s \in \mathcal{S}^+$, arbitrarily except that $V(terminal) = 0$

Loop:
　$\Delta \leftarrow 0$
　Loop for each $s \in \mathcal{S}$:
　　$v \leftarrow V(s)$
　　$V(s) \leftarrow \sum_a \pi(a|s) \cdot \sum_{s',r} p(s', r|s, a)[r + \gamma V(s')]$
　　$\Delta \leftarrow \max(\Delta, |v - V(s)|)$
until $\Delta < \theta$

图 6－21　策略评估的伪代码

视频简介

本视频主要讲解模型强化学习的基本思想，对模型强化学习的策略评估过程进行分析，给出了迭代策略评估的方法与实例，观看以上内容讲解视频请扫描二维码。

6.3.2　策略改进

通过以上的策略评估，能够清楚地知道一个给定策略的价值，但是这个给定策略是最优的吗？如果不是最优，该如何改进？显然，初始给定的策略一般为随机策略，不可能最优，一般都具有很大的改进空间，怎样使策略进一步提升的工作称为策略改进。策略改进一定涉及动作价值函数，由于模型的完备性，由状态价值函数很容易求出动作价值函数，如式(6－25)所示。

通过策略评估，可以确定一个给定策略及其价值函数，之后可以很容易评估一个状态中某个特定动作的改变会产生怎样的后果，很自然地会想到贪心策略(贪心策略就是选择使动作价值函数取最大值的动作)。考虑一个新的贪心策略 π'，满足：

$$\pi'(a \mid s) = \arg\max_a q_\pi(s,a) = \arg\max_a \sum_{s',r} p(s',r \mid s,a)[r + \gamma v_\pi(s')] \quad (6-32)$$

式中，$\arg\max_a$为能够使得表达式的值最大化的 a(如果相等则任取一个)，这种根据原策略的动作价值函数执行贪心算法，所构造出的策略将会使策略趋向更优，其价值函数将会更大，即：

$$v_{\pi'}(s) \geqslant v_\pi(s) \quad (6-33)$$

假设新的贪心策略 π'和原有的策略 π 一样好，但不是更好，表明策略已达到最优。注意：一般初始策略与过程中的策略具有随机性，而最优策略一般是确定性策略，不再具有随机性，式(6－32)的策略改进方法经常用到，后面只要提到贪心策略改进方法就是指该方法，贪心策略改进方法是一种确定性策略。

特别注意，式(6－32)的等式表达并不严格，只是为了表达简洁才这样写，实际上 $\pi'(a \mid s)$为在状态 s 下采取动作 a 的概率，这里由于采取动作 a 的概率为1，就默认是动作 a。

针对例6.1的问题，假设按照随机策略经过第一次迭代后就进行策略改进，策略改进按照式(6－32)进行，过程如下。

对于状态1，按照以下贪心策略选择新策略要采取的动作：

$$\begin{aligned}\pi'(\cdot \mid 1) = \arg\max_a[&1\times(-1+1\times(-1)),\ 1\times(-1+1\times(-1)),\ 1\times(-1+1\times 0),\\ &1\times(-1+1\times(-1))] = \arg\max_a[-2,\ -2,\ -1,\ -2]\end{aligned}$$

上式表明，最大值－1对应向左的动作，所以状态1的新策略是智能体向左移动。同理，可通过计算得知，状态2四个动作的价值相同，继续保持随机移动；状态3向下移动；状态4为随机移动。由于策略的改进，将会加快后续的策略评估。将这种策略作为新的策略再进行第二次迭代策略评估，之后再进行策略改讲，如此反复，只不过本例题太简单，只通过一次策略评估就可得到最优策略，对于复杂情况就要进行策略评估与策略改进的反复循环才能得到最优策略与最优价值函数。

6.3.3 策略迭代

上面所说的策略评估与策略改进的反复循环称为策略迭代，可用以下方式更清晰地表达出来。

$$\pi_0 \rightarrow \text{策略评估} \rightarrow v_{\pi_0} \rightarrow \text{策略改进} \rightarrow \pi_1 \rightarrow \text{策略评估} \rightarrow v_{\pi_1} \rightarrow \cdots \rightarrow \pi_* \rightarrow \text{策略评估} \rightarrow v_*$$

这一循环迭代过程也可以用图6－22形象化地表示出来。

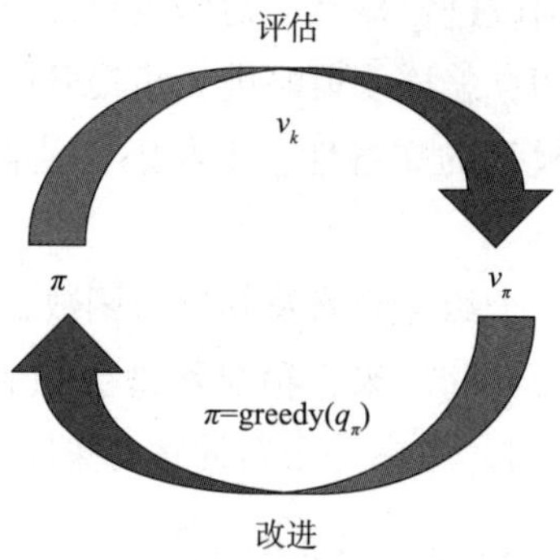

图 6－22　策略迭代示意

图 6－23 所示为策略迭代的伪代码。

```
Policy Iteration (using iterative policy evaluation) for estimating π ≈ π*

1. Initialization
   V(s) ∈ R and π(s) ∈ A(s) arbitrarily for all s ∈ S;  V(terminal) = 0

2. Policy Evaluation
   Loop:
      Δ ← 0
      Loop for each s ∈ S:
         v ← V(s)
         V(s) ← Σ_{s',r} p(s', r|s, π(s))[r+γ V(s')]
         Δ ← max(Δ, |v−V(s)|)
   until Δ < θ(a small positive number determining the accuracy of estimation)

3. Policy Improvement
   policy-stable ← true
   For each s ∈ S:
      old-action ← π(s)
      π(s) ← argmax_a Σ_{s',r} p(s', r|s, a)[r+γ V(s')]
      If old-action ≠ π(s), then policy-stable ← falsea
   If policy-stable, then stop and return V ≈ v* and π ≈ π*; else go to 2
```

图 6－23　策略迭代的伪代码

6.3.4　价值迭代

在上面的策略迭代链式法则中，策略评估是一个很复杂的计算过程，理论上要经过对所有状态无穷次迭代才收敛，实际上并不需要过多的迭代次数，甚至可以进行一次迭代策略评估后就可以进行策略改进，这样做最终也可收敛到最优策略，但计算量可以大幅度减少，这种只进行一次迭代策略评估的思路与方法称为价值迭代。实际上，这种价值迭代可通过贝尔曼最优方程的迭代式实现（证明略），它将策略评估与策略改进两个过程合二为一，简化为一条更新规则。

$$v_{k+1}(s) = \max_a \sum_{s',r} p(s',r \mid s,a)[r + \gamma v_k(s')] \tag{6-34}$$

式中，当价值函数变化很微小时，可认为其对应的策略为最优策略。注意：价值迭代的本质是在求解贝尔曼最优方程。

6.3.5 广义策略迭代

实践证明，策略评估与策略改进这一循环过程还具有更大的灵活性。在策略评估阶段，不仅可以只迭代一次即可进行策略改进，还可以每次只随机或有目的地选择少量状态甚至是一个状态进行评估，在保证最终能够收敛到最优策略和最优价值函数的条件下，所有这些灵活机制的集合统称为广义策略迭代。

广义策略迭代的框架结构如图6－24所示，不管采取何种策略，只要策略评估与策略改进的交替过程向着最终目标靠近，哪种方法简单并且收敛速度快，就可优先采用。

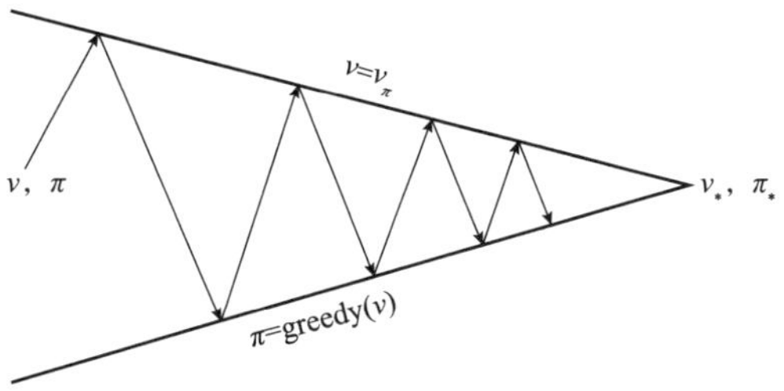

图6－24 广义策略迭代的框架结构示意

前面学习了模型强化学习的方法，以一个简单的四状态空间的格子问题作为实例进行了过程分析。但不可否认的是，很多问题的状态空间非常巨大，有些甚至是连续的，从而造成状态评估过程将耗费巨大的计算资源。所以，本节介绍的模型强化学习方法只适合于状态空间较小的情况，甚至是可以用一个矩阵表格描述状态－动作空间，有时这种方法也称表格型强化学习方法。同理，下面将要介绍的无模型强化学习方法也面临同样的问题，也将其纳入表格型强化学习方法。

如果从迭代或自举角度看，模型强化学习由多个单步自举构成了复杂的方程组，这种单步自举是概率加权求期望的过程，每步自举都具有横扫整个宽度或局部宽度的特征，如图6－25所示的涂抹部分。

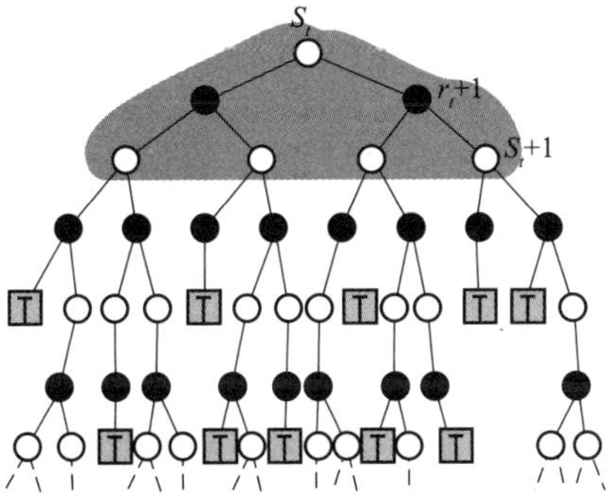

图6－25 模型强化学习的视角示意

到此，模型强化学习内容结束，大家可能有很多疑问，如智能体与环境交互、试错学习、延迟奖励、试探与开发的平衡等这些强化学习最突出的特征为何很少出现呢？是否模型强化学习根本不需要考虑这些问题呢？确实如此，因为模型强化学习假设知道完备的四参数动态特性函数模型，这个模型包括强化学习所需的一切因素，对于给定的初始策略，只需通过广义策略迭代即可求解最优策略。如果没有模型，智能体与环境必须进行交互、试错学习、处理试探与开发的平衡等，其本质都是对模型强化学习的近似。

视频简介

本视频主要讲解模型强化学习的策略改进、策略迭代、价值迭代与广义策略迭代等内容，强调了广义策略迭代框架的地位，观看以上内容讲解视频请扫描二维码。

6.4 无模型强化学习方法

前面学习了基于模型的强化学习方法，其中的核心是策略评估与策略改进的交替过程，无模型的强化学习基本思想也是如此。在无模型的情形下，策略迭代算法首先遇到的问题是无法进行策略评估，这是由于模型未知无法按照概率加权求期望。基于模型的强化学习用到了模型 $p(s', r|s, a)$，但在无模型强化学习中，模型 $p(s', r|s, a)$ 未知，含有 $p(s', r|s, a)$ 的贝尔曼期望方程与贝尔曼最优方程无法应用，所以无模型强化学习算法想要利用策略评估和策略改进的广义策略迭代框架，必须采用其他方法评估当前的策略。由于得不到模型，必须经过智能体与环境交互，通过试错方法得到大量数据，通过样本平均代替期望平均，其本质都是对模型强化学习方法的近似。无模型强化学习方法的策略评估问题一旦解决，策略改进步骤只要在模型强化学习方法基础上做微小调整，同样可以应用广义策略迭代的框架结构进行策略评估与策略改进实现策略的最优化。无模型强化学习方法主要有蒙特卡洛与时序差分两类方法。注意：无模型强化学习方法的多样性主要体现在策略评估方法的不同。

6.4.1 蒙特卡洛强化学习方法

(1)蒙特卡洛强化学习方法的基本思想

蒙特卡洛强化学习方法仅仅需要经验，即从真实或者模拟的环境交互中采样得到的状态、动作、奖励的序列，并且这些序列是按照整幕组织，理论上需要采集非常大的幕数。从真实经验中进行学习不需要关于环境动态变化规律的模型，却依然能够达到最优的行为。经过智能体与环境的相互交互得到大量的分幕样本数据，然后通过计算平均回报来近似期望回报，这就是蒙特卡洛强化学习方法的本质。

值得注意的是，在模型强化学习方法中，只要知道状态价值函数，就可很容易地知道动作价值函数，也就更容易地求出策略，因为它们之间的所有相互关系都蕴含在四参数模型之中。然而，在无模型只有数据的情况下，从状态价值难以转化为动作价值，更难以与策略发生联系。所以，蒙特卡洛方法更倾向于使用动作价值对策略进行评估。注意：在模型强化学习中，策略评估用的是 $v_\pi(s)$，策略改进用的是 $q_\pi(s, a)$，主要原因在于求 $v_\pi(s)$ 比较简单，将 $v_\pi(s)$ 转化为 $q_\pi(s, a)$ 有简单的关系式，这样做比直接迭代求解 $q_\pi(s, a)$ 简单；在没有模型的情况下，如果再应用 $v_\pi(s)$ 进行策略评估，无法将 $v_\pi(s)$ 转化为 $q_\pi(s, a)$，无 $q_\pi(s, a)$ 就无法进行策略改进。所以，在无模型的强化学习中只有直接求动作价值函数 $q_\pi(s, a)$ 本身，由此也引申出一些特殊问题。

动作价值函数策略评估问题的目标就是估计 $q_\pi(s, a)$，即在策略 π 下从状态 s 采取动作 a 的期望回报。如果在某一幕中状态 s 被访问并在这个状态中采取了动作 a，就称状态 – 动作二元组 (s, a) 在这一幕中被访问到。

在给定的某一幕中，每次状态 – 动作二元组 (s, a) 的出现都称为对 (s, a) 的一次访问。当然，在同一幕中，(s, a) 可能会被多次访问，称第一次访问为 (s, a) 的首次访问。首次访问型蒙特卡洛算法用 (s, a) 的所有首次访问的回报的平均值估计 $q_\pi(s, a)$，而每次访问型蒙特卡洛算法则使用所有访问的回报的平均值，当 (s, a) 的访问次数趋于无穷时，对 $q_\pi(s, a)$ 的估计 $Q_\pi(s, a)$ 收敛到 $q_\pi(s, a)$。显然，蒙特卡洛方法至少需要整幕结束后才能进行策略评估，也就是存在等待过程，所以有时将蒙特卡洛强化学习方法称为离线方法。

蒙特卡洛强化学习方法是按照整幕考虑问题，求动作价值函数的理论基础为式(6 – 21)的贝尔曼原始方程，由于是整幕考虑问题，无须递归，所以用此方程的无递归模式，重写如下：

$$q_\pi(s, a) = E_\pi[G_t \mid S_t = s, A_t = a]$$

在计算动作价值函数时，蒙特卡洛方法利用经验平均 $Q_\pi(s, a)$ 代替随机变量的期望平均 $q_\pi(s, a)$，这就是蒙特卡洛强化学习方法的策略评估方法。这里需要理解“经验”和“平均”两个概念。

什么是“经验”呢？首先必须做一个限定，由于没有能力处理无限的序列，所以假设蒙特卡洛方法所处理的状态 – 动作序列总会在有限步之后结束，前面已经提到，这样一个循环就称为一幕，“经验”就是利用策略做很多幕实验，产生很多数据。

以围棋为例，假设人类棋手为黑方，智能体为白方，看一下白方如何获取经验：

(棋盘状态 1，白子 1)→(棋盘状态 2，白子 2)→(棋盘状态 3，白子 3)→…→(棋盘状态 n，白子 n)→…→白方赢(第一幕)

(棋盘状态 1，白子 1)→(棋盘状态 2，白子 2)→(棋盘状态 3，白子 3)→…→(棋盘状态 n，白子 n)→…→白方输(第二幕)

(棋盘状态 1，白子 1)→(棋盘状态 2，白子 2)→(棋盘状态 3，白子 3)→…→(棋盘

状态 n，白子 n)→…→白方赢(第三幕)

⋮

注意：虽然每一幕都用了相同的棋盘状态与白子序号，但并不代表相同棋局状态与白子走棋位置，只是一种简易通用的表示而已。

可以看出，无论是怎样的过程，在经历了有限个状态 - 动作对之后，智能体要么赢棋，要么输棋，表示完成了一幕。智能体希望赢棋，如何走棋才能确保赢棋呢？如果没有可供参考的知识，那么就只能通过与环境不断交互的下棋实践来探索了。只有反复与对手下棋交互，通过试错的方法用不同的策略来应对，看怎样走棋比较好，这就是蒙特卡洛“经验”的思想。

什么是“平均”呢？平均的概念就是常见的求平均值的意思。也就是说，$Q(s, a)$用平均的方式求出，通过样本平均近似期望平均。以首次访问型蒙特卡洛强化学习算法为例：

$$Q(s, a) = \frac{G_{11}(s, a) + G_{21}(s, a) + \cdots}{N(s, a)} \tag{6-35}$$

式中，$G_{11}(s, a)$为第 1 次实验中，第 1 次访问到(s, a)的回报值；$G_{21}(s, a)$为第 2 次实验中，第 1 次访问到(s, a)的回报值；$N(s, a)$为实验中出现(s, a)的总次数。按照大数定理，当$N(s, a)$趋于无穷时，这一平均值的序列会收敛到 G_t 的期望值。注意：对于很多强化学习问题，为了鼓励智能体坚定不移地向着最终目标前进，奖励设计一般具有延迟性，完成任务后会给予很大的奖励，在执行任务过程中可能给予很小的奖励或没有奖励，所以每一幕的回报只有这一幕结束后才能计算出来。

大家知道，对状态的访问相对容易，但是对状态 - 动作二元组的访问要困难得多，有些状态 - 动作二元组(s, a)可能永远不能访问到。如果 π 是一个确定性策略，那么遵循 π 表明在每一个状态中只会观测到一个动作的回报，在无法获取大量回报进行平均的情况下，蒙特卡洛算法将无法根据经验改善动作价值函数的估计。这个问题很严重，因为学习动作价值函数就是为了帮助在每个状态的所有可用的动作之间进行选择。为了比较这些动作，需要估计在一个状态中可采取的所有动作的价值函数，而不仅仅是当前更偏好的某个特定动作的价值函数。这是一个如何保持试探与开发之间平衡的普遍问题，为了实现基于动作价值函数的策略评估，必须保持持续的试探。一种方法是将指定的状态 - 动作二元组作为起点开始一幕采样，同时保证所有状态 - 动作二元组都有非零概率可以被选为起点，这样就保证了在采样的幕个数趋于无穷时，每一个状态 - 动作二元组都会被访问到无数次，将这种处理问题的方法称为试探性出发。

试探性出发假设有时非常有效，但也并非总是那么可靠，特别是当直接从真实环境中进行学习时，这个假设很难满足，一般很少使用。作为替代，另一种常见的确保每一个状态 - 动作二元组被访问到的方法是，只考虑那些在每个状态下所有动作都有非零概率被选中的随机策略。有两种方法可以保证这一点，分别称为同轨策略方法和离轨策略方法。在同轨策略方法中，用于生成采样数据序列的策略和用于实际决策的待评估和改进的策略相同；而在离轨策略方法中，用于评估或者改进的策略与生成采样数据的策略不同，即生成的数据“离开”了待优化的策略所决定的决策序列轨迹。注意：同轨策略与离轨策略的提出，就是协调无模型强化学习中试探、开发与最优策略三者之间的矛盾与平衡关系。

最后总结一下：上面重点介绍了蒙特卡洛强化学习方法的策略评估步骤，并未介绍智能体与环境的交互过程，也未涉及策略改进。

(2)同轨策略蒙特卡洛强化学习方法

在同轨策略方法中，策略一般设计成“软性”，即对于任意 $s \in \mathcal{S}$ 以及 $a \in \mathcal{A}$，都有 $\pi(a \mid s) > 0$，但它们会逐渐地逼近一个确定性的策略。ε－贪心策略是最容易想到的同轨策略，意思是在绝大多数时候都采用获得最大估计值的动作价值函数所对应的动作，但同时以一个较小的 ε 概率随机选择一个动作。即对于所有的非贪心动作，都有 $\varepsilon / |\mathcal{A}(s)|$ 的概率被选中，而最优动作的概率为 $1-\varepsilon+\varepsilon / |\mathcal{A}(s)|$，这种 ε－贪心策略是 ε 软性策略的一个例子，即对于 $\varepsilon>0$，所有的状态和动作都有 $\pi(a \mid s) \geqslant \varepsilon / |\mathcal{A}(s)|$。在所有 ε 软性策略中，ε－贪心策略在某种层面上最接近贪心策略。

ε－贪心策略可用式(6－36)进行描述：

$$\pi(a \mid s) \leftarrow \begin{cases} 1-\varepsilon+\dfrac{\varepsilon}{|\mathcal{A}(s)|} & \text{if } a=a^{*} \\ \dfrac{\varepsilon}{|\mathcal{A}(s)|} & \text{if } a \neq a^{*} \end{cases} \tag{6-36}$$

同轨策略蒙特卡洛强化学习方法产生数据的行动策略为了确保每个状态－行动对都有机会出现，必须选择类似 ε－贪心策略这样的软性策略，否则无法探索出所有的状态－行动对，为了保持接近最优性策略，需要给最优状态－行动对很高的出现概率；在策略改进步骤中，不能像模型强化学习那样采用贪心策略，否则经过改进步骤后的策略再形成行动数据时，其探索性将会变弱，所以策略改进也需按照式(6－36)进行，实际上是以损失部分最优性确保探索性。

同轨策略蒙特卡洛强化学习方法的伪代码如图6－26所示。

```
On-Policy first-visit MC control (for ε-soft policies), estimates π ≈ π*

Initialize, for all s ∈ S, a ∈ A(s):
    Q(s, a) ← arbitrary
    Returns(s, a) ← empty list
    π(a|s) ← an arbitrary ε-soft policy

Repeat forever:
  (a) Generate an episode using π
  (b) For each pair s, a appearing in the episode:
        G ← the return that follows the first occurrence of s, a
        Append G to Returns(s, a)
        Q(s, a) ← average(Returns(s, a))
  (c) For each s in the episode:
        A* ← arg max_a Q(s, a)              (with ties broken arbitrarily)
        For all a ∈ A(s):
                      ⎧ 1−ε+ε/|A(s)|    if a = A*
          π(a|s) ←  ⎨
                      ⎩ ε/|A(s)|        if a ≠ A*
```

图6－26 同轨策略蒙特卡洛强化学习方法的伪代码

同轨策略蒙特卡洛强化学习方法主要有三个步骤：用初始选定的 ε - 贪心策略，让智能体通过与环境交互生成多幕数据；通过对每幕数据的回报 G_t 求和并多幕平均的方法近似 $q_\pi(s, a)$ 进行策略评估；用 ε - 贪心策略对策略进行改进，当然会用改进后的策略继续去生成数据。整个过程还是广义策略迭代的框架结构。在广义策略迭代过程中，将贪心策略的原生概念扩展到 ε 软性策略上，除了得到最优的 ε 软性策略外，每一步都能保障策略有改进。但是，ε 软性策略很难得到最优策略。所以开始时，一般将 ε 设置大一点，保持探索性，然后逐步减小 ε，随着策略的优化，逐步增加利用最优的因素，最后让 ε 为 0，以便获得最优策略。

ε - 贪心策略中 ε 的取值是平衡探索与开发矛盾的关键参数，如果 ε 很小，智能体探索能力较弱，开发现有最优动作的能力强；反之，ε 很大，探索能力很强，但开发现有最优动作的能力变弱，很难形成最优策略。

注意：由于初始策略具有随机性，开始的很多步骤中执行行动时所产生的数据会偏离最优情况，这就是试错，随着策略的不断改进，由改进策略所生成的数据将越来越接近最优，通过广义策略不断迭代，最终将接近最优策略。

(3) 离轨策略蒙特卡洛强化学习方法

所有的学习策略都面临一个困境：希望学到的动作可以使随后的智能体行为最优，但是为了搜索所有的动作(以保证找到最优动作)，需要采取非最优的行动。如何在遵循试探策略采取行动的同时学习到最优策略呢？一个更加直接的方法是干脆采用两个策略：一个用来学习并最终成为最优策略；另一个更加具有试探性(必须为软性策略)，用来产生智能体的行动样本。用来学习的策略被称为目标策略，用来生成行动样本的策略被称为行动策略。在这种情况下，学习所用的数据“离开”了待学习的目标策略，因此整个过程被称为离轨策略学习。

假设目标策略为 $\pi(a|s)$，显然需要评估 Q_π，但是数据是遵循另一个策略 $b(b \neq \pi)$ 得到的若干幕样本，π 为目标策略，b 为行动策略。为了使用从 b 得到的多幕样本序列去评估 π，要求在 π 下发生的每个动作都至少偶尔能在 b 下发生。换句话说，需要满足覆盖假设，即对任意 $\pi(a|s) > 0$，要求 $b(a|s) > 0$。根据这个假设，b 应为随机策略，目标策略 π 则可为确定策略。一般情况下，目标策略是一个确定的贪心策略，而行动策略是随机的且具有试探性的 ε - 贪心策略。这样做会出现什么问题呢？从同一状态 - 动作对出发到一幕结束，需要经过很多状态、动作及奖励三元组，由于两个策略的概率不同，显然不同策略将会产生不同的状态、动作及奖励序列轨迹，两者的回报会产生较大差别，需要将这种差别调整，即将行动策略产生的整幕回报调整到符合目标策略条件下的整幕回报。

几乎所有的离轨策略方法都采用重要度采样进行回报调整，重要度采样是一种在给定来自其他分布的样本的条件下，估计某种分布的期望值的通用方法。将重要度采样应用于离轨策略学习，对回报值根据其轨迹在目标策略与行动策略中出现的相对概率进行加权，这个相对概率也被称为重要度采样比。给定起始状态 S_t，后续的状态 - 动作轨迹 A_t，S_{t+1}，

A_{t+1}，…，S_T 在策略 π 下发生的概率为：

$$
\begin{aligned}
&Pr\{A_t, S_{t+1}, A_{t+1}, \cdots, S_T \mid S_t, A_{t:T-1} \sim \pi\} \\
&= \pi(A_t \mid S_t) p(S_{t+1} \mid S_t, A_t) \pi(A_{t+1} \mid S_{t+1}) \cdots p(S_T \mid S_{T-1}, A_{T-1}) \qquad (6-37) \\
&= \prod_{k=t}^{T-1} \pi(A_k \mid S_k) p(S_{k+1} \mid S_k, A_k)
\end{aligned}
$$

在目标策略和行动策略轨迹下的相对概率(重要度采样比)为：

$$
\rho_{t:T-1} = \frac{\prod_{k=t}^{T-1} \pi(A_k \mid S_k) p(S_{k+1} \mid S_k, A_k)}{\prod_{k=t}^{T-1} b(A_k \mid S_k) p(S_{k+1} \mid S_k, A_k)} = \prod_{k=t}^{T-1} \frac{\pi(A_k \mid S_k)}{b(A_k \mid S_k)} \qquad (6-38)
$$

尽管整体的轨迹概率值与状态转移概率有关，而且转移概率通常未知，但是它在分子和分母中完全相同，所以可被约分。最终，重要度采样比只与两个策略和样本序列数据相关，而与动态特性(状态转移概率)无关。

回想一下，之前希望估计目标策略下的期望回报，但只有行动策略中的回报 G_t。这些从行动策略中得到的回报的期望估计 $E[G_t \mid S_t = s, A_t = a] = Q_b(s, a)$ 并不正确，所以不能用它们的平均来得到 Q_π。这里就要用到重要度采样比了，使用比例系数 $\rho_{t:T-1}$ 可以调整回报使其有正确的期望值估计。

$$
E[\rho_{t:T-1} G_t \mid S_t = s, A_t = a] = Q_\pi(s, a) \qquad (6-39)
$$

如果对以上分析过程理解不透的话，可以换一个角度思考该问题。假设有一随机变量函数 $f(X)$，为了更清晰地说明问题，考虑一个特例，为此进一步假定 $f(X) = X$。对于抛硬币问题，如果正面朝上取 1，反面朝上取 -1，则随机变量 X 的取值为 $X \in \{+1, -1\}$，又由于取正反面的概率服从均匀分布 π，取值各为 0.5，因此下式成立。

$$
\pi(X=1) = 0.5, \quad \pi(X=-1) = 0.5
$$

显然，X 的期望为：

$$
E_{X\sim\pi}[X] = 0.5 \times 1 + 0.5 \times (-1) = 0
$$

如果进行抛硬币实验(也就是采样)，就可以用样本平均近似期望，将有下式成立。

$$
E_{X\sim\pi}[X] \approx \frac{1}{n} \sum_{i=1}^{n} x_i
$$

根据大数定理，当实验次数 $n \to \infty$ 时，上式变为等式。

如果所使用的硬币存在严重不对称缺陷，它不符合均匀分布，而是符合分布 b，假设：

$$
b(X=1) = 0.9, \quad b(X=-1) = 0.1
$$

显然，在分布 b 状态下 X 的期望为：

$$
E_{X\sim b}[X] = 0.9 \times 1 + 0.1 \times (-1) = 0.8
$$

在符合 b 分布的情况下进行实验，其对应的样本平均为：

$$
E_{X\sim b}[X] \approx \frac{1}{n} \sum_{i=1}^{n} x_i
$$

显然当抽样次数 $n \to \infty$ 时，上式变为等式，样本平均将会接近 0.8。在没有合格硬币进行随机实验的情况下，能否将残缺硬币所得到的实验样本进行校正，得到合格硬币的实验结果呢？也就是将0.8的期望值调整到0.5的问题。

首先将公式做一下等价变换：

$$E_{X\sim\pi}[X] = \sum_{x} \pi(x)x = \sum_{x} b(x)\frac{\pi(x)}{b(x)}x$$

如果将

$$\frac{\pi(x)}{b(x)}x$$

看作一个整体，并令其为 $g(x)$，显然式中对在 π 分布下求 X 期望转变为对在 b 分布下求 $g(x)$ 期望。其本质为：在分布 b 下采集的样本 x_i 序列，只要在求样本平均时乘以一个权重系数

$$\frac{\pi(x)}{b(x)}$$

即可调整到 π 分布下的样本平均。对于此抛硬币实验，下式成立。

$$E_{X\sim\pi}[X] \approx \frac{1}{n}\sum_{i=1}^{n}\frac{\pi(x_i)}{b(x_i)}x_i$$

注意：针对重要度采样问题，虽然重要度采样比这一权重系数保证了期望值的调整问题，由于两种分布的方差存在差异(分析过程略)，对于离轨策略问题，一般要求两种策略的差异不宜过大；如果两种策略差异过大，其方差也会大，当采样的样本数据不多时，其样本均值误差较大。

以上重点介绍了离轨策略蒙特卡洛强化学习方法中的策略评估需要考虑的问题，其算法的完整步骤同样遵循广义策略迭代的框架结构，这里不再赘述。

(4)蒙特卡洛强化学习算法的增量式实现

蒙特卡洛方法需要通过式(6-35)计算算术平均值，存储这些原始数据与中间过程需要的内存和计算量都很大，怎样才能以一种高效的方式计算这些均值呢？为了了解其本质，首先用最简单的符号表示这种算术平均，用 G_i 表示逐次获得的回报数据，用 Q_n 表示 $n-1$ 个数据的算术平均值，显然式(6-40)成立。

$$Q_n = \frac{G_1 + G_2 + \cdots + G_{n-1}}{n-1} \tag{6-40}$$

这种简明的计算方法需要维护所有数据的记录，内存和计算量会随着数据量的增加而增大，每增加一个数据就需要更多的内存存储和更多的计算资源对分子求和。正如大家怀疑的那样，确实没有必要用式(6-40)进行计算。为了计算每个新增数据，很容易设计增量式公式以小而恒定的计算来更新算术平均值。给定 Q_n 和第 n 次得到的数据 G_n，n 个数据的新的均值可以按以下方法计算。

$$\begin{aligned} Q_{n+1} &= \frac{1}{n}\sum_{i=1}^{n} G_i \\ &= \frac{1}{n}\left(G_n + \sum_{i=1}^{n-1} G_i\right) \end{aligned}$$

$$= \frac{1}{n}\left(G_n + (n-1)\frac{1}{n-1}\sum_{i=1}^{n-1} G_i\right)$$

$$= \frac{1}{n}(G_n + (n-1)Q_n)$$

$$= \frac{1}{n}(G_n + nQ_n - Q_n)$$

$$= Q_n + \frac{1}{n}(G_n - Q_n) \tag{6-41}$$

式(6-41)即使对 $n=1$ 也有效，对于每一个新增数据，这种计算方法只需存储 Q_n 和 n，以及式(6-41)的少量计算。

从式(6-40)到式(6-41)是一个很神奇的变化，像变戏法一样将一个普通的算术平均运算改造成了一个增量计算公式。

为了深入理解式(6-41)，将其写成如下形式：

$$\text{新估计值} \leftarrow \text{旧估计值} + \text{步长} \times (\text{目标} - \text{旧估计值}) \tag{6-42}$$

显然，Q_{n+1} 为新估计值，Q_n 为旧估计值，$1/n$ 为步长，G_n 为目标(G_n 为智能体与环境交互得到的真实的整幕回报，比估计值准确)，通常将(目标－旧估计值)称为误差。公式的含义非常明确，由于估计值不准确，需要不断向真实目标靠近。由于步长为 $1/n$，越是靠前的调整量越大，靠后的调整量逐渐趋于0，这与真实需求正好相反；实际上，开始时由于策略还未进行充分的改进，G_n 这个目标值不可信，加之所收集的幕数较少，估计值 Q_n 误差也大，其可信度低，步长应该小一点，随着策略的改进与收集幕数的增加，误差的可信度增加，这时步长应该更大些。如何才能满足此种要求呢？只要将 $1/n$ 这个变化的步长修改为常数固定步长 $\alpha(0<\alpha<1)$，又一个神奇的公式变换出现了。

$$\begin{aligned}
Q_{n+1} &= Q_n + \alpha(G_n - Q_n) \\
&= \alpha G_n + (1-\alpha)Q_n \\
&= \alpha G_n + (1-\alpha)[\alpha G_{n-1} + (1-\alpha)Q_{n-1}] \\
&= \alpha G_n + (1-\alpha)\alpha G_{n-1} + (1-\alpha)^2 Q_{n-1} \qquad (6-43)\\
&= \alpha G_n + (1-\alpha)\alpha G_{n-1} + (1-\alpha)^2\alpha G_{n-2} + \\
&\quad \cdots + (1-\alpha)^{n-1}\alpha G_1 + (1-\alpha)^n Q_1 \\
&= (1-\alpha)^n Q_1 + \sum_{i=1}^{n}\alpha(1-\alpha)^{n-i}G_i \qquad (6-44)
\end{aligned}$$

式(6-44)显然是一个加权平均，因为权值的和为1。即：

$$(1-\alpha)^n + \sum_{i=1}^{n}\alpha(1-\alpha)^{n-i} = 1 \tag{6-45}$$

从式(6-45)中可以看出，i 越大权值越大，也就是说越是靠后的交互数据回报越重要，这正是所需要的优越特性。

表达式(目标－旧估计值)为估计值的误差，误差会随着向“目标”靠近的每一步而减小。虽然“目标”中可能充满噪声，但还是假定“目标”会告知可行的前进方向。注意：式(6-43)的增量公式形式是所有无模型强化学习策略评估所共同遵循的法则，唯一的差别

就是 G_n 的表达形式不同，是一种特殊的贝尔曼方程形式，公式的本质就是求解依赖于数据的贝尔曼方程。

在蒙特卡洛评估过程中涉及两种重要计算，一种是在每幕中需要对出现所需状态 - 动作对后的奖励用式(6 - 16)中的递归方式求和，即可获得本幕的回报。例如，根据某个策略产生状态、动作、奖励的一整幕数据：

$$s_0,\ a_0,\ r_1,\ \cdots,\ s_{T-2},\ a_{T-2},\ r_{T-1},\ s_{T-1},\ a_{T-1},\ r_T$$

假设求本幕中$(s_0,\ a_0)$的回报，可设 $t = T-1,\ T-2,\ \cdots,\ 1,\ 0$。然后应用式(6 - 16)通过一阶递归方式求和。之所以倒序求和，也是为了便于递归计算。

蒙特卡洛策略评估过程中涉及的另一种重要计算就是针对每幕求得的回报取算术平均值，这种计算可通过式(6 - 43)来进行。但需要注意的是，同轨策略的蒙特卡洛方法不会有任何问题，但对于离轨策略的蒙特卡洛方法，需要考虑重要度采样的问题。

在普通重要度采样的条件下，回报首先乘以重要度采样比 $\rho_{t:T-1}$ 进行缩放，然后按照式(6 - 43)进行计算。针对加权重要度采样的离轨策略方法，需要对回报加权平均，而且需要一个略微不同的增量式算法。

假设有一个回报序列 $G_1,\ G_2,\ \cdots,\ G_{n-1}$，它们都从相同的状态开始，且每一个回报都对应一个随机权重 $W_i(W_i = \rho_{t:T-1})$。希望得到如下的估计，并且在获得一个额外的回报值 G_n 时能保持更新。

$$Q_n = \frac{\sum_{k=1}^{n-1} W_k G_k}{\sum_{k=1}^{n-1} W_k}, n \geqslant 2 \tag{6-46}$$

为了能不断跟踪 Q_n 的变化，必须为每一个状态维护前 n 个回报对应的权值的累加和 C_n。Q_n 的更新方法为：

$$Q_{n+1} = Q_n + \frac{W_n}{C_n}(G_n - Q_n),\ n \geqslant 1 \tag{6-47}$$

以及

$$C_{n+1} = C_n + W_{n+1} \tag{6-48}$$

这里 $C_0 = 0$(q_1 是任意的，所以不用特意指定)

(5)在广义策略迭代框架下的蒙特卡洛算法

由于同轨策略相对简单，这里主要介绍离轨策略。在广义策略框架下，每次可以生成多幕数据进行策略评估，也可只生成一幕数据进行策略评估，只要经过多次策略评估与策略改进的交替循环，最终收敛到最优策略即可。图 6 - 27 所示为一个基于广义策略迭代框架和重要度采样的离轨策略蒙特卡洛算法的伪代码，用于估计 π_* 和 q_*。

(6)蒙特卡洛强化学习方法的视角

图 6 - 25 展现了模型强化学习方法的视角，相比之下，蒙特卡洛方法的视角在宽度上窄了很多，它只能通过智能体与环境的不断交互产生纵向上的幕数据，具有完整的整幕序列，当取得多幕数据后，其样本平均就会逼近期望平均，它确实是对模型强化学习方法的

一种数据近似手段。蒙特卡洛方法的视角如图 6－28 所示，涂抹部分表示蒙特卡洛强化学习方法以整幕形式组织运算。

```
Off-Policy MC control, for estimating π ≈ π*
Initialize, for all s ∈ S, a ∈ A(s):
    Q(s, a) ← arbitrary
    C(s, a) ← 0
    π(s) ← arg max_a Q(S_t, a)          (with ties broken consistently)
Repeat forever:
    b ← any soft policy
    Generate an episode using b
        S_0, A_0, R_1, ..., S_{T-1}, A_{T-1}, R_T, S_T
    G ← 0
    W ← 1
    For t = T-1, T-2, ··· down to 0:
        G ← γG + R_{t+1}
        C(S_t, A_t) ← C(S_t, A_t) + W
        Q(S_t, A_t) ← Q(S_t, A_t) + W / C(S_t, A_t) [G - Q(S_t, A_t)]
        π(S_t) ← arg max_a Q(S_t, a)      (with ties broken consistently)
        If A_t ≠ π(S_t) then exit For loop
        W ← W 1 / b(A_t|S_t)             当目标策略选择的动作和行动策略选择
                                          的动作不同时结束循环
```

图 6－27　离轨策略蒙特卡洛算法伪代码

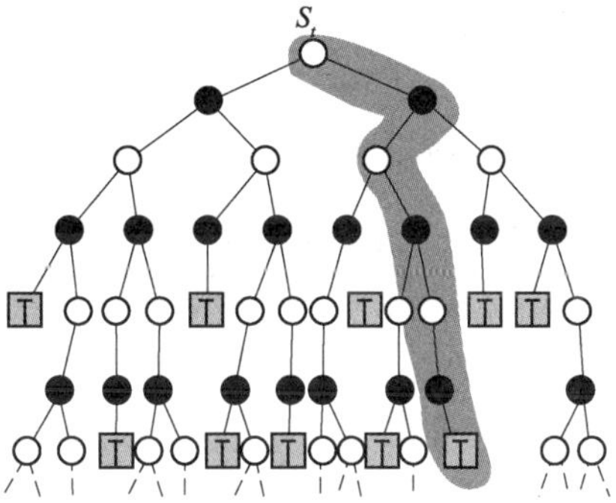

图 6－28　蒙特卡洛方法的视角示意

6.4.2　时序差分强化学习方法

在蒙特卡洛强化学习方法中，学习了式(6－43)和式(6－47)的动作价值函数的更新公式，对于蒙特卡洛强化学习方法来说，更新目标 G_n 是某一幕中的状态－动作对出现后，直至本幕结束时智能体所得到的本幕回报，存在非常大的时间延迟，显然需要至少一幕结束后才能更新动作价值函数。这在很多情况下难以做到，特别是幕非常长或连续的情况下更是如此。为了寻求更快更及时的更新方法，考虑 G_n 的构成，为了研究方便，将式(6－43)写成式(6－49)这种更一般的形式。

$$Q(S_t, A_t) \leftarrow Q(S_t, A_t) + \alpha[R_{t+1} + \gamma R_{t+2} + \cdots + \gamma^{T-t-1} R_T - Q(S_t, A_t)] \quad (6-49)$$

式中，α 为步长，并且将 G_n 按照奖励的时间顺序进行了展开。

G_n 的展开式具有非常大的灵活性，根据迭代关系，可以进行单步展开，也可以进行任意步展开。

G_n 的单步展开如下：

$$G_n = R_{t+1} + \gamma Q(S_{t+1},\ A_{t+1}) \tag{6-50}$$

G_n 的 n 步展开如下：

$$G_n = R_{t+1} + \gamma R_{t+2} + \cdots + \gamma^{n-t-1} Q(S_n,\ A_n) \tag{6-51}$$

注意：式(6－50)与式(6－51)后面的 G 替换成了 Q，主要原因是后面的 G 还未得到数据，只能结合已有的策略与已有的 Q 表中的数据估算。

现在思考一个问题：能否让式(6－50)或式(6－51)中的 G_n 代替式(6－49)中的整幕回报呢？理论上完全可以，因为 G_n 的本质未变，只是表示方式的不同。由此，引出了单步时序差分法与多步时序差分法。时序差分强化学习方法按照英文更为通俗的叫法为 TD 方法。

(1)单步时序差分法(Sarsa)

时序差分法的本质是避免蒙特卡洛方法的整幕更新模式，而采用单步更新模式，即出现一个状态、采取一个动作、获得一个奖励并产生一次状态转移后马上进行实时更新，加快了更新速度提高了效率，所以单步时序差分强化学习法是在线学习方法。

为了结合实例论述单步时序差分法的思想，现列举一个人所共知的篮球运动实例。

【例题 6.2】假设篮球运动的状态空间 $\mathcal{S}=\{s_1=$跳球态，$s_2=$篮板态，$s_3=$持球进攻态，$s_4=$无球进攻态，$s_5=$防守态$\}$，动作空间 $\mathcal{A}=\{a_1=$抢断，$a_2=$运球，$a_3=$投球，$a_4=$挡拆，$a_5=$传球，$a_6=$盖帽$\}$，表 6－6 所示为对应的 Q 表，表 6－7 所示为对应的策略表。

表 6－6　篮球运动的 Q 更新表

状态 | 动作	a_1=抢断	a_2=运球	a_3=投球	a_4=挡拆	a_5=传球	a_6=盖帽
s_1=跳球态	$Q(s_1, a_1)$	$Q(s_1, a_2)$	$Q(s_1, a_3)$	$Q(s_1, a_4)$	$Q(s_1, a_5)$	$Q(s_1, a_6)$
s_2=篮板态	$Q(s_2, a_1)$	$Q(s_2, a_2)$	$Q(s_2, a_3)$	$Q(s_2, a_4)$	$Q(s_2, a_5)$	$Q(s_2, a_6)$
s_3=持球进攻态	$Q(s_3, a_1)$	$Q(s_3, a_2)$	$Q(s_3, a_3)$	$Q(s_3, a_4)$	$Q(s_3, a_5)$	$Q(s_3, a_6)$
s_4=无球进攻态	$Q(s_4, a_1)$	$Q(s_4, a_2)$	$Q(s_4, a_3)$	$Q(s_4, a_4)$	$Q(s_4, a_5)$	$Q(s_4, a_6)$
s_5=防守态	$Q(s_5, a_1)$	$Q(s_5, a_2)$	$Q(s_5, a_3)$	$Q(s_5, a_4)$	$Q(s_5, a_5)$	$Q(s_5, a_6)$

表 6－7　篮球运动的 ε－贪心策略更新表

状态 | 动作	a_1=抢断	a_2=运球	a_3=投球	a_4=挡拆	a_5=传球	a_6=盖帽
s_1=跳球态	$\pi(a_1 \mid s_1)$	$\pi(a_2 \mid s_1)$	$\pi(a_3 \mid s_1)$	$\pi(a_4 \mid s_1)$	$\pi(a_5 \mid s_1)$	$\pi(a_6 \mid s_1)$
s_2=篮板态	$\pi(a_1 \mid s_2)$	$\pi(a_2 \mid s_2)$	$\pi(a_3 \mid s_2)$	$\pi(a_4 \mid s_2)$	$\pi(a_5 \mid s_2)$	$\pi(a_6 \mid s_2)$
s_3=持球进攻态	$\pi(a_1 \mid s_3)$	$\pi(a_2 \mid s_3)$	$\pi(a_3 \mid s_3)$	$\pi(a_4 \mid s_3)$	$\pi(a_5 \mid s_3)$	$\pi(a_6 \mid s_3)$
s_4=无球进攻态	$\pi(a_1 \mid s_4)$	$\pi(a_2 \mid s_4)$	$\pi(a_3 \mid s_4)$	$\pi(a_4 \mid s_4)$	$\pi(a_5 \mid s_4)$	$\pi(a_6 \mid s_4)$
s_5=防守态	$\pi(a_1 \mid s_5)$	$\pi(a_2 \mid s_5)$	$\pi(a_3 \mid s_5)$	$\pi(a_4 \mid s_5)$	$\pi(a_5 \mid s_5)$	$\pi(a_6 \mid s_5)$

对于单步时序差分法的策略评估，可以写成式(6－52)的形式。

$$Q(S_t,A_t) \leftarrow Q(S_t,A_t)+\alpha[R_{t+1}+\gamma Q(S_{t+1},A_{t+1})-Q(S_t,A_t)] \tag{6-52}$$

式中，$R_{t+1}+\gamma Q(S_{t+1},A_{t+1})$为$Q(S_t,A_t)$更新的目标(TD 目标)；$R_{t+1}+\gamma Q(S_{t+1},A_{t+1})-Q(S_t,A_t)$为目前的$Q(S_t,A_t)$与更新目标之间存在的误差(TD 误差)。

结合篮球运动实例看一下式(6-52)的更新方法。假设有一行动策略为ε-贪心策略，按照策略进行行动，对于$S_t=s_3$，由于持球进攻态下对应6个动作概率(概率之和为1)，假设按照这6个概率值进行抽样(ε-贪心策略)恰好抽到了投球行动$A_t=a_3$，根据是否投中(假定中了)立即就有奖励值出现$R_{t+1}=r_{t+1}=2$，状态马上转移到$S_{t+1}=s_5$=防守态。这是一个完整的单步行动所产生的采样效果，那么A_{t+1}从哪里来呢?其实，在设计算法时，首先要初始化一个如表6-6所示的Q表(假设状态数为5，行动数为6)，Q表中都有具体数值，根据式(6-52)每次更新一个状态-动作对，其他未更新的暂时会保持不变，随着单步更新的增加，将会使更多的状态-动作对得到更新，每时每刻都会存在一个上次得到更新的表格。对于本次的更新，由于只走了一个单步，只会出现公式中的S_t、A_t、R_{t+1}与S_{t+1}4个观测值，不会真正采样到A_{t+1}的数值，那么A_{t+1}的观测值从何而来呢?只有放宽条件，从现有的策略表格中找到对应的S_{t+1}行，针对S_{t+1}行所对应的6个动作概率值进行抽样(ε-贪心策略)，抽到哪个动作就选择该动作(假想动作)，然后再返回Q表中找到S_{t+1}所在行与假想行动A_{t+1}所在列对应的$Q(S_{t+1},A_{t+1})$值，这就是公式中$Q(S_{t+1},A_{t+1})$的取法。除此之外，在策略改进时，所遵循的策略与行动策略保持一致，也应为ε-贪心策略。按照式(6-52)进行一次更新后，将会得到新的$Q(S_t,A_t)$，用此值取代Q表中的$Q(S_t,A_t)$，Q表中的其他位置数值保持不变，这样就完成一次更新过程。通过对所有状态的逐次循环更新，Q表最后收敛于Q_π，完成一次策略评估。当然，在广义策略迭代框架下，在策略评估与策略改进之间可采用更灵活的方式。

本单步时序差分法在进行策略评估时，反复用到了S_t，A_t，R_{t+1}，S_{t+1}，A_{t+1}这种序列形式，其首写字母正好构成了Sarsa，所以这种同轨策略的单步时序差分法被称为Sarsa方法。之所以被称为同轨策略，是因为其行动策略与策略评估改进的策略保持一致。注意：Sarsa的行动策略与目标策略都采用相同的软性策略(例如ε-贪心策略)，属于同轨策略。

Sarsa强化学习算法的伪代码如图6-29所示。

```
Sarsa (on-policy TD control) for estimating Q ≈ q*

Algorithm parameter: step size α ∈ (0, 1],  small ε > 0
Initialize Q(s, a), for all s∈S+, a∈A(s), arbitrarily except that Q(terminal, ·) = 0

Loop for each episode:
    Initialize S
    Choose A from S using policy derived from Q (e.g., ε-greedy)
    Loop for each step of episode:
        Take action A, observe R, S'
        Choose A' from S' using policy derived from Q (e.g., ε-greedy)
        Q(S, A) ← Q(S, A)+α[ R +γ Q(S', A')−Q(S, A)]
        S ← S'; A ← A';
    until S is terminal
                               目标值     当前值
```

图6-29 Sarsa强化学习算法的伪代码

(2)单步时序差分法(Q－Learning)

在Sarsa强化学习方法中，A_{t+1}的选择与策略改进都采用了与行动策略一致的同轨模式，但这不是唯一的选择。完全可以像蒙特卡洛方法那样，评估与改进的目标策略采用与行动策略(行动策略为软性策略)不一致的策略方案，一般都是以贪心策略作为目标。在单步策略评估中，如果A_{t+1}的选择按照贪心策略进行(在现有已形成的Q表中选择最大价值的行动)，并且策略改进符合贪心策略，所形成的单步时序差分法就是著名的Q－Learning强化学习方法，显然是离轨策略。

$$Q(S_t,\ A_t)\leftarrow Q(S_t,\ A_t)+\alpha[R_{t+1}+\gamma\max_a Q(S_{t+1},\ a)-Q(S_t,\ A_t)] \quad (6-53)$$

式(6－53)表明，与Sarsa方法不同的是，当状态S_{t+1}出现后，不再按照原有的行动策略(不再按照策略表所给出的概率值进行抽样，即不用策略概率值)，直接根据Q表通过抽样进行A_{t+1}的选择，而且采用贪心策略，在S_{t+1}出现的行中，查找所有行动对应的Q值，直接选择价值最高的Q值。显然，策略评估过程背离了行动策略，也就是目标策略与行动策略不一致，属于离轨策略。实际上，Q－Learning是在求解贝尔曼最优方程，最终的收敛结果为Q^*，在广义策略迭代框架下，可省略策略改进的步骤。注意：Q－Learning强化学习方法虽然是离轨策略，由于只考虑了一个单步情况，其单步奖励与概率分布无关，所以不涉及重要度采用。Q－Learning强化学习算法的伪代码如图6－30所示。

Q-Learning (off-policyTD control) for estimating $\pi \approx \pi_*$

Algorithm parameter: step size $\alpha \in (0,\ 1]$, small $\varepsilon > 0$
Initialize $Q(s,\ a)$, for all $s \in \mathcal{S}^+$, $a \in \mathcal{A}(s)$, arbitrarily except that $Q(terminal,\ \cdot\ )=0$

Loop for each episode:
    Initialize S
    Loop for each step of episode:
        Choose A from S using policy derived from Q (e.g., ε-greedy)
        Take action A, observe R, S'
        $Q(S,\ A) \leftarrow Q(S,\ A)+\alpha[R+\gamma \max_a Q(S',\ a)-Q(S,\ A)]$
        $S \leftarrow S'$
    until S is terminal

图6－30 Q－Learing强化学习算法的伪代码

(3)单步时序差分法(期望Sarsa)

如果与Sarsa和Q－Learning都不同，在A_{t+1}的选择上，既不按照行动策略去选择，也不按照贪心策略去选择，而是对所有行动下的Q值求期望，如此就产生了期望Sarsa，其策略评估方法如式(6－54)所示。

$$\begin{aligned}Q(S_t,A_t) &\leftarrow Q(S_t,A_t)+\alpha[R_{t+1}+\gamma E[Q(S_{t+1},A_{t+1})\mid S_{t+1}]-Q(S_t,A_t)]\\ &\leftarrow Q(S_t,A_t)+\alpha\left[R_{t+1}+\gamma\sum\nolimits_a \pi(a\mid S_{t+1})Q(S_{t+1},a)-Q(S_t,A_t)\right]\end{aligned} \quad (6-54)$$

期望Sarsa在计算上比Sarsa更加复杂，但它消除了因为随机选择A_{t+1}而产生的方差，期望Sarsa也保持了Sarsa优于Q－Learning的优势。期望Sarsa综合利用了Q表与策略表，$\sum_a \pi(a\mid S_{t+1})Q(S_{t+1},a)$项的求法是：首先在$Q$表中查找出$S_{t+1}$行所对应的所有行动，再

通过策略表找出与 Q 表相对应的状态-行动对的所有概率值，然后对应项相乘再相加，其实这个过程就是求期望。

(4)多步时序差分法

在蒙特卡洛法与单步时序差分法的更新目标选择上处于两个极端态，一个是选择整幕回报，另一个是选择单步回报。如果能按照式(6-51)选择 G_n，就产生了任意步数的时序差分方法，其策略评估公式如式(6-55)所示。

$$Q_{t+n}(S_t, A_t) \leftarrow Q_{t+n-1}(S_t, A_t) + \alpha[G_{t:t+n} - Q_{t+n-1}(S_t, A_t)] \tag{6-55}$$

多步时序差分方法具有很大的灵活性，它囊括了蒙特卡洛方法与单步时序差分方法，其两者只是多步时序差分方法的特例，会有很多自身优势。对于多步时序差分方法，只要多于两步，如果采用离轨策略，需要像蒙特卡洛方法那样进行重要度采样。关于多步时序差分法的详细内容这里不再赘述。

(5)时序差分法的视角

单步时序差分法的视角如图6-31所示，它不像蒙特卡洛方法那样，需要等至少一幕结束后才能学习，每执行一步就开始学习，属于在线学习方法。多步时序差分法的视角处于蒙特卡洛方法与单步时序差分方法之间。

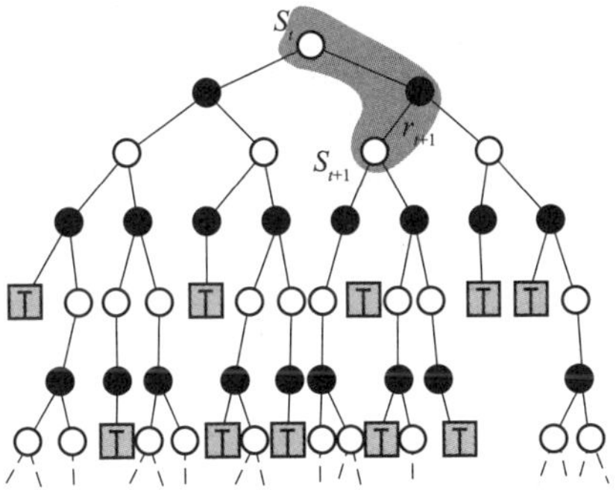

图6-31　单步时序差分法的视角

视频简介

本视频主要讲解无模型强化学习思想方法、解决问题思路、开发-探索平衡、同轨策略、离轨策略及重要度采样比等问题，观看以上内容讲解视频请扫描二维码。

视频简介

本视频主要讲解无模型强化学习策略评估方法多样性的形成思想，建立起蒙特卡洛方法与各种时序差分方法的初步概念，观看以上内容讲解视频请扫描二维码。

视频简介

本视频主要讲解无模型强化学习中的蒙特卡洛方法与单步时序差分 Sarsa 方法，分析了同轨策略与离轨策略的具体应用，观看以上内容讲解视频请扫描二维码。

视频简介

本视频主要讲解无模型强化学习中的单步时序差分期望 Sarsa 方法、单步时序差分 Q－Learning 方法与 n 步时序差分方法，观看以上内容讲解视频请扫描二维码。

6.5 强化学习不同方法的关系

本节从几个尽量统一的视角重新梳理一下各种强化学习方法。

6.5.1 模型与无模型强化学习方法的关系

在讲解模型强化学习方法时，首先约定模型已知，实际上模型很难得到，面临的一个问题是所需要的模型从哪里来？其实模型也需要从学习中来，能否将模型方法与无模型强化学习方法相结合呢？答案是肯定的。图 6－32 所示为模型与无模型强化学习相结合的框架结构。对于一个智能体来说，实际经验至少扮演了两个角色：它可以用来改进模型，使模型与现实环境更精确地匹配；它可以用于无模型强化学习中的策略评估与策略改进。可以充分利用模型方法与无模型方法各自的优势，将两者结合使智能体既具有“深谋远虑”的规划能力，也具有与环境互动的学习能力。其实，强化学习已经逐渐从低级的、试错式的学习延伸到了高级的、深思熟虑的规划。

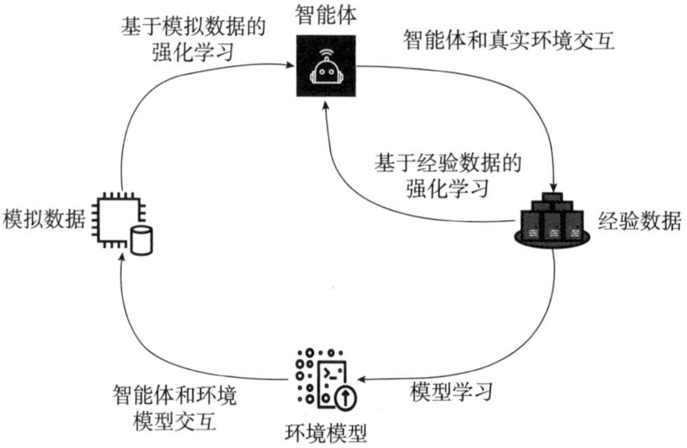

图 6－32　模型与无模型强化学习的统一架构示意

6.5.2 无模型强化学习方法的统一性

在无模型强化学习方法中，其策略评估的过程可以用一个统一的公式表达出来。

$$Q(S_t, A_t) \leftarrow Q(S_t, A_t) + \alpha[\text{更新目标} - Q(S_t, A_t)] \tag{6-56}$$

表6-8所示为更新目标与各自算法的对应关系。式(6-56)统一了无模型强化学习的策略评估过程。另外，策略改进本身遵循统一模式，主要有两种方法：一种是策略改进策略与行动策略一致，都采用ε-贪心策略，称为同轨策略；另外一种就是改进策略采用与ε-贪心策略不同的贪心策略，称为离轨策略。

表6-8 无模型强化学习方法的更新目标

算法	更新目标
Sarsa	$R_{t+1} + \gamma Q(S_{t+1}, A_{t+1})$
n-step Sarsa	$R_{t+1} + \gamma R_{t+2} + \cdots + \gamma^{n-1} R_{t+n} + \gamma^n Q_{t+n-1}(S_{t+n}, A_{t+n})$
Expected Sarsa	$R_{t+1} + \gamma \sum_a \pi(a \mid S_{t+1}) Q(S_{t+1}, a)$
Q-Learning	$R_{t+1} + \gamma \max\limits_a Q(S_{t+1}, a)$
Monte Carlo	$R_{t+1} + \gamma R_{t+2} + \cdots + \gamma^{T-t-1} R_T$

从另一个角度来看，无模型方法都是对更新目标求期望或求最大，主要计算过程都是在求解贝尔曼原始方程或贝尔曼最优方程，下面从贝尔曼方程的角度将各种方法相互关联起来。由表6-9可知，只有Q-Learning需要求解贝尔曼最优方程，其他方法都是在求解贝尔曼原始方程。

表6-9 无模型强化学习方法所求解的贝尔曼方程

算法	贝尔曼原始方程或贝尔曼最优方程
Sarsa	$Q(s, a) = E[R_{t+1} + \gamma Q(S_{t+1}, A_{t+1}) \mid S_t = s, A_t = a]$
n-step Sarsa	$Q(s, a) = E[R_{t+1} + \gamma R_{t+2} + \cdots + \gamma^{n-1} R_{t+n} + \gamma^n Q_{t+n-1}(S_{t+n}, A_{t+n}) \mid S_t = s, A_t = a]$
Expected Sarsa	$Q(s, a) = E[R_{t+1} + \gamma E_{A_{t+1}}[Q(S_{t+1}, A_{t+1})] \mid S_t = s, A_t = a]$
Q-Learning	$Q(s, a) = E[R_{t+1} + \gamma \max\limits_a Q(S_{t+1}, a) \mid S_t = s, A_t = a]$
Monte Carlo	$Q(s, a) = E[R_{t+1} + \gamma R_{t+2} + \cdots + \gamma^{T-t-1} R_T \mid S_t = s, A_t = a]$

从无模型强化学习的三个步骤来看，也具有统一性。

步骤1：智能体按照某个策略与环境交互，获得经验数据。

智能体与环境交互过程所采取的策略就是行动策略，这一策略可能与目标策略相同或不同，相同时称为同轨策略，不同时称为离轨策略，由于智能体与环境交互为探索过程，必须保证每个状态-行动对都有可能被发现，行动策略应该为软性策略，不能为贪心策略这样的确定性策略。这一步骤是所有无模型强化学习方法所共同遵循的统一步骤，唯一的差别就是每个循环步骤中交互的时间步大小不同，蒙特卡洛方法至少需要交互到一幕结束；单步时序差分方法只需交互一个时间步；多步时序差分法需要交互 n 个时间步。

步骤 2：策略评估过程，获取每个待评估策略的动作价值函数。

策略评估是价值学习最为丰富的内容，也是价值学习的核心内容所在，每种方法都可以用具有明确内涵的公式表达出来，理解了这些公式就理解了价值学习的本质。

步骤 3：策略改进过程，使策略向最优策略演化。

在价值学习的三个步骤中，策略改进相对简单。针对同轨策略，策略改进也必须是软性策略，这样才能保持与行动策略的一致；对于离轨策略，策略改进采用确定的贪心策略。所有的无模型强化学习方法都遵循一致的规则，理论上，每种强化学习方法都可采用同轨策略，也可采用离轨策略，只是怎么选择更为合理的问题。

以蒙特卡洛方法与时序差分法为例，强化学习的三个步骤也可以用图 6－33 所示的更形象的关系图进行展示。

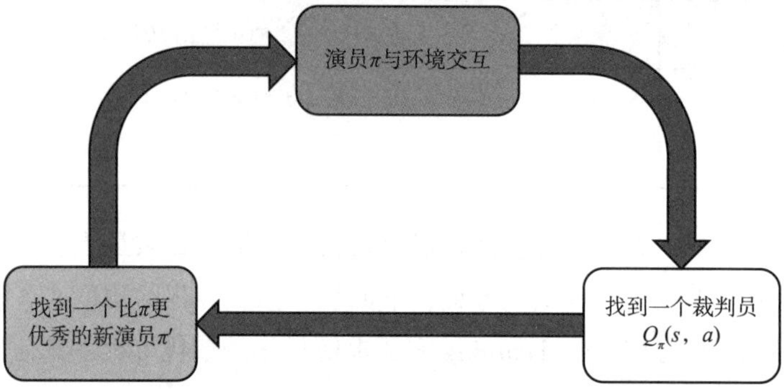

图 6－33　强化学习三步骤的形象说明

强化学习方法虽然种类繁多，概念深奥，难于掌握，如果能从统一的角度看清其本质，强化学习内容将会变得一目了然，内化于心。

6.5.3　各种方法的维度关系

为了更清晰地理解模型强化学习（也称动态规划）、蒙特卡洛强化学习、时序差分强化学习及传统的穷举搜索法之间的关联，给出了维度图示。图 6－34 从广度与深度两个维度展现了 4 种方法之间的异同。

视频简介

本视频主要讲解无模型强化学习与模型强化学习的对立统一关系、无模型强化学习方法的统一性与各种方法的维度关系，观看以上内容讲解视频请扫描二维码。

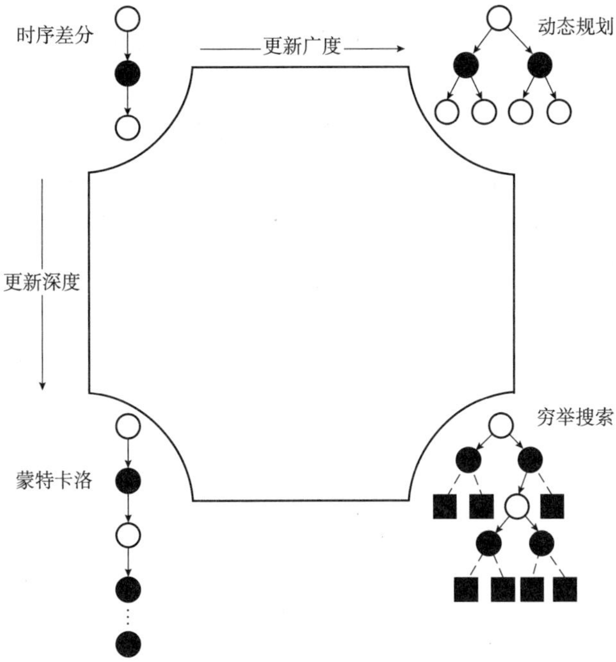

图 6-34 各种方法的维度关系

本章小结

本章首先通过拟人思路诠释了强化学习的本质与特征，继而花费大量篇幅对随机变量与期望、智能体-环境交互、动态特性函数、目标与回报、策略与价值函数、最优策略与最优价值函数等强化学习概念体系进行了详细解读；在熟悉强化学习基本概念的基础上，对模型强化学习所涉及的策略评估、策略改进与策略迭代三部曲进行了细致剖析，以价值迭代为中介，进一步讲解了广义策略迭代模型强化学习框架结构；无模型强化学习为本章的核心与重点，首先强调了无模型强化学习方法是对模型强化学习方法的近似，同样遵循广义策略迭代框架体系，其多样性主要体现在策略评估方法的不同与差异，由此展开了蒙特卡洛强化学习方法与时序差分强化学习方法的分析，针对时序差分强化学习方法又分解为单步时序差分 Sarsa 方法、单步时序差分 Q-Learning 方法、单步时序差分期望 Sarsa 方法与多步时序差分方法等进行讲解；最后，从模型与无模型强化学习的关系、无模型强化学习方法的统一性、各种方法的维度关系等视角对全章内容进行了关联性分析与统一性认识。

本章内容配套 PPT 课件获取链接：https://pan.baidu.com/s/1k_9Ocjba8I4gF3MUak_lww，提取码 1008。

实践 7　利用 Q－Learning 帮助智能体在简单 6 格环境中达成目标

实践 7 给出了一个表格型强化学习实例，实例运行于一个简单的 6 格(2 行 3 列)环境中。当智能体到达目标位置时获得奖励＋100 分，到达坠洞位置时获得惩罚－100 分，而在其他位置移动时不获得任何奖励和惩罚。实践过程中将通过 Q－Table 来引导智能体的决策以达成目标，获得奖励。源码下载地址：https://github.com/BookCode－2024/Q－Learning.git，配套视频可扫描右侧二维码获取。

习题

(1)强化学习有哪些典型特征？

(2)如果一个函数表达式中含有随机变量，并且随机变量的取值范围与概率分布已知，如何让表达式不再显含这些随机变量，并举例说明。

(3)为什么说四参数动态特性函数是模型强化学习的基础？

(4)在计算回报 G_t 时，折扣率 γ 在 0～1 的取值不同，将如何影响智能体的视野？并举例说明。

(5)简述 G_t 的不同递归形式、贝尔曼原始方程的多样性、贝尔曼期望方程以及贝尔曼最优方程之间的内在关系。

(6)简述演员－评论家框架与广义策略迭代框架的内涵。

(7)写出 ε－贪心策略的公式表达方式，并分析 ε 的不同取值如何在探索与开发之间取得平衡，并举例说明。

(8)在无模型强化学习方法中，为什么会提出同轨策略与离轨策略？它们是为了解决什么问题？为什么在模型强化学习方法中并未涉及这些内容？

(9)为什么在单步时序差分方法中，即使是离轨策略，也不需要重要度采样比进行校正？针对离轨策略，为什么多步时序差分方法与蒙特卡洛方法都需要重要度采样比进行校正？

(10)从更新目标与贝尔曼方程求解的视角，论述无模型强化学习方法的统一性。

参考文献

[1]Sutton R S，Barto A G. Reinforcement learning：an introduction(second edition)[M]. 俞凯，等，译. 北京：电子工业出版社，2019.

[2]杨杰，黄晓霖，高岳，等. 人工智能基础[M]. 北京：机械工业出版社，2020.

[3]郭宪，方勇纯. 深入浅出强化学习[M]. 北京：电子工业出版社，2018.

[4]肖智清. 强化学习：原理与Python实现[M]. 北京：机械工业出版社，2019.
[5]白辰甲，赵英男，郝建业，等. 强化学习——前沿算法与应用[M]. 北京：机械工业出版社，2023.
[6]Barto A G，Mahadevan S. Recent advances in hierarchical reinforcement learning[J]. Discrete Event Dynamic System，2003，13(4)：341－379.
[7]Sutton R S，Mahmood A R，White M. An emphatic approach to the problem of off－policy temporal－difference learning[J]. Journal of Machine Learning Research，2016，17(73)：1－29.
[8]Kiumarsi B，Vamvoudakis K G，Modares H，et al. Optimal and autonomous control using reinforcement learning：a survey[J]. IEEE Transactions on Neural Networks and Learning Systems，2018，29(6)：2042－2062.
[9]赵世钰. 强化学习的数学原理(英文版)[M]. 北京：清华大学出版社，2024.

第7章 深度强化学习

第6章主要学习了表格型强化学习方法，虽然表格型强化学习应用范围有限，但它奠定了强化学习的基石，为强化学习的理论扩展及应用提供了方法论。表格型强化学习当状态空间与动作空间巨大时，求解最优动作价值函数将变得异常困难，必须求助泛化能力强的函数近似方法，而深度神经网络可以近似任意复杂的非线性与线性函数，选择深度神经网络解决表格型强化学习的泛化问题具有天然优势。强化学习与深度学习相结合所产生的深度强化学习被誉为“人工智能金字塔的塔尖”，是一种从感知到动作的端到端的革命性算法，是发展通用人工智能的一条可行路径。本章主要讲述强化学习与深度学习相结合而得到快速发展的深度强化学习，核心内容包括以价值学习为代表的 DQN 深度强化学习方法；以策略学习为代表的 Reinforce 方法、Actor - critic 方法、Advantage Actor - critic 方法、DDPG 方法及高斯随机策略方法等；简述了各种方法之间的关联；最后，对目前广泛应用的深度强化学习 PPO 算法进行了比较清晰透彻的解释与说明。

7.1 深度强化学习基本思想

深度强化学习本质上还是强化学习，深度学习只是手段，强化学习才是目标。

7.1.1 强化学习面临的问题

表格型强化学习需要将处理的问题能够用多张有限维度的二维表格描述出来，表格涉及状态 - 行动对所对应的策略表、状态 - 行动对所对应的动作价值表、状态 - 行动对所对应的奖励表等，存取工作都是对表格的操作，简单直接，应用起来也非常明晰清楚，但也存在很多的局限性。

(1) 不适宜大型状态空间

很多强化学习都面临着巨大的状态空间或连续状态空间问题，围棋游戏的状态空间为 3^{361}；一个游戏画面为了感知环境的动态性一般状态输入为连续的4帧图像，假设一帧图像有 84×84 个像素点，那么四帧图像就有 $84 \times 84 \times 4$ 个像素点，每一个像素点的取值为0 ~255 种可能，所有状态的可能性就有 $256^{84 \times 84 \times 4}$ 种；如果将机器人末端执行器的位移与速度作为状态，状态成为连续量，状态数为无穷大。针对巨大的状态数，表格型强化学习的存储量、计算量及计算效率都面临巨大挑战。针对以上情况，即使应用超强计算功能的计算机，表格型强化学习方法也几乎不可能找到最优动作价值函数与最优策略，必须转而求助参数化的函数近似方法，降低计算与存储复杂性，提升算法的泛化能力。

(2)不适宜解决随机策略问题

表格型强化学习追求最优策略，最优策略是确定性策略，虽然智能体与环境交互经常采用 ε - 贪心策略，赋予每个动作一定的概率含义，但最优动作一家独大，其他动作只有较小概率的出现机会，本质上还是探索与求解最优确定性策略，并不是真正意义的随机策略。很多强化学习问题，需要追求真正的随机策略：作战双方不能采用确定性策略，兵者诡道也，出其不意，攻其不备，如果一方采用确定性策略，很容易让对手掌握规律，必败无疑；小时候常做的石头、剪刀、布游戏，如果一方采用确定性策略，总出剪刀，那对方就太容易获胜了；很多游戏之所以有趣，是因为其中的大部分都采用了随机策略。

(3)不适宜解决连续动作问题

有些强化学习任务还涉及连续的动作空间，例如：机器人每个自由度的转角；汽车油门或制动的踩踏量；汽车方向盘的转角。这些量均为反映动作程度的连续量，其动作空间为无穷大。针对一个六自由度机器人，虽然由自由度决定的动作数只有6个，但每个动作的范围为连续空间，如果自由度都为旋转运动，且每个自由度的旋转角度分别为连续空间 $[0, \theta_1]$、$[0, \theta_2]$、$[0, \theta_3]$、$[0, \theta_4]$、$[0, \theta_5]$、$[0, \theta_6]$，这样机器人的动作空间为 $[0, \theta_1]\times[0, \theta_2]\times[0, \theta_3]\times[0, \theta_4]\times[0, \theta_5]\times[0, \theta_6]$，怎样控制机器人动作，表格型强化学习方法无法解决此类问题。

7.1.2　强化学习与深度学习结合

从样例中进行泛化的方法已经取得了丰硕的成果，不需要在强化学习中发明新的方法。函数逼近的泛化方法虽然很多，但目前公认的泛化能力最强的当属深度学习，理论上深度神经网络能够逼近任意复杂的非线性函数。强化学习与深度学习相结合产生了众多的强化学习方法：适于解决状态空间巨大的DQN深度强化学习方法与SARSA深度强化学习方法、适于解决随机策略的策略梯度方法、适于解决连续动作的策略梯度方法等。本章只重点介绍价值学习与策略学习的核心方法，只要具备了这些基础知识，就能很顺利地自学最新的深度强化学习研究成果。

7.2　大型状态空间DQN深度强化学习

强化学习的终极目标是找到最优策略，只要知道最优策略，智能体就可以按照策略去行动。在表格型强化学习框架中，直接寻找最优策略很困难，所以采用了迂回方法，通过最优动作价值函数的学习间接找到最优策略，所以表格型强化学习方法均称为价值学习方法。当状态 - 动作对非常巨大时，想求解所有状态 - 动作对的动作价值函数几乎不可能，必须通过参数化的函数近似方法进行动作价值函数的估计，所谓价值学习类型的深度强化学习，就是通过深度神经网络去近似动作价值函数，除此之外，强化学习的本质没有任何变化。当然，强化学习与深度学习结合，会产生一些磨合问题，主要原因是深度学习与强化学习都各自沿着自身的模式发展，并不是为深度强化学习所定制。理论上，第6章所学的蒙特卡洛、Sarsa、Q－Learning及多步时序差分等所有无模型强化学习方法都可以构造出深度强化学习的框架结构，本节以点带面，重点讲述Q－Learning强化学习方法与深度神经网络相结合发展起来的DQN深度强化学习方法，其他方法可以触类旁通。DQN算法是深度学习领域首次广泛应用于强化学习的算法模型之一，它于2013年由DeepMind公司的研究团队首次提出，通过将深度神经网络与经典强化学习算法Q－Learning结合，历经不断改进实现了对高维或连续状态空间的处理，使DQN具备了较强的感知与决策能力。本节介绍的DQN方法，适于连续(或巨大)状态空间及离散动作空间，不适于连续动作空间。注意：深度学习具有较强的感知能力，但是缺乏一定的决策能力；而强化学习具有决策能力，感知能力弱，将两者相结合，优势互补，为复杂系统的感知决策问题提供了解决思路。

7.2.1 DQN深度强化学习基本框架

在表格型强化学习方法中，Q－Learning具有非常优秀的特性，将深度神经网络与Q－Learning相结合，产生了Deep Q Network，简称DQN。

Q－Learning之所以重要，是因为它将策略评估与策略改进合二为一，直接求解最优动作价值函数，并且可以使用离轨策略，与深度神经网络结合具有先天优势，所以得到了快速发展。

Q－Learning的策略评估与策略改进求解Q_*的合二为一公式如下。

$$Q(s_t, a_t) \leftarrow Q(s_t, a_t) + \alpha\left[r_{t+1} + \gamma \max_a Q(s_{t+1}, a) - Q(s_t, a_t)\right]$$

针对上式中的动作价值函数评估问题，在表格型Q－Learning强化学习方法中，$Q(s, a)$的存取都是通过对表格的操作实现。其实，表格本质上反映状态与动作价值函数的离散映射，当状态数量巨大或连续时，表格型方法就不再适用。如何让深度神经网络近似表达这样的表格呢？构造怎样的框架结构才能实现强化学习的目标呢？如果能够构造出合适的深度神经网络，原先凡是需要查表得到Q的要求，现在只要将状态输入深度神经网络，深度神经网络的输出就相当于查表的结果。这显然容易做到，解决这样的问题本来就是深度神经网络的特长。针对构造的深度神经网络，$Q(s, a)$可用权值参数为w的深度神经网络表示为$Q(s, a, w)$。

很自然地想到构造如图7－1所示的深度强化学习基本框架结构。针对每种状态的输入，深度神经网络的输出为对应状态的各种动作的动作价值，显然，输出向量维数与动作空间个数一致。在构造深度强化学习基本框架结构时，发挥了Q－Learning离轨策略的优势，智能体与环境交互收集数据过程中，采用ε－greedy软性策略，而在训练深度神经网络时采用最优策略。在图 7－1 中，所画出的两个 DQN 网络其实是同一网络，分开画只是为了表达得清晰化，主要目的是将输入不同状态的输出结果明晰地表达出来，在实际应用过程中，输入不同的状态及不同输出结果是针对同一网络在不同时刻的输入与输出。

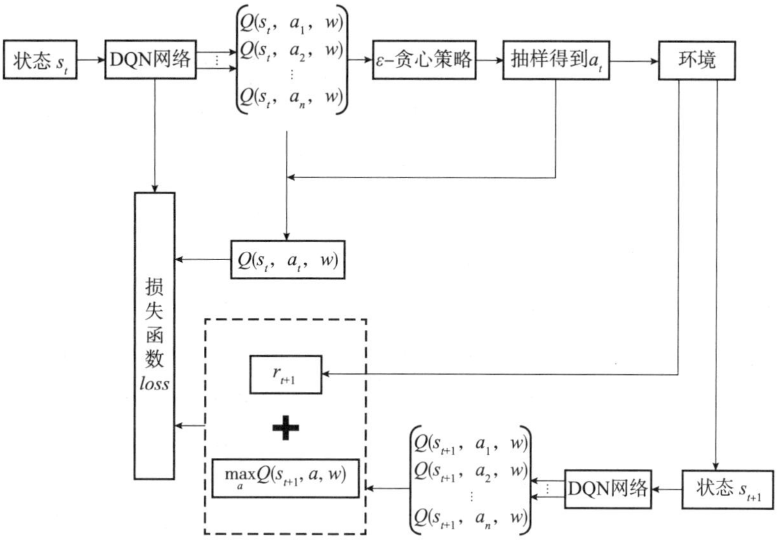

图 7－1 DQN 网络基本架构示意

7.2.2 DQN 基本框架结构的学习过程

针对图 7－1 的 DQN 深度强化学习基本框架，进一步进行以下分析。

(1)深度神经网络的结构

一般情况下，深度神经网络选用具有几个卷积层和少量全连接层的卷积神经网络结构形式，由于池化层具有平移不变性，对输入图像中对象的位置变得不敏感，这对于 ImageNet 这样的分类任务来说不存在什么问题，但游戏中位置对潜在的奖励至关重要，不希望丢失这些信息。所以，DQN 网络一般不涉及池化层。

(2)智能体与环境的交互方式

深度强化学习本质上是强化学习，需要智能体与环境交互才能获取学习数据，每当 DQN 输出每种动作价值函数数值 $Q(s_t, a_1, w)$、$Q(s_t, a_2, w)$、…、$Q(s_t, a_n, w)$后，需要对所有动作价值函数构造 ε－greedy 软性策略，然后按照 ε－greedy 软性策略抽样得到动作与环境交互，环境根据输入的状态与软性策略抽样得到的动作，产生针对该状态－动作对的奖励 r_{t+1}与转移到的后继状态 s_{t+1}。这样，智能体与环境的单步交互即可产生一个四元组(s_t，a_t，r_{t+1}，s_{t+1})，这一四元组即可供 DQN 进行学习使用，优化深度神经网络。

(3)DQN 基本框架结构的学习过程

针对智能体与环境交互产生的四元组(s_t，a_t，r_{t+1}，s_{t+1})的学习过程，本质上与 Q－Learning 的学习过程相同，同样是以

$$y_t = r_{t+1} + \gamma \max_a Q(s_{t+1}, a, w)$$

为学习目标(瞬时奖励+记忆经验奖励)，追求TD误差

$$\delta_t = Q(s_t, a_t, w) - [r_{t+1} + \gamma \max_a Q(s_{t+1}, a, w)]$$

最小化，不同的是将获取

$$Q(s_t, a_t, w) 与 \max_a Q(s_{t+1}, a, w)$$

的查表环节转换为求助神经网络。注：在第6章的强化学习内容中，TD误差习惯使用

$$r_{t+1} + \gamma \max_a Q(s_{t+1}, a, w) - Q(s_t, a_t, w)$$

的形式，在本章中将其变一下正负号，其目的是在进行梯度下降法计算时，表达式与传统梯度下降法保持一致，并不影响任何具体计算数值。

具体学习过程为：

(1)将状态 s_t 输入DQN网络，观察各动作的价值函数输出值 $Q(s_t, a_1, w)$、$Q(s_t, a_2, w)$、…、$Q(s_t, a_n, w)$，应用软性策略抽样得到 a_t，通过 a_t 与环境交互，环境给予奖励 r_{t+1}，状态转移到 s_{t+1}，从DQN输出中选取与 a_t 对应动作的价值函数数值 $Q(s_t, a_t, w)$；

(2)然后将状态 s_{t+1} 再次输入同样的DQN网络，观察各动作的价值函数输出值 $Q(s_{t+1}, a_1, w)$、$Q(s_{t+1}, a_2, w)$、…、$Q(s_{t+1}, a_n, w)$，从中找出最大值

$$\max_a Q(s_{t+1}, a, w);$$

(3)继而可构造DQN网络的损失函数

$$loss(w) = 1/2[Q(s_t, a_t, w) - y_t]^2;$$

(4)接下来应用梯度下降法进行权值调节

$$\nabla_w loss(w) = [Q(s_t, a_t, w) - y_t] \nabla_w Q(s_t, a_t, w),$$

$$w \leftarrow w - \alpha\delta_t \nabla_w Q(s_t, a_t, w)。$$

这里做了一个特殊处理，将 $Q(s_{t+1}, a, w)$ 看作与 w 无关，不对权值求导，只将 $Q(s_t, a_t, w)$ 看作与 w 有关进行求导，通过误差反传算法对各层权值进行调整。经过以上步骤后，就完成了一轮学习过程，经过不断循环，即可完成学习与训练任务。

7.2.3 DQN基本框架结构存在的弊端

以上DQN基本框架是最早提出的架构模式，经过Q-Learning与卷积神经网络结合过程的不断磨合，历经实践检验，发现了一些弊端。

(1)评估网络与目标网络共享引起的不稳定

由DQN的基本架构可知：用于进行策略评估的网络与目标值计算的网络为同一网络，由于网络的权值在每个单步调整后都会变化，这将会造成时变的目标，前一组数据刚刚训练完成，后一组数据又要重新训练，这就像射击手在瞄准一个移动目标与猫在追逐一个奔跑的老鼠一样，使网络训练与权值调整不稳定，影响网络的收敛。同时，还可能引起价值估计误差的相互影响与传递。在表格型强化学习中，由于Q-Learning算法是在求解贝尔曼最优方程，不会存在不稳定与不收敛的问题，本现象是强化学习与深度学习相结合所出

现的特殊问题。

(2)Q - Learning 算法中取最大值操作引起的网络高估的正反馈

在 Q - Learning 算法中，存在对 $Q(s_{t+1}, a)$ 取最大值的操作，当神经网络有噪声存在时，$Q(s_{t+1}, a)$ 的最大值将会变大，即高估价值函数，由于目标值的高估，加之两个 Q 值的计算共用一个网络，策略评估出的 $Q(s_t, a_t)$ 值将会增大，由此将进一步推高下一步的 $Q(s_{t+1}, a)$ 的数值，这种自举式正反馈可能会一直传递下去，影响网络的稳定与收敛。为何在表格型 Q - Learning 算法中不存在高估问题呢？答案其实很简单，表格型 Q - Learning 算法本质上是在求解最优贝尔曼方程，不存在噪声与网络训练问题。高估问题纯粹是 Q - Learning 与神经网络训练相结合的新问题。

(3)经验数据的高度相关使网络不稳定

由 DQN 基本框架可知：如果实时地采用 DQN 的环境交互四元组训练网络，这些四元组之间存在关联性。因为状态的转移为连续过程，如果直接按交互顺序取四元组作为训练集，数据集前后状态高度相关，很容易使网络过拟合。经验训练样本间不满足独立同分布条件，深度神经网络作为有监督学习模型，要求数据满足独立同分布，如果经验数据偏离这一分布要求，神经网络表现出不收敛与不稳定的行为，影响网络训练效果。此问题也是强化学习与神经网络结合的产物。

(4)经验数据的丢弃与浪费

在强化学习过程中，最珍贵的是智能体与环境交互所获得的经验数据，为了获得这些经验，一般需要付出实际行动的代价，只要有了经验数据，训练深度神经网络的过程就可以依靠算法与计算机的算力来完成。现有的经验数据只使用一次就抛弃，未重复使用经验，不能最大限度地发挥经验数据的作用，也未规划利用以往积攒的经验数据或其他策略产生的经验数据的接口。这一问题不仅是深度强化学习的问题，而且表格型 Q - Learning 算法本身也存在此类问题。

(5)根据单个四元组调整权值效率低

只根据单个四元组实时调整权值，权值将会跟踪每个四元组的变化而变，权值调整不稳定，影响深度神经网络的收敛。表格型 Q - Learning 算法在求解贝尔曼最优方程过程中，单步运算没问题，但作为训练深度神经网络的权值调整，一般采用小批量样本输入后集中调整权值策略，这样权值调整效率高，收敛快。

7.2.4 DQN 基本框架的改进方法

(1)目标网络或双 Q 网络模式

在更新 Q 函数时，一边获取 Q 值一边更新 Q 函数将会带来不稳定问题，这种只针对一个网络的 Q 函数，实时更新，会导致轨迹很乱，不易训练。针对评估网络与目标网络共享引起的不稳定问题，自然会想到使目标网络相对固定的方法。可以让评估网络起到主网络的作用，负责控制智能体收集经验、Q 值计算、Q 值迭代更新、梯度下降及反向传播等；目标网络采用与主网络完全相同的结构，只负责目标中下一状态的 Q 目标值的计算，目标网络权值参数采用间隔式延迟更新方法，即每隔一个时段将主网络的权值参数复制给目标网络一次，通过这种权值隔时硬更新方式，保持目标网络权值在一定时段内的不变，维持目标值稳定，从而提高训练过程的稳定性和收敛速度，这种将两个网络解耦消除相互影响的做法在一定程度上改善了 DQN 的性能。同时，目标网络的权值相对不变性也使得对损失函数求导时将目标项视为不随 w 变化的假设变得合情合理。另外一种方式是通过双网络模式对目标网络进行改造，使目标网络参数不再定时简单地复制评估网络的权值参数，而是独立具有自己的权重参数 w^-，采用隔时或逐步软更新方式对目标网络权值进行赋值，目标网络的更新方式采用加权更新模式：$w^- \leftarrow \tau w + (1-\tau)w^-$，$\tau$ 为(0，1)之间的超参数，实现每次少量更新权重的目的。

(2)高估问题解决方案

为了解决由 Q－Learning 算法中取最大值操作引起的深度神经网络高估问题，在双 Q 网络架构中，将单独由目标网络负责计算的

$$\max_a Q(s_{t+1}, a, w^-)$$

部分，转而由两个网络联合完成，由评估网络负责选择

$$a^* = \arg\max_{a \in \mathcal{A}} Q(s_{t+1}, a, w),$$

再由目标网络计算 $Q(s_{t+1}, a^*, w^-)$。当然，采用目标网络也能部分缓解同一网络估计两个 Q 值引起的高估传递问题。

(3)经验回放与优先经验回放

由于 Q－Learning 采用离轨策略，它既能学习当前由软性策略生成的即时经验，也能学习过去产生的经验，甚至可以学习其他任意策略提供的经验数据，这种数据的多样性正是深度神经网络高效训练所需要的特性。为了解决经验数据的高度相关与经验数据浪费的问题，DQN 算法设计了一个固定大小的记忆库，用来记录大量四元组经验数据，一开始记忆库中没有经验，积累了一定数量的经验后，再开始训练评估网络。记忆库中的经验可以是本评估网络策略获取的历史经验(利用软性策略得到的经验)，也可以是通过其他策略获取的经验数据，保持记忆库中的经验数据多样性。

训练评估网络时，可以一次从记忆库中随机选择小批量大小的经验，训练 DQN 网络，这一过程称为经验回放。设计记忆库模式并且随机选择经验训练 DQN 网络的技巧打破了相邻训练样本之间相关性，经验回放技巧增强了训练样本之间的独立性，避免了过拟合，提升了泛化能力。用记忆库模式可以减少跟环境做互动的次数，因为在做训练时，经验不需要全部来自某一个策略，一些过去的策略所得到的经验可以放在记忆库中被使用很多次，被反复地利用，这样让经验得到最大化利用。

经验回放与人类对脑科学的研究成果相符合，即人的大脑是在回忆中学习，在某种程度上经验回放是在模拟大脑的运行机制。

还可以采用更高效的优先经验回放，即优先选择那些评估 Q 值与目标 Q 值误差较大

的四元组。

(4)小批量训练方案

针对记忆库与经验回放的优势，为每次从记忆库中取多个四元组进行训练提供了条件，当取小批量四元组数量为 m 时，每次输入网络并记录相应的输出数值，当 m 个样本输入完成后，可构造如下的损失函数：

$$loss(w) = \frac{1}{m}\sum_{j=1}^{m}\left\{Q(s_j, a_j, w) - \left[r_{j+1} + \gamma \max_{a} Q(s_{j+1}, a, w)\right]\right\}^2$$

根据以上损失函数进行后续的学习与训练。

7.2.5　改进版 DQN 的架构

通过对 DQN 网络架构的不断改进，形成了图 7－2 的架构，该架构的 DQN 网络具有良好的感知与决策能力，对于状态空间巨大或具有连续状态空间的深度强化学习，取得了非常良好的效果。有些内容在图中不便于表达，例如由评估网络与目标网络联合求最大值的过程未展现出来，详细说明可参考以上文字介绍。

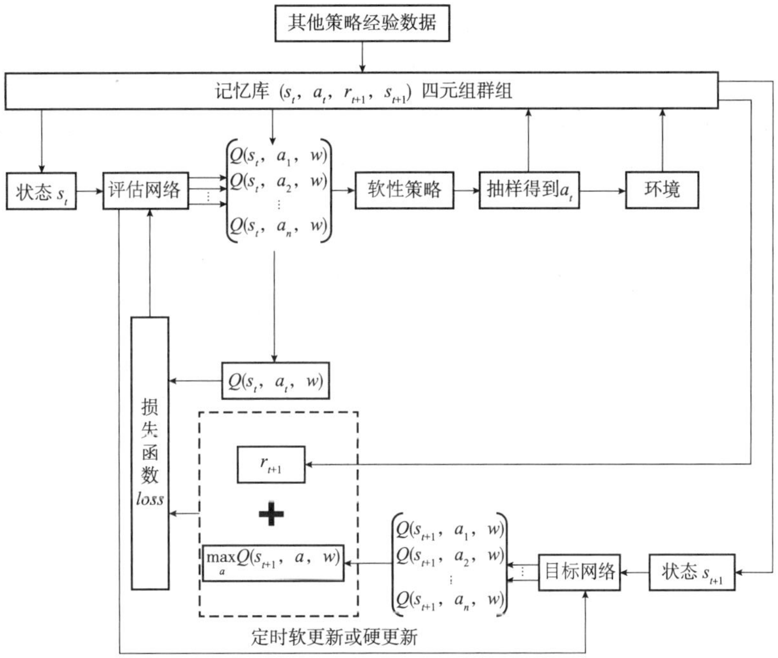

图 7－2　改进版 DQN 网络架构示意

视频简介

本视频主要讲解深度强化学习需要解决的问题、基本思想、DQN 深度强化学习基本框架及对 DQN 基本框架的改进方法，观看以上内容讲解视频请扫描二维码。

7.3 随机策略深度强化学习

表格型强化学习与 DQN 深度强化学习方法，都是通过最优动作价值函数来求解最优策略，而且最优策略均为确定性策略。但是，有很多强化学习问题要求寻求最优随机策略，针对这种情况，全部依赖价值学习的框架结构很难达到目标要求，需要探索其他方法。为此，产生了直接学习策略的深度强化学习方法，而且以最优随机策略为优化目标。基于策略的学习方法并不能抛弃价值学习，它还需要价值函数的帮助，只不过价值学习起辅助作用，这也正说明了价值学习与策略学习具有密切的关联关系，价值学习过程中价值函数为主角，而策略学习中策略为主角。本节重点介绍了策略学习的基本原理、Reinforce 方法与 Actor – critic 方法。本节介绍的方法与 DQN 方法类似，适于巨大或连续状态空间及离散动作空间，同样不适于连续动作空间。

7.3.1 策略学习基本思路

在表格型强化学习过程中，一直在维护一张策略表，当状态空间巨大时，策略表的形式将不再适用，同样也需要用函数近似的方式来直接求解最优策略，深度神经网络的函数近似功能强大，是进行策略函数近似的最佳选择。表格型强化学习为价值学习，DQN 深度强化学习只是用神经网络近似价值函数，强化学习与深度学习结合的鸿沟很小；表格型强化学习虽然需要求解最优策略，但它全部依赖于最优动作价值函数，如果策略学习从开始就摆脱价值函数，直接学习策略，还是一个全新的内容，需要创建一些新方法。

为了区别 DQN 的神经网络权重，进行策略函数逼近的神经网络权重用 θ 表示，相应的参数化策略用 $\pi(a \mid s, \theta)$ 表示。可以用图 7 – 3 的深度神经网络结构形式近似策略 $\pi(a \mid s, \theta)$，网络的输入为状态 s，输出为对应状态的各种动作的概率。

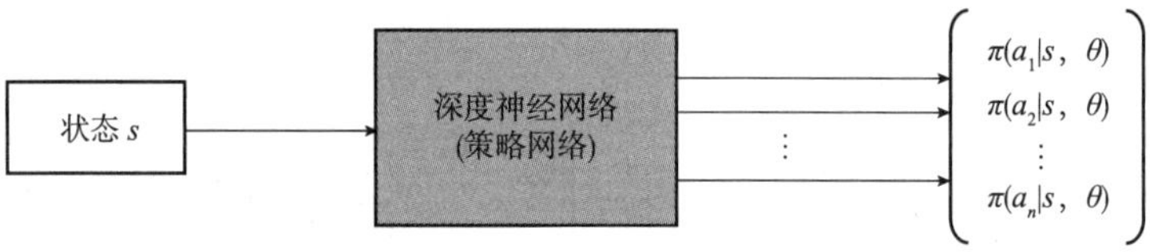

图 7 – 3　策略网络示意

深度神经网络一般选择几个卷积层与少量全连接层，不选择池化层，最后一层为 Softmax 层，最后一层选择 softmax 激活函数的目的是保证每个动作的概率值大于 0 小于 1，并且所有动作的概率值之和为 1。这样，就给动作空间的每个动作赋予了概率值，属于随机策略，显然这种随机策略本身就具有较强的探索能力，不需要应用软性策略。深度神经网络结构、输入与输出容易构造，但是构造此类优化问题的目标函数却相对困难。假设已经有了优化目标函数为 $J(\theta)$，就可以很容易地应用梯度上升法或梯度下降法进行网络权值更新，即：

$$\theta_{new} \leftarrow \theta_{now} \pm \alpha \nabla_{\theta} J(\theta_{now}) \tag{7-1}$$

式中，+表示梯度上升，求解最大值；-表示梯度下降，求解最小值。但是，策略学习一般都选择取最大值的目标函数，所以采用梯度上升方法，即式(7-1)中取+。策略网络开始时需要随机初始化，利用后续收集的状态、动作及奖励等数据进行更新，只要训练出最优随机策略 $\pi(a \mid s, \theta)$，就可以依赖所有行动的概率值 $\pi(a_1 \mid s, \theta)$、$\pi(a_2 \mid s, \theta)$、…、$\pi(a_n \mid s, \theta)$ 进行抽样，抽中得到的行动即为需要执行的动作。

7.3.2　策略学习的目标函数

在 DQN 中，Q-Learning 算法本身就隐含着目标函数，容易选择。对于策略学习目标函数 $J(\theta)$ 的选取，同样隐含在强化学习的本质中。目标函数的选取原则：目标函数的增大使得策略变好，也就是说需要构造这样一种目标函数，只要目标函数取最大值，所训练出的深度神经网络肯定会得到最优策略。

注意：DQN 以误差为目标函数，误差越小动作价值函数越好，使用梯度下降法训练深度神经网络；策略学习难以找到误差的概念，只能借助不同形式的回报、价值或奖励与策略发生正向联系，通过目标函数的增大驱使策略变得更好，所以使用梯度上升法训练深度神经网络。

(1)连续环境的目标函数构建

①对于连续环境条件，不存在明确的开始状态与终止状态，应该考虑平均价值，即考察智能体与环境持续交互达到平稳状态后，各状态的平均价值，可将此平均价值作为目标函数。即：

$$J(\theta) = \bar{v}_{\pi} = \sum_{s \in \mathcal{S}} d_{\pi}(s) v_{\pi}(s)$$

式中，$\bar{v}_{\pi}$ 为所有状态价值的加权平均；$d_{\pi}(s)$ 为每个状态的权重(概率值)。

$$d_{\pi}(s) \geqslant 0,\ 并且 \sum_{s \in \mathcal{S}} d_{\pi}(s) = 1$$

显然：

$$J(\theta) = \bar{v}_{\pi} = E[v_{\pi}(S)]$$

②可应用每个时间步的平均奖励作为目标函数，即：

$$J(\theta) = \bar{r}_{\pi} = \sum_{s \in \mathcal{S}} d_{\pi}(s) r_{\pi}(s) = E[r_{\pi}(S)]$$

式中，$r_{\pi}(s) = \sum_{a \in \mathcal{A}} \pi(a \mid s) r_{\pi}(s,a)$。

(2)幕回合环境的目标函数构建

对于回合环境，智能体从起始状态 s_1 出发，到达终止状态，智能体获得的平均累计奖励，等于 s_1 的状态价值函数的期望，可以将此作为目标函数。即：

$$J(\theta) = E[v_{\pi}(S_1)]$$

综上分析可知，目标函数都是策略的函数，策略越好，目标函数的值越大，当然还可以定义其他类似的目标函数。已经证明，现有的目标函数虽然表达形式各异，但相互之间都具有等价性，其对权值 θ 的导数都可以归结为式(7－2)表示(证明略)。

$$\nabla_\theta J(\theta) = \sum_{s\in\mathcal{S}} d_\pi(s) \sum_{a\in\mathcal{A}} \nabla_\theta \pi(a \mid s,\theta) Q_\pi(s,a) \tag{7-2}$$

以上公式很难计算策略梯度$\nabla_\theta J(\theta)$，策略梯度定理提供了一种期望形式的表达式，使复杂的运算可以通过随机采样来实现，使策略梯度计算变得非常简单方便。

7.3.3 策略梯度定理

策略梯度定理可以描述如下：

$$\nabla_\theta J(\theta) = E[\nabla_\theta \ln\pi(A \mid S,\ \theta) Q_\pi(S,\ A)] \tag{7-3}$$

由式(7－2)到式(7－3)需要用到对数函数的导数性质，即：

$$\frac{\mathrm{d}\ln f(x)}{\mathrm{d}x} = \frac{1}{f(x)} \frac{\mathrm{d}f(x)}{\mathrm{d}x} \tag{7-4}$$

应用式(7－4)对数导数的求导公式，式(7－2)可写成：

$$\nabla_\theta J(\theta) = \sum_{s\in\mathcal{S}} d_\pi(s) \sum_{a\in\mathcal{A}} \pi(a \mid s,\theta) \frac{\partial \ln\pi(a \mid s,\theta)}{\partial\theta} Q_\pi(s,a) \tag{7-5}$$

将式(7－5)写成期望形式，即得：

$$\nabla_\theta J(\theta) = E[\nabla_\theta \ln\pi(A \mid S,\ \theta) Q_\pi(S,\ A)]$$

式中，E 为对 S 与 A 求期望。

策略梯度定理将策略梯度的表达式(7－2)转变为式(7－3)真正的目的是什么？其真正的想法是式(7－3)的期望表达形式便于利用随机近似理论解决问题。那什么又是随机近似理论呢？这里不做理论上的赘述，只从应用的视角进行简单说明：当应用梯度上升法或梯度下降法解决问题时，目标函数真正的梯度一般都涉及求期望的复杂运算，被求期望的表达式一般包含很多随机变量，对其求期望真值很困难，可用这些随机变量样本的一组值代入表达式近似期望，理论与实践已经证明这样处理也能够保障最终找到最优解，用这种方法所求得的策略梯度一般称为随机策略梯度。

7.3.4 Reinforce 方法

只要能够求解式(7－3)的$\nabla_\theta J(\theta)$，就能按照式(7－1)(梯度上升取＋)进行深度神经网络的权值调整，使得策略越来越优秀，核心问题是怎么求解$\nabla_\theta J(\theta)$？

针对状态 s，通过策略网络的输出抽样得到动作 a，当一组状态－行动对 s 与 a 确定后，就可以应用随机策略梯度将期望符号去掉：

$$\nabla_\theta J(\theta) = \nabla_\theta \ln\pi(a \mid s,\ \theta) Q_\pi(s,\ a) \tag{7-6}$$

对于式(7－6)，$\nabla_\theta \ln\pi(a \mid s,\ \theta)$容易求出，关键是 $Q_\pi(s,\ a)$如何求？最简单的方法：既然知道了$(s,\ a)$这个状态－行动对，就可以将$(s,\ a)$作为起点，用当前策略 $\pi(a \mid s,\ \theta)$与环境进行互动，等一幕结束后，将本幕的所有奖励之和 $g_t(s,\ a)$作为 $Q_\pi(s,\ a)$的近似，

这是典型的蒙特卡洛求解方法。式(7-6)可进一步表示为:

$$\nabla_\theta J(\theta)=\nabla_\theta \ln\pi(a|s,\ \theta)g_t(s,\ a) \tag{7-7}$$

将式(7-7)代入式(7-1)可得(梯度上升取加号):

$$\theta_{new}\leftarrow\theta_{now}+\alpha\ \nabla_\theta \ln\pi(a|s,\ \theta_{now})g_t(s,\ a) \tag{7-8}$$

将此种近似 $Q_\pi(s,\ a)$ 的策略学习方法称为 Reinforce 方法。只要按照式(7-8)不断调整权值，就可以训练出最优的随机策略。由于采用蒙特卡洛方法近似 $Q_\pi(s,\ a)$，所以需要等待智能体按照当前策略与环境交互一个完整幕后才能更新一次策略。

在上面介绍的学习框架中，存在智能体与环境的交互过程，似乎未涉及开发与探索的平衡问题，实际上这一平衡问题隐含在式(7-8)中。为了便于分析，再利用对数函数导数的性质，将式(7-8)重写成:

$$\theta_{new}\leftarrow\theta_{now}+\alpha\ \frac{g_t(s,\ a)}{\pi(a|s,\ \theta_{now})}\nabla_\theta\pi(a|s,\ \theta_{now}) \tag{7-9}$$

从式(7-9)更能清楚地看出，深度神经网络权值的更新直接优化的就是策略 $\pi(a|s,\ \theta)$，下面分析一下$\nabla_\theta\pi(a|s,\ \theta_{now})$前面的系数

$$\beta=\frac{g_t(s,\ a)}{\pi(a|s,\ \theta_{now})}$$

的作用。当 $g_t(s,\ a)$较大时，说明针对目前状态采取的行动策略较好，通过增加β的值，进一步增大针对该状态采取该行动的输出值，增大其被再次选择的概率，这正是开发已有优势的作用；当$\pi(a|s,\ \theta_{now})$较小时，说明$(s,\ a)$被选择的概率较小，这时β值变大，使下一步的$\pi(a|s,\ \theta_{now})$变大，从而增大$(s,\ a)$被再次选中的概率，这正是探索所需要的行为。

7.3.5　Actor-critic 方法

在 Reinforce 方法中，使用了蒙特卡洛方法近似 $Q_\pi(s,\ a)$，这种估计方法需要等待整个幕完成，才能得到所有的奖励，然后从尾到头计算出每一个时间步的累积奖励。因此，Reinforce 方法需要在每个完整幕结束后才能更新策略，方差大，收敛过程不稳定，更新效率低，属于离线更新。为了减小 Reinforcc 方法方差大与更新效率低等问题，基于 Sarsa 算法，提出了用另一个深度神经网络 $Q_\pi(s,\ a,\ w)$近似 $Q_\pi(s,\ a)$，这个深度神经网络称为价值网络(也称评估网络)，这样就出现了两个深度神经网络，式(7-6)可表达为:

$$\nabla_\theta J(\theta)=\nabla_\theta \ln\pi(a|s,\ \theta)Q_\pi(s,\ a,\ w) \tag{7-10}$$

训练策略的深度神经网络 $\pi(a|s,\ \theta)$充当演员(Actor)，演员按照策略选择动作，基于状态 s 做出动作 a；求解动作价值函数的深度神经网络 $Q_\pi(s,\ a,\ w)$负责评估演员策略的好坏程度，它给演员的动作打分，评价在状态 s 的情况下做出动作 a 的好坏程度，起裁判员(Critic)的作用，裁判员打分越高，演员的策略越会被强化，演员是在迎合裁判员的喜好，如果裁判员水平低，演员水平也会逐渐变差，所以还需要训练裁判员 $Q_\pi(s,\ a,\ w)$，使

裁判员水平越来越高，逐渐演化为高水平演员与高水平裁判员的优化结果，因此这种方法称为 Actor - critic 方法。此处的 $Q_\pi(s, a, w)$ 与 DQN 虽然都采用深度神经网络结构，但两者的目标不同，前者是对动作价值函数的近似，而后者是对最优动作价值函数的近似；前者应用 Sarsa 算法，而后者应用 Q - Learning 算法；前者应用同轨策略，不能用经验回放，而后者为离轨策略，可以用经验回放。Actor - critic 方法的架构如图 7 - 4 所示，为了简化框图结构，图中有些表达并不严谨，例如针对策略网络与价值网络，实际上两个网络只有状态的输入，图中的其他输入只是表达与网络相关的运算，并不是真实的输入。

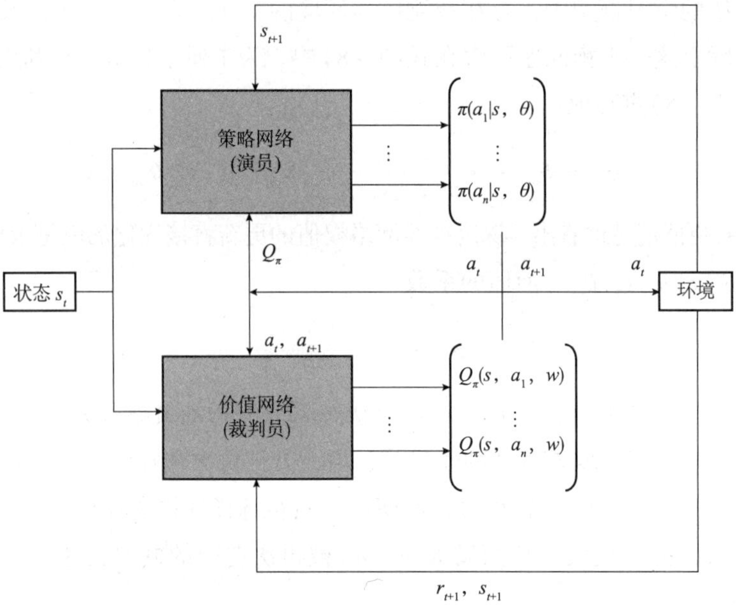

图 7 - 4　Actor - critic 方法架构示意

策略网络的训练更新按照下面公式进行：

$$\theta_{new} \leftarrow \theta_{now} + \alpha \nabla_\theta \ln\pi(a_t \mid s_t, \theta_{now}) Q_\pi(s_t, a_t, w_{now}) \tag{7-11}$$

价值网络的训练采用 Sarsa 算法，首先构造损失函数 $loss(w)$：

$$loss(w) = 1/2\{Q(s_t, a_t, w) - [r_{t+1} + \gamma Q(s_{t+1}, a_{t+1}, w)]\}^2$$

价值网络的训练方法与 DQN 类似，这里不再赘述。

下面给出 Actor - critic 方法的整体网络训练流程。

(1) 观测到当前状态 s_t，输入策略网络，根据策略网络输出各动作的概率值进行抽样选择动作：$a_t \sim \pi(\cdot \mid s_t, \theta_{now})$，然后让智能体执行动作 a_t。

(2) 通过与环境的交互，环境给出奖励 r_{t+1} 和新的状态 s_{t+1}。

(3) 将新的状态 s_{t+1} 输入策略网络，根据策略网络输出各动作的概率值进行抽样再次选择动作：$a_{t+1} \sim \pi(\cdot \mid s_{t+1}, \theta_{now})$，但不让智能体执行动作 a_{t+1}。

(4) 让价值网络打分：分别计算

$$q_t = Q_\pi(s_t, a_t, w_{now}) \text{ 与 } q_{t+1} = Q_\pi(s_{t+1}, a_{t+1}, w_{now})。$$

(5)计算目标和误差：

$$y_t = r_{t+1} + \gamma q_{t+1} \text{和} \delta_t = q_t - y_t \text{。}$$

(6)更新价值网络：

$$w_{new} \leftarrow w_{now} - \alpha\delta_t \nabla_w Q_\pi(s_t, a_t, w_{now}) \text{。}$$

(7)更新策略网络：

$$\theta_{new} \leftarrow \theta_{now} + \beta q_t \nabla_\theta \ln\pi(a_t \mid s_t, \theta_{now}) \text{。}$$

需要强调的一点是，以上的 Sarsa 训练算法计算两个时间步的 Q 值也是共用了一个神经网络，效果不好，使用时需要两个神经网络，具体做法与 DQN 类似。Actor - critic 方法同样具有开发与探索的平衡能力，分析过程与 Reinforce 类似，不同之处是将分子中的 $g_t(s, a)$ 换成了 $Q_\pi(s, a, w)$。

7.3.6　带基线的策略学习方法

Reinforce 方法与 Actor - critic 方法都需要估计动作价值函数，因为这种估计基于随机抽样，所以它有一定的随机性，可能在不同的抽样过程中产生不同的结果，这种随机性就是“方差”。高方差表明估计的累积奖励在不同的抽样过程中可能差异很大，这可能导致策略的更新过程非常不稳定，进而影响算法的收敛性和性能。

基于式(7 -3)的策略梯度定理导出的 Reinforce 方法与 Actor - critic 方法都可以通过对策略梯度定理公式的微小改造，使效果得到大幅提升。解决问题的思路也很简单，因为 $Q_\pi(S, A)$ 的方差大，其数值变化大，影响网络训练的稳定与精度，如果将其减去一个接近 $Q_\pi(S, A)$ 均值的数值，就能使问题得到缓解，但关键是理论上是否允许采用减去这样一个基线的处理方法。

为了说明以上思路可行，针对式(7 -3)，将 b 作为动作价值函数 $Q_\pi(S, A)$ 的基线，用 $Q_\pi(S, A) - b$ 替换 $Q_\pi(S, A)$，b 为任意函数，只要不依赖于动作 A 即可，可以依赖于 S。但是有一点必须保证：不能影响策略梯度 $\nabla_\theta J(\theta)$ 数值的正确性。也就是说式(7 -12)必须成立。

$$E[b(S)\nabla_\theta \ln\pi(A \mid S, \theta)] = 0 \tag{7-12}$$

式(7 -12)正确性的说明如下。

$$\begin{aligned}
E[b\,\nabla_\theta \ln\pi(A \mid S,\theta)] &= \sum_{s\in\mathcal{S}} d(s) \sum_{a\in\mathcal{A}} \pi(a \mid s,\theta)\, \nabla_\theta \ln\pi(a \mid s,\theta) b(s) \\
&= \sum_{s\in\mathcal{S}} d(s) \sum_{a\in\mathcal{A}} \nabla_\theta \pi(a \mid s,\theta) b(s) \\
&= \sum_{s\in\mathcal{S}} d(s) b(s) \sum_{a\in\mathcal{A}} \nabla_\theta \pi(a \mid s,\theta) \\
&= \sum_{s\in\mathcal{S}} d(s) b(s)\, \nabla_\theta \sum_{a\in\mathcal{A}} \pi(a \mid s,\theta) \\
&= \sum_{s\in\mathcal{S}} d(s) b(s)\, \nabla_\theta 1 = 0
\end{aligned}$$

上式推导过程应用了对数函数求导特性与对 1 求导为 0。

基线 $b(s)$ 对策略梯度无影响，因此带基线的策略梯度定理可描述如下：

$$\nabla_\theta J(\theta)=E[\nabla_\theta \ln\pi(A\mid S,\ \theta)(Q_\pi(S,\ A)-b(S))] \tag{7-13}$$

带基线的策略梯度对 $\nabla_\theta J(\theta)$ 无影响，可以证明基线对随机梯度的方差有影响，选择合适的基线，可以有效降低这个方差，一般 $b=V_\pi(S)$ 就是接近最优的基线，$V_\pi(S)$ 也是 $Q_\pi(S,\ A)$ 的期望均值。可用深度神经网络近似基线 $V_\pi(S)$。

在强化学习任务中，一般都设奖励为正数，大部分情况下 $Q_\pi(S,\ A)$ 为正数，这样就会造成以下情况出现：无论 $Q_\pi(S,\ A)$ 的正数值多大，都会使策略梯度值增加，这样有时与实际情况不符合，一般希望 $Q_\pi(S,\ A)$ 值较大时去鼓励，$Q_\pi(S,\ A)$ 数值较小时惩罚，这样就需要 $Q_\pi(S,\ A)$ 的数值有正有负，正值产生鼓励作用，负值产生惩罚效果，而 $V_\pi(S)$ 正是 $Q_\pi(S,\ A)$ 的均值，正好达到希望的效果。

7.3.7 带基线的 Reinforce 方法

以 $V_\pi(S)$ 为基线，通过对式(7－13)取随机梯度，可得：

$$\nabla_\theta J(\theta)=\nabla_\theta \ln\pi(a\mid s,\ \theta)[Q_\pi(s,\ a)-V_\pi(s)] \tag{7-14}$$

如果用 Reinforce 方法的 $g_t(s,\ a)$ 近似 $Q_\pi(s,\ a)$，用神经网络 $v_\pi(s,\ w)$ 近似 $v_\pi(s)$，可得到带基线的 Reinforce 方法，即：

$$\nabla_\theta J(\theta)=\nabla_\theta \ln\pi(a\mid s,\ \theta)[g_t(s,\ a)-v_\pi(s,\ w)] \tag{7-15}$$

带基线的 Reinforce 方法需要两个神经网络：策略网络 $\pi(a\mid s,\ \theta)$ 和价值网络 $v_\pi(s,\ w)$。策略网络与 Reinforce 方法相同，此处的状态价值网络与之前的动作价值网络 $Q(s,\ a,\ w)$ 不同，$v_\pi(s,\ w)$ 的输入也是状态，但输出是一个实数。虽然带基线的 Reinforce 方法由一个策略网络与一个价值网络构成，但这种方法不是 Actor－critic 方法，价值网络不起裁判员的作用，只起到基线作用，目的是减小方差，加速收敛，真正帮助策略网络(演员)改进参数 θ(演员的演技)的不是价值网络，而是实际观测到的回报 $g_t(s,\ a)$，更严格地说是 $g_t(s,\ a)-v_\pi(s,\ w)$。

策略网络的训练步骤前面已做介绍，这里不再赘述。关于价值网络，最核心的是如何构造损失函数，显然让 $v_\pi(s,\ w)$ 拟合 $g_t(s,\ a)$ 的期望较为合理，为此可以定义以下损失函数：

$$loss(w)=\frac{1}{2}[v(s_t,\ w)-g_t]^2$$

带基线的 Reinforce 方法的训练流程略。

7.3.8 Advantage Actor－critic 方法

Advantage Actor－critic 方法又称 A2C，A2C 就是带基线的 Actor－critic 方法，即式(7－14)成立。式(7－14)中，$Q_\pi(s,\ a)$ 与 $V_\pi(s)$ 如何用神经网络表达呢？很自然会想到用两个神经网络表达，这样就会太复杂。其实，可以利用 $Q_\pi(s,\ a)$ 与 $V_\pi(s)$ 两者之间的关系使问题得到简化。

将 $Q_\pi(s_t, a_t)$ 写成以下表达式：

$$Q_\pi(s_t, a_t) = r_{t+1} + \gamma V_\pi(s_{t+1}) \tag{7-16}$$

根据式(7-16)可知：

$$Q_\pi(s_t, a_t) - V_\pi(s_t) = r_{t+1} + \gamma V_\pi(s_{t+1}) - V_\pi(s_t) \tag{7-17}$$

由式(7-17)可知，根本不需要构造两个神经网络，只要构造一个逼近价值 $V_\pi(s)$ 的神经网络 $V_\pi(s, w)$ 即可，不仅如此，$r_{t+1} + \gamma V_\pi(s_{t+1}) - V_\pi(s_t)$ 还可以反映价值网络的误差，其理由是：$r_{t+1} + \gamma V_\pi(s_{t+1})$ 是带有奖励成分的下一状态的价值，它比 $V_\pi(s_t)$ 更准确。

式(7-17)右侧似曾相识，它与 Sarsa 误差 $r_{t+1} + \gamma Q_\pi(s_{t+1}, a_{t+1}) - Q_\pi(s_t, a_t)$ 极为相似，两者之间有什么关系？以前怎么未使用 $r_{t+1} + \gamma V_\pi(s_{t+1}) - V_\pi(s_t)$ 形式的误差呢？在价值学习方法中，策略需要通过最优动作价值函数转换而来，而状态价值函数不含动作，无法进行动作转换。Advantage Actor-critic 方法由于策略网络直接输出策略，无须借助动作价值函数，因此也可利用以前未被使用的状态价值函数代替动作价值函数，其实两者没有太大差别，只是相差一步动作而已，都能表达未来价值的期望值。为此，得到以下表达式：

$$\begin{aligned}
\theta_{new} &= \theta_{now} + \alpha \nabla_\theta J(\theta_{now}) \\
&= \theta_{now} + \alpha \nabla_\theta \ln(a_t \mid s_t, \theta_{now})[Q_\pi(s_t, a_t) - V_\pi(s_t)] \\
&= \theta_{now} + \alpha \nabla_\theta \ln(a_t \mid s_t, \theta_{now})[r_{t+1} + \gamma V_\pi(s_{t+1}) - V_\pi(s_t)] \\
&= \theta_{now} + \alpha \nabla_\theta \ln(a_t \mid s_t, \theta_{now})[r_{t+1} + \gamma V_\pi(s_{t+1}, w) - V_\pi(s_t, w)]
\end{aligned}$$

Advantage Actor-critic 方法的网络训练过程、目标网络与环境交互等问题，都与 Actor-critic方法类似，这里不再赘述。

为了便于分析 Advantage Actor-critic 方法怎样处理开发与探索的平衡问题，以下式为基础进行分析。

$$\begin{aligned}
\theta_{new} &= \theta_{now} + \alpha \nabla_\theta J(\theta_{now}) \\
&= \theta_{now} + \alpha \nabla_\theta \ln(a \mid s, \theta_{now})[Q_\pi(s, a) - V_\pi(s)]
\end{aligned}$$

令：

$$\delta(s, a) = Q_\pi(s, a) - V_\pi(s)$$

得到：

$$\begin{aligned}
\theta_{new} &= \theta_{now} + \alpha \nabla_\theta \ln(a \mid s, \theta_{now}) \delta(s, a) \\
&= \theta_{now} + \alpha \frac{\nabla_\theta \pi(a \mid s, \theta_{now})}{\pi(a \mid s, \theta_{now})} \delta(s, a) \\
&= \theta_{now} + \alpha \frac{\delta(s, a)}{\pi(a \mid s, \theta_{now})} \nabla_\theta \pi(a \mid s, \theta_{now})
\end{aligned}$$

与 Actor-critic 方法不同的是，分子中的 $\delta(s, a)$ 取代了 $Q_\pi(s, a)$，显然优势函数 $\delta(s, a)$ 对开发的作用更为科学，并不像 $Q_\pi(s, a)$ 那样盲目开发，而是根据是否高于平均值来决定是否开发，分母 $\pi(a \mid s, \theta_{now})$ 的作用与 Actor-critic 一样起到探索的作用。

Advantage Actor－critic 方法的网络训练过程、目标网络及环境交互等问题，都与 Actor－critic 方法类似，这里不再赘述。

视频简介

本视频主要讲解策略学习的基本思想、目标函数、策略梯度定理、Reinforce 方法、Actor－critic 方法以及带基线的方法等内容，观看以上内容讲解视频请扫描二维码。

7.4 连续动作空间深度强化学习

还有一大类强化学习任务，涉及连续动作空间，例如：在自动驾驶汽车中，不但要考虑车辆的速度、位置及方向等连续状态，还要考虑加速、减速及转向等连续动作；在机器人控制中，机器人的关节角度变化、电动机转速的调节及目标位置的选择通常都具有连续性。在此之前，讨论和研究的都是离散的动作空间，智能体只能选择有限数量的动作。例如：如果一个智能体正在玩一个游戏，它可能向上、向下、向左或向右移动，或者执行跳跃动作，每一个可能的动作都可以被独立地选择。在连续动作空间中，动作通常是带有程度的连续量，动作的取值域为一连续空间，具体动作可由一个或多个实数值表示，每一个实数值都代表了某种程度的动作。例如，在控制机器人的关节角度时，每一个角度都可以是任意的实数值，智能体可以选择无数种可能的动作。

解决连续动作空间深度强化学习问题，最容易想到的是将动作空间离散化，用离散动作空间的方法解决问题，但这不是好的想法。目前，连续动作空间深度强化学习主要有两类方法：确定性策略与随机策略，确定性策略又以深度确定性策略梯度为主，随机策略以随机高斯策略为主。

7.4.1 深度确定性策略梯度方法

深度确定性策略梯度（Deep Deterministic Policy Gradient，DDPG），顾名思义，所需训练的策略为确定的策略，也就是在连续的动作空间上每次取一个确定的值。在以前的学习中，基于价值学习的方法均为在离散动作空间的确定性策略学习，而基于策略学习的方法均为在离散动作空间的随机策略学习，虽然以上两类方法为 DDPG 方法的构建提供了丰富的方法论资源，但核心环节需要具有独特的思路。

（1）DDPG 的核心网络结构

既然要求策略在连续动作空间上每次取一个确定的值，结合前面的已学知识，在针对一个动作自由度的情况下，很自然地可以构造图 7－5 形式的网络框架基本结构。

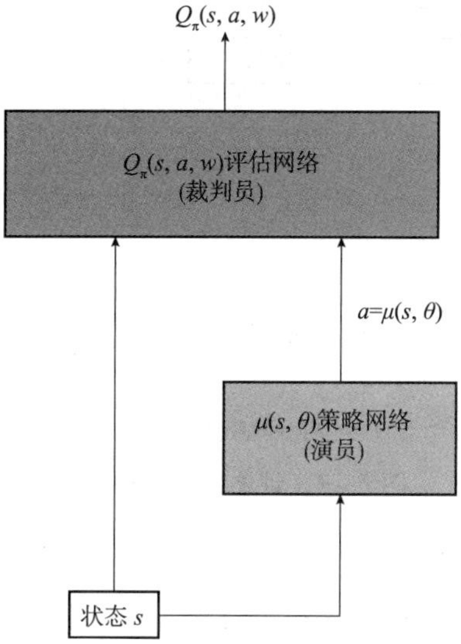

图7－5　DDPG 核心框架

由图7－5可知：DDPG核心框架非常简单，总体上还是采用Actor－critic方法的框架模式，最主要的特点是策略网络不再输出动作空间离散动作的概率，而是连续动作范围内的某个值。当然，如果学习任务包括多个连续动作时（相当于多个自由度，每个自由度均为连续动作），策略网络的输出就为多个连续动作的向量。例如，一个六自由度机械臂需要对6个连续转角动作进行控制，其策略网络就应设计成6个连续动作的输出，每个连续动作的输出都为确定性动作，不具有任何随机性，直接输出完全确定的动作，不需要随机抽样。例如，对于一个机械臂的某个自由度可以输出转角120°这样的确定动作值；对于六自由度机械臂的6个连续动作就构成了由6个确定角度值构成的动作向量。为了简单起见，在介绍DDPG方法时，主要以一个自由度的确定性策略网络进行讲解。

策略网络一般直接输入状态 s，所以策略网络由卷积层与全连接层构成。其实，产生随机动作还是确定动作关键在全连接输出层的激活函数，如果采用softmax激活函数，就可构造随机策略；如果采用tanh激活函数，就可构造确定策略。确定性策略网络架构如图7－6所示。

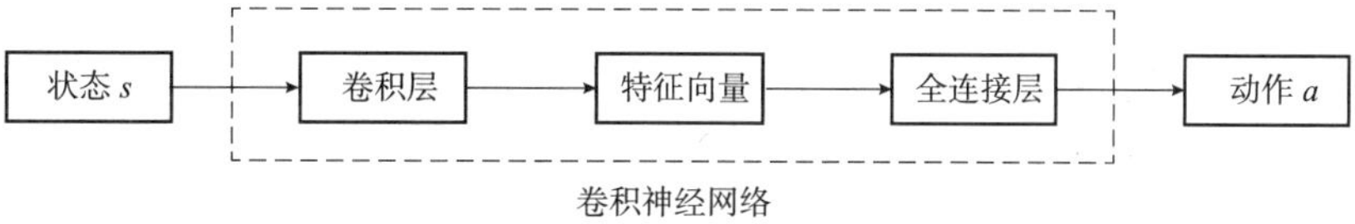

图7－6　确定性策略网络架构

评估网络（价值网络）的输入既包括状态 s，还包括策略网络的动作输出 a，一般状态 s 为矩阵或张量形式，而动作 a 为标量或向量形式（单自由度为标量，多自由度为向量），常见网络结构如图7－7所示。

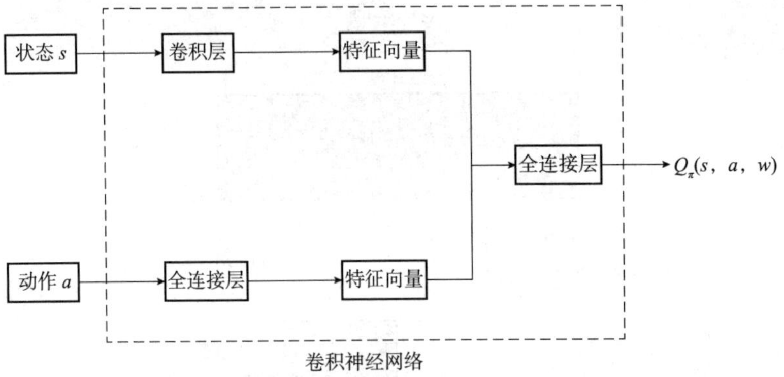

图 7-7　评估网络架构示意

(2) DDPG 核心网络训练算法

针对图 7-5 的 DDPG 网络结构，在给定状态 s 下，策略网络输出确定动作 $a=\mu(s, \theta)$，当状态 s 与动作 $a=\mu(s, \theta)$ 输入评估网络后，评估网络会给动作 a 打分：$Q_\pi=Q(s, a, w)$，策略网络参数 θ 影响其输出动作 a，从而影响评估网络打分，显然分数 Q_π 反映了策略网络参数 θ 的好坏程度。训练策略网络的目标就是通过改进 θ，使得 Q_π 变大。将策略网络视为演员，评估网络视为裁判员，训练演员的目的就是使他迎合裁判员的喜好，通过改进参数 θ 提升自己的表演技巧，使得裁判员对自己的打分越来越高。训练评估网络的目标就是让裁判员的打分越来越准确。

从以上分析可以看出，DDPG 看似与 DQN 缺少关联，但其本质也是通过策略的不断改进，追求动作价值函数的最大化。在强化学习的环境交互、策略评估与策略改进的三个步骤中，只要策略改进步以贪婪的方式追求最优，就应该使用离轨策略，从该角度看，DDPG 是天然的离轨策略，以前所学的经验回放技巧能够无条件地被 DDPG 继承。

1) 策略网络训练

对于 DDPG 来说，评估网络打分的均值达到最大时，策略即达到了最优，很自然地可以定义以下目标函数：

$$J(\theta)=E_S[Q(S, \mu(S, \theta), w)] \tag{7-18}$$

其优化问题可表示为式(7-19)：

$$\max_\theta J(\theta)=\max_\theta E_S[Q(S, \mu(S, \theta), w)] \tag{7-19}$$

求最大值可以用梯度上升来增大 $J(\theta)$，针对求期望的计算，可用随机观测值近似，这里用符号 g_j 表示$\nabla_\theta J(\theta)$：

$$g_j=\nabla_\theta J(\theta)=\nabla_\theta Q(s_j, \mu(s_j, \theta), w)$$

g_j 是$\nabla_\theta J(\theta)$的无偏估计，称为确定性策略梯度 DPG。根据链式法则，很容易求出 g_j：

$$\begin{aligned} g_j &= \nabla_\theta Q(s_j, \mu(s_j, \theta), w) \\ &= \nabla_\theta \mu(s_j, \theta)\nabla_a Q(s_j, a_j, w) \end{aligned} \tag{7-20}$$

式中，$a_j=\mu(s_j, \theta)$。

有了确定性策略梯度 g_j，每次从经验回放记忆库中随机抽取一个四元组，将四元组中的状态 s_j 作为两个网络的输入，再根据两个网络的输出按照式(7－21)更新策略网络权重参数 θ：

$$\theta \leftarrow \theta + \beta \nabla_{\theta}\mu(s_j,\ \theta)\nabla_{a}Q(s_j,\ a_j,\ w) \tag{7-21}$$

2)评估网络训练

一般采用 Sarsa 算法进行训练。

根据在经验记忆库中随机取出的四元组$(s_j,\ a_j',\ r_{j+1},\ s_{j+1})$，首先让评估网络做预测。

$$Q_j = Q(s_j,\ a_j',\ w)$$

$$Q_{j+1} = Q(s_{j+1},\ \mu(s_{j+1},\ \theta),\ w)$$

进一步计算 TD 目标：

$$y_j = r_{j+1} + \gamma Q_{j+1}$$

将损失函数定义为：

$$L(w) = \frac{1}{2}[Q(s_j,\ a_j',\ w) - y_j]^2$$

其梯度为：

$$\nabla_{w}L(w) = (Q_j - y_j)\nabla_{w}Q(s_j,\ a_j',\ w)$$

最后用梯度下降法更新 w：

$$w \leftarrow w - \alpha \nabla_{w}L(w)$$

3)DDPG 整体训练流程

针对四元组$(s_j,\ a_j',\ r_{j+1},\ s_{j+1})$，DDPG 核心算法的整体训练流程如下。

第 1 步，策略网络预测：

$$a_j = \mu(s_j,\ \theta_{now})$$

$$a_{j+1} = \mu(s_{j+1},\ \theta_{now})$$

第 2 步，评估网络预测：

$$Q_j = Q(s_j,\ a_j',\ w_{now})$$

$$Q_{j+1} - Q(s_{j+1},\ a_{j+1},\ w_{now})$$

第 3 步，计算 TD 目标与 TD 误差：

$$y_j = r_{j+1} + \gamma Q_{j+1}$$

$$\delta_j = Q_j - y_j$$

第 4 步，更新评估网络：

$$w_{new} \leftarrow w_{now} - \alpha\delta_j \nabla_{w}Q(s_j,\ a_j',\ w_{now})$$

第 5 步，更新策略网络：

$$\theta_{new} \leftarrow \theta_{now} + \beta \nabla_{\theta}\mu(s_j,\ \theta_{now})\nabla_{a}Q(s_j,\ a_j,\ w_{now})$$

注意：计算动作 a_j 用的是当前的策略网络 $\mu(s_j,\ \theta_{now})$，用 a_j 更新 θ_{now}；而从经验记忆库中抽取的 a_j' 只用来更新 w_{now}，a_j 与 a_j' 是完全不同的两个动作。

以上并未讲述行为策略如何与环境互动收集数据，实际上，确定性策略网络属于离轨策略，即行为策略不同于目标策略。目标策略为确定性策略 $\mu(s, \theta_{now})$，行为策略可以任意，但必须保证其具有探索能力，例如：

$$a=\mu(s, \theta_{old})+\varepsilon$$

上式的意思是行为策略可以用过时的策略网络参数，而且可以向动作中加入噪声 ε，离轨策略的好处是可以将收集经验与训练神经网络分隔开，将收集到的经验存入经验回放缓存，在训练时重复利用收集到的经验。用行为策略控制智能体与环境交互时，需要将智能体的轨迹整理成 $(s_j, a_j', r_{j+1}, s_{j+1})$ 这样的四元组，存入经验回放缓存，训练时随机从缓存中抽取一个四元组。注意：在训练策略网络 $\mu(s, \theta)$ 时，只使用 s_j，在训练评估网络 $Q(s, a, w)$ 时，要用到四元组中全部 4 个元素 $(s_j, a_j', r_{j+1}, s_{j+1})$。

(3) DDPG 核心网络训练算法

DDPG 的核心框架应用效果较差，同样存在网络不稳定、难收敛、高估、自举与偏差大等问题，需要借助改进版 DQN 与改进版 Actor－critic 的有效做法，对 DDPG 的核心框架进行综合改进。改进的主要方法包括：①采用 4 个神经网络，包括预测评估网络、预测策略网络、目标评估网络与目标策略网络，解决最大化与自举造成的高估问题；②采用 6 个神经网络，包括 2 个预测评估网络、1 个预测策略网络、2 个目标评估网络与 1 个目标策略网络，可以更好地解决高估问题；③在动作中加噪声，降低更新策略网络和目标网络的频率。DDPG 是最流行的深度强化学习算法之一，其改进方法较多，结构也较复杂，所以具体细节不做展开，只要明白基本思想即可。

7.4.2 随机高斯策略方法

随机高斯策略方法与第 7.3 节所学习的 softmax 随机策略具有很多相似之处，之所以将其置于第 7.4 节，主要是强调其解决连续动作的能力，并不过分强调其随机特征。

(1) 基本框架

针对连续动作问题，主要涉及确定性策略，这并不表明不能采用随机策略。对于那些连续动作问题中还需要随机策略的场合，就需要构造连续动作的随机策略网络。

前面已经学习了由 softmax 控制的随机策略学习问题，它是在离散动作空间中，为每个动作分配一定的概率值，且这些概率值之和为 1，具体执行哪个动作，由抽样决定。针对连续动作问题，无法用 softmax 方法来实现，可以换一种思路，假设每个连续动作自身（而不是多种连续动作共同）都符合正态分布，所设计的神经网络的输出是这个连续动作的均值与方差，只要训练出均值与方差，就可以按照已知的正态分布进行抽样决定执行的具体动作，由于正态分布为连续函数，抽样得到的动作也具有连续性。为了清晰地说明问题，有时仅以一个连续动作问题为例进行分析，但其方法完全可以通过将动作标量转换为向量模式扩展到具有多个自由度的连续动作控制问题。

将动作的均值记为 $\mu(s)$，标准差记为 $\sigma(s)$，两者均为状态 s 的函数，以正态分布的概率密度函数作为策略函数：

$$\pi(a \mid s)=\frac{1}{\sqrt{6.28}\sigma(s)}\exp\left(-\frac{[a-\mu(s)]^2}{2\sigma(s)^2}\right) \tag{7-22}$$

其实，只要根据当前状态 s，训练出正态分布的均值与标准差，就可以对正态分布进行随机抽样，选出动作：$a \sim N(\mu, \sigma^2)$，智能体执行动作 a。关键是如何训练出均值与方差呢？显然神经网络可以做近似。在用神经网络近似时，由于标准差必须非负，容易出现约束条件难以处理，一般直接训练方差对数 $\rho=\ln\sigma^2$，当训练结束后，再将 ρ 转化为 σ，可以定义两个神经网络 $\mu(s, \theta^\mu)$ 与 $\rho(s, \theta^\rho)$（两个网络共享卷积层，但有各自的全连接层）。为此，式(7-22)的策略可以写为：

$$\pi(a \mid s, \theta)=\frac{1}{\sqrt{6.28\exp[\rho(s, \theta^\rho)]}}\exp\left(-\frac{[a-\mu(s, \theta^\mu)]^2}{2\exp[\rho(s, \theta^\rho)]}\right) \tag{7-23}$$

以上都是针对单自由度的情况，如果自由度为 d，就会涉及 d 个连续动作，用标量 a_i 表示动作向量 a 的第 i 个元素，用函数 $\mu_i(s, \theta^\mu)$ 和 $\rho_i(s, \theta^\rho)$ 分别表示 $\boldsymbol{\mu}(\boldsymbol{s}, \boldsymbol{\theta^\mu})$ 和 $\boldsymbol{\rho}(\boldsymbol{s}, \boldsymbol{\theta^\rho})$ 的第 i 个元素。为此，策略可以表示为式(7-24)：

$$\pi(a \mid s,\theta)=\prod_{i=1}^{d}\frac{1}{\sqrt{6.28\exp[\rho_i(s,\theta^\rho)]}}\exp\left(-\frac{[a_i-\mu_i(s,\theta^\mu)]^2}{2\exp[\rho_i(s,\theta^\rho)]}\right) \tag{7-24}$$

由于策略梯度需要求 $\ln\pi(a \mid s, \theta)$，其结果为：

$$\ln\pi(a \mid s,\theta)=\text{常数}+\sum_{i=1}^{d}\left[-\frac{\rho_i}{2}-\frac{(a_i-\mu_i)^2}{2\exp(\rho_i)}\right] \tag{7-25}$$

为了表达方便，引入辅助函数 $f(s, a, \theta)$，令：

$$f(s,a,\theta)=\sum_{i=1}^{d}\left[-\frac{\rho_i}{2}-\frac{(a_i-\mu_i)^2}{2\exp(\rho_i)}\right] \tag{7-26}$$

显然，$f(s, a, \theta)=\ln\pi(a \mid s, \theta)+\text{常数}$。

可构造的网络结构如图 7-8 所示，神经网络有两个输出头，分别为 $\mu(s, \theta^\mu)$ 与 $\rho(s, \theta^\rho)$，动作 a 由抽样得到。

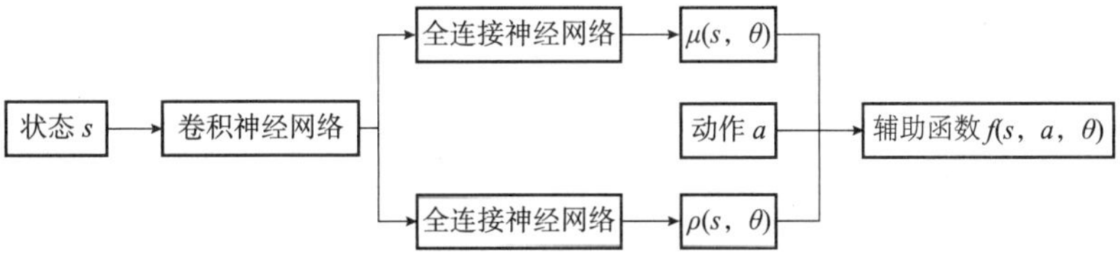

图 7-8 随机高斯策略网络基本框架示意

(2)训练算法

前面已经学习了策略梯度的公式表达（以 Actor-critic 方法为例，当然也可以应用 Reinforce 方法，但这里不再赘述）。

$$g=Q_\pi(s, a, w)\nabla_\theta\ln\pi(a \mid s, \theta)$$

按照此公式，需要构造输入为 s 与 a，输出为 $Q(s, a, w)$ 的评估网络（价值网络），结合以上的随机高斯策略网络，可以写出训练算法流程如下：

①输入当前状态 s_t，由策略网络计算出均值 $\mu(s_t, \theta_{now}^{\mu})$、方差对数 $\rho(s_t, \theta_{now}^{\rho})$，然后随机抽样得到动作 a_t，智能体执行动作 a_t，观察到奖励 r_{t+1} 与新的状态 s_{t+1}；

②由策略网络计算均值 $\mu(s_{t+1}, \theta_{now}^{\mu})$ 与方差对数 $\rho(s_{t+1}, \theta_{now}^{\rho})$，然后随机抽样得到动作 a_{t+1}，这个动作只是假想动作，智能体并不执行；

③用 TD 方法更新评估网络(细节略)；

④应用梯度上升进行策略参数更新。

$$\theta \leftarrow \theta + \beta Q_{\pi}(s_t, a_t, w_{now}) \nabla_{\theta} f(s_t, a_t, \theta_{now})$$

以上只是以最简单的 Actor－critic 方法为例，简述了随机高斯策略方法基本思路，为了提升其性能，还需要综合应用基线与目标网络的技巧。

7.5 深度强化学习各种方法之间的关联

在本章中，重点学习了 DQN、随机 softmax 策略梯度、深度确定性策略梯度与随机高斯策略梯度 4 种深度强化学习方法，这些方法之间并不孤立，相互之间存在有机的联系，下面从各种深度强化学习方法的内涵与本质出发，用统一的视角进行总结分析。

7.5.1 价值评估是 4 种方法的共同基础

无论是以最优动作价值函数为媒介的 DQN 深度强化学习，还是基于策略梯度的深度强化学习方法，都离不开价值函数的计算，正是由于价值评估方法的多样性，才产生了丰富多彩的方法，表 7－1 所示为从价值评估的视角观察的结果。

表 7－1　价值评估视角

深度强化学习方法	所用价值函数	价值评估方法
DQN	最优动作价值函数 Q_*	Q－Learning 方法
随机 softmax 策略深度强化学习方法	动作价值函数 Q_{π}	蒙特卡洛方法、Sarsa 方法
DDPG	动作价值函数 Q_{π}	Sarsa 方法
随机高斯策略深度强化学习方法	动作价值函数 Q_{π}	蒙特卡洛方法、Sarsa 方法

7.5.2 策略梯度的 Actor－critic 范式

策略梯度定理提供了基于策略梯度的深度强化学习方法的统一框架，构造了 Actor－critic 的范式，表 7－2 所示为从 Actor－critic 视角的统一模式。

表 7－2　Actor－critic 视角

策略梯度表达式	演员	裁判员
$\nabla_{\theta} \ln \pi(a \mid s, \theta) Q_{\pi}(s, a, w)$	$\pi(a \mid s, \theta)$	$Q_{\pi}(s, a, w)$

续表

策略梯度表达式	演员	裁判员
$\nabla_\theta \ln\pi(a \mid s, \theta) g_t(s, a)$	$\pi(a \mid s, \theta)$	$g_t(s, a)$
$\nabla_\theta \ln\pi(a \mid s, \theta)[g_t(s, a) - v_\pi(s, w)]$	$\pi(a \mid s, \theta)$	$g_t(s, a) - v_\pi(s, w)$
$\nabla_\theta \ln\pi(a \mid s, \theta)[r + \gamma V_\pi(s', w) - V_\pi(s, w)]$	$\pi(a \mid s, \theta)$	$r + \gamma V_\pi(s', w) - V_\pi(s, w)$

7.5.3 目标网络的通用性

由于 Sarsa 算法与 Q－Learning 算法都涉及自举，所以在进行价值评估时一般都需要构造目标网络，用目标网络单独计算 TD 目标，提升网络稳定性与精度。凡是涉及 Sarsa 算法与 Q－Learning 算法的网络，几乎都可采用目标网络模式；在 DDPG 中，由于 TD 目标计算与策略相关，所以在价值目标网络的基础上，还可添加策略目标网络。当然，这种通用性并不绝对，也会存在例外。

视频简介

本视频主要讲解连续动作空间深度强化学习，主要包括：DDPG 与随机高斯策略；另外对各种深度强化学习方法进行总结，观看以上内容讲解视频请扫描二维码。

7.6 近端策略优化算法

作为深度强化学习的实用成果，介绍一种目前流行的深度强化学习(Proximal Policy Optimization，PPO)算法，也称近端策略优化算法，它是在策略学习带基线的 Reinforce 方法、Advantage Actor－critic 架构、随机策略、离轨策略及多步时序差分方法等基础上，考虑策略置信域约束条件，并对约束条件做出简化处理的一种高效算法，能够很好地处理连续状态空间与连续动作空间的深度强化学习问题，当然更能够处理不连续的情况。之所以将 PPO 算法置于本章最后，原因是它对深度强化学习的思想启迪贡献不大，核心贡献是优化方法的巧妙运用与对传统策略梯度方法的综合改进提升。

7.6.1 传统策略梯度训练面临的问题

前面介绍了带基线的 Reinforce 方法、Advantage Actor－critic 架构及高斯随机策略等强化学习方法，但这些算法在训练时遇到了两个突出的问题：

(1)对步长特别敏感，使得步长选择缺乏依据，当步长较小时，网络收敛速度太慢难以完成训练，而步长较大时，又经常会出现策略网络不稳定与不收敛问题。其实，随神经网络参数变化的策略空间相当复杂，就像一个复杂的山区地势，有平坦区、尖峰与峡谷等地貌，在训练策略网络时，希望在每次训练前后的策略变化不宜过大，使其应该尽量接近，这样就可避免策略在尖峰与峡谷之间的剧烈变化引起的不收敛与不稳定的问题，降低对步长的敏感程度，让策略训练达到小步稳走逐渐趋近最优的目的。

(2)由于采用同轨策略，每次收集的宝贵数据只能训练一次，数据利用率低，未能最大化利用难能可贵的数据资源。

如何解决以上问题呢？首先给出解决方案的是 PPO 算法的前身 TRPO(Trust Region Policy Optimization)算法，TRPO 算法也称置信域策略优化算法。

7.6.2 TRPO 算法的贡献

首先回顾一下传统策略梯度架构，将策略梯度核心公式重写如下：

$$\nabla_\theta J(\theta) = E[\nabla_\theta \ln\pi(A \mid S, \theta)A_\pi(S, A)] \tag{7-27}$$

式中，$A_\pi(S, A)$通指 Reinforce 方法或 Advantage Actor - critic 方法中的带基线的优势回报项。

由于传统策略梯度架构采用同轨策略，当使用现有策略与环境交互获取数据后，每当完成价值网络与策略网络训练时，就会产生新的策略，两次策略的变化过程由训练数据决定，处于不可控状态，当策略向坏的方向发生突变时，再次应用这一不理想的策略采集数据时，将会产生更不理想的数据，这一循环对训练策略网络不利；由旧策略收集的数据被用于训练一次策略网络后，就会产生新策略，数据就需抛弃不用，如果硬性使用原有数据进行再次训练，价值网络评估的还是过时的策略，无法对改进后的新策略产生任何帮助，这一特点使得数据利用率低。

以上困局如何破解呢？关键要解决两个问题：需要使训练前后的两个策略可控；旧策略收集的数据能够被策略网络多次应用以提升新策略训练效果。为了解决第一个问题，需要对训练前后的两个策略施加约束；很显然，离轨策略是解决第二个问题的突破口。

根据以上思路，对式(7-27)进行离轨策略改造，$A_\pi(S, A)$不再是新策略的采样数据计算结果，而是策略网络上一次旧策略的采样数据计算结果，假设旧策略用π_{old}表示，新策略用π_{new}表示，显然式(7-27)要增加重要度采样比，并且期望E也要调整到对旧策略的期望。

$$\nabla_{\theta_{new}} J(\theta_{new}) = E\left[\frac{\pi_{new}(A \mid S, \theta_{new})}{\pi_{old}(A \mid S, \theta_{old})}\nabla_{\theta_{new}} \ln\pi_{new}(A \mid S, \theta_{new})A_{\pi_{old}}(S, A)\right] \tag{7-28}$$

针对式(7-28)的离轨策略，π_{old}的采样数据就可以被更新π_{new}时多次使用，这由离轨策略的本质所决定，但是π_{old}与π_{new}又不能相差太大，否则离轨策略所产生的$A_\pi(S, A)$方差变大，不利于策略网络训练，这与策略训练小步稳走逐渐趋近最优的目标不谋而合，只要再对π_{old}与π_{new}施加一定约束，传统策略梯度所面临的两个问题就能得到有效解决。注意：之所以约束π_{old}与π_{new}的变化，而不去约束策略网络参数θ_{old}与θ_{new}的变化，是因为θ与π存在复杂的非线性关系，有可能微小的θ变化将引起π的巨变。

受置信域优化方法的启发所提出的 TRPO 算法，对 π_{old} 与 π_{new} 通过 KL 散度 $D_{KL}(\pi_{new} \| \pi_{old})$ 施加了以下约束：

$$D_{KL}(\pi_{new} \| \pi_{old}) = \sum_a \pi_{new}(a|s,\theta_{new}) \log\left(\frac{\pi_{new}(a|s,\theta_{new})}{\pi_{old}(a|s,\theta_{old})}\right) \leqslant \delta \qquad (7-29)$$

式(7－29)即为 TRPO 算法的置信域约束条件，通过引入 KL 散度 $D_{KL}(\pi_{new} \| \pi_{old})$，用来表示新策略 π_{new} 和旧策略 π_{old} 之间的离散程度。TRPO 算法将新、旧策略之间的 KL 散度 $D_{KL}(\pi_{new} \| \pi_{old})$ 限制在 δ 范围之内（δ 为超参数），保证每次策略更新的幅度都不会太大，解决了算法不收敛和训练不稳定的问题，也在探索和开发之间找到更好的平衡点。

这一带约束优化问题可以很好地解决传统策略梯度方法的弊端，只是优化问题较为复杂，不便于应用，由此产生了更为简化的 PPO 算法。

7.6.3 PPO 算法对 TRPO 算法的改进

由于 TRPO 算法需要求解带约束的优化问题，这使得 TRPO 算法在解决传统策略梯度问题的同时，也带来了计算复杂性的问题，PPO 算法的核心贡献就是通过经验约束取代复杂的 KL 散度约束，使优化问题变得极为简化，很快就取代了 TRPO 算法，并且得到了快速普及与广泛应用。

PPO 算法的经验约束描述如下。

其实，TRPO 算法增加 KL 散度约束的目的只有一个，就是使得策略网络两次更新的策略变化不易过大，其本质是使得

$$\frac{\pi_{new}(a|s,\ \theta_{new})}{\pi_{old}(a|s,\ \theta_{old})} \qquad (7-30)$$

尽量接近 1。

既然是这样，何必搞得如此麻烦，干脆取一个很小的 ε（超参数），使得式(7－30)的新旧策略比值（也就是重要度采样比）控制在 $[1-\varepsilon,\ 1+\varepsilon]$ 之间，当比值超过上或下边界时，强行让比值等于对应的上或下边界值，这样处理同样也可以达到对策略的约束目的。这一朴素的想法极大地促进了算法的提升，不仅算法极为简单，而且对解决传统策略梯度弊端的效果也很好，这就是 PPO 算法盛极一时的根本原因。

7.6.4 PPO 算法流程

在实际应用中，将重要度采样比

$$\frac{\pi_{new}(a|s,\ \theta_{new})}{\pi_{old}(a|s,\ \theta_{old})}$$

控制在 $[1-\varepsilon,\ 1+\varepsilon]$ 之间的方法称为“裁剪”（Clip），因此便有了 PPO－Clip 算法。PPO－Clip 算法能够很好地处理连续状态空间与连续动作空间的深度强化学习问题（当然，也适于解决离散问题），算法凭借其独有的简单、稳定和高效特点，而被广泛应用。

PPO－Clip 算法考虑了方差和偏差的平衡问题，引入了广义优势估计（Generalized Advantage Estimation，GAE）用来近似优势函数 A_t。GAE 依赖于多个时间步的累积折扣奖励和状态价值函数以计算平滑的优势估计。

（1）连续状态空间和连续动作空间

PPO－Clip 算法在处理连续状态空间和连续动作空间问题时，训练流程可分为 4 个模块。

第一模块——采集数据

第 1 步：将当前的策略网络参数 θ 作为旧策略网络的参数 θ_{old}。

第 2 步：将初始状态 s_0 输入旧策略网络中，由于状态 s 和动作 a 均连续，策略网络采用随机高斯策略框架，策略网络的输出为动作 a 所服从正态分布的均值 μ_{old} 和标准差 σ_{old}，由此可得到高斯分布策略函数 $\pi_{old}(a|s,\ \theta_{old})$，然后抽样选择动作：$a_0 \sim \pi_{old}(\cdot\ |s_0,\ \theta_{old})$，并与环境交互，环境给出相应的奖励 r_1，同时状态更新为 s_1，上述过程就产生了一个四元组 $(s_0,\ a_0,\ r_1,\ s_1)$。继续上述循环，可以得到多个四元组 $(s_0,\ a_0,\ r_1,\ s_1)$，$(s_1,\ a_1,\ r_2,\ s_2)$，…，将其储存在经验记忆库中，供训练使用。

第二模块——计算状态价值函数和优势函数

第 1 步：从经验记忆库中按照时序依次取出四元组 $(s_0,\ a_0,\ r_1,\ s_1)$，$(s_1,\ a_1,\ r_2,\ s_2)$，…，将其依次输入价值网络中，计算

$$q_0 = V(s_0,\ w) \text{ 和 } q_1 = V(s_1,\ w),\ \cdots$$

第 2 步：计算 TD 目标

$$y_0 = r_1 + \gamma q_1,\ \cdots$$

第 3 步：计算 TD 误差

$$\delta_0 = q_0 - y_0,\ \cdots$$

第 4 步：计算优势函数 A_t。优势函数 A_t 的引入是为了减小策略梯度中产生的方差，为了达到更好的效果，PPO－Clip 算法采用广义优势估计（GAE）近似优势函数 A_t。

为了表达方便，将优势函数 A_t 定义为状态价值函数的负 TD 误差。

$$\begin{aligned}
A_t^{(1)} &= -\delta_t = r_{t+1} + \gamma V(s_{t+1},\ w) - V(s_t,\ w) \\
A_t^{(2)} &= -(\delta_t + \gamma\delta_{t+1}) = r_{t+1} + \gamma r_{t+2} + \gamma^2 V(s_{t+2},\ w) - V(s_t,\ w) \\
A_t^{(3)} &= -(\delta_t + \gamma\delta_{t+1} + \gamma^2\delta_{t+2}) \\
&= r_{t+1} + \gamma r_{t+2} + \gamma^2 r_{t+3} + \gamma^3 V(s_{t+3},\ w) - V(s_t,\ w) \\
&\vdots \\
A_t^{(k)} &= -\sum_{i=0}^{k-1} \gamma^i \delta_{t+i} \\
&= r_{t+1} + \gamma r_{t+2} + \cdots + \gamma^{k-1} r_{t+k} + \gamma^k V(s_{t+k}, w) - V(s_t, w)
\end{aligned}$$

广义优势估计（GAE）定义为所有优势函数的指数加权平均值。

$$A_t^{GAE(\gamma,\lambda)} = (1-\lambda)(A_t^{(1)} + \lambda A_t^{(2)} + \lambda^2 A_t^{(3)} + \cdots) = -\sum_{n=0}^{\infty} (\gamma\lambda)^n \cdot \delta_{t+n}$$

式中，λ 为 GAE 中新引入的超参数，取值范围在 0 ~ 1，相当于对优势函数进行了二次折扣，$A_t^{GAE(\gamma,\lambda)}$ 中的下标表示在时间步 t 时刻的广义优势函数。$A_t^{(1)}$，$A_t^{(2)}$，$A_t^{(3)}$……表示 $A_t^{GAE(\gamma,\lambda)}$ 计算公式中的各项。在实际应用中，为了减少计算量，提高计算效率，GAE 通常采用倒序计算方式。选择一个合适的超参数 λ 很重要，不仅能够使训练中产生的方差较小，又能够显著减小偏差，提高估计的准确性和稳定性。

第三模块——更新评估网络

第 1 步：计算评估网络的损失函数。这里用均方误差(Mean Squared Error，MSE)来定义评估网络的损失函数，公式表示为针对任意时间步 t 时刻的预测值 $V(s_t, w)$ 与目标值 $r_{t+1} + \gamma V(s_{t+1}, w)$ 之间的差异。

$$L(w) = \{V(s_t, w) - [r_{t+1} + \gamma V(s_{t+1}, w)]\}^2$$

第 2 步：针对任意时间步 t 时刻，计算损失函数梯度。

$$\begin{aligned}\nabla_w L(w) &= 2\{V(s_t, w) - [r_{t+1} + \gamma V(s_{t+1}, w)]\}\nabla_w V(s_t, w)\\ &= 2\delta_t \nabla_w V(s_t, w)\end{aligned}$$

第 3 步：针对任意时间步 t 时刻，更新评估网络。

$$w \leftarrow w - 2\alpha\delta_t \nabla_w V(s_t, w)$$

为了描述简单，这里未使用小批量更新，在实际编程时一般采用小批量更新。

第四模块——更新策略网络

第 1 步：针对所有四元组(s, a, r, s)中的 s、a，分别由动作 a 概率分布的均值 μ_{old} 和标准差 σ_{old} 构造高斯分布旧策略函数(动作概率密度函数)$\pi_{old}(a|s, \theta_{old})$，并计算自然对数 $\log\pi_{old}(a|s, \theta_{old})$。

第 2 步：针对本模块第 1 步计算出的每个 $\log\pi_{old}(a|s, \theta_{old})$，依次单独训练当前网络。

①在每次训练中，将四元组$(s_t, a_t, r_{t+1}, s_{t+1})$中的 s_t 输入当前策略网络中，由动作 a_t 概率分布的均值 μ_{new} 和标准差 σ_{new} 构造高斯分布新策略函数(动作概率密度函数)$\pi_{new}(a_t|s_t, \theta_{new})$，并计算自然对数 $\log\pi_{new}(a_t|s_t, \theta_{new})$。

②计算重要度采样比 $r(\theta)$。

$$r(\theta) = \frac{\pi_{new}(a_t|s_t, \theta_{new})}{\pi_{old}(a_t|s_t, \theta_{old})} = \exp[\log\pi_{new}(a_t|s_t, \theta_{new}) - \log\pi_{old}(a_t|s_t, \theta_{old})]$$

③计算策略网络的策略梯度。

$$\nabla_{\theta_{new}} J^{CLIP}(\theta_{new}) = \frac{\pi_{new}(a_t|s_t, \theta_{new})}{\pi_{old}(a_t|s_t, \theta_{old})}\nabla_{\theta_{new}}\log\pi_{new}(a_t|s_t, \theta_{new}) A_{\pi_{old}}(s_t, a_t)$$

式中，$CLIP$ 的含义是在计算梯度时，对重要度采样比进行$[1-\varepsilon, 1+\varepsilon]$限制，$A_{\pi_{old}}(s_t, a_t)$需要按照第二模块的第 4 步的广义优势估计公式进行计算。

④更新策略网络。

$$\theta_{new} \leftarrow \theta_{old} + \beta \nabla_{\theta_{new}} J^{CLIP}(\theta_{new})$$

第 3 步：将更新后的策略网络作为旧策略网络，重复第一模块至第四模块。

PPO – Clip 算法的框架结构如图 7 – 9 所示。

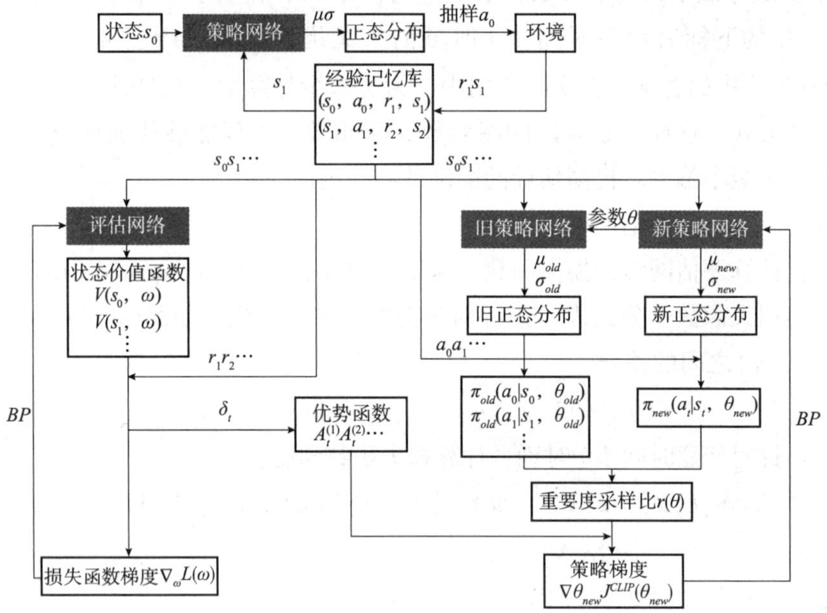

图 7 – 9　PPO – Clip 算法的框架结构

（2）连续状态空间和离散动作空间

PPO – Clip 算法在处理连续状态空间和离散动作空间问题时，算法流程与处理连续动作空间问题大致相同，仅在策略网络的结构、输出和激活函数的选择上有所差异。针对离散动作空间，同一状态 s 下只有有限个动作 a 可以执行，例如智能体在网格中移动时，只有上、下、左、右 4 个动作可以执行，因此可以得到每一个动作 a 发生的概率。在这种情况下，应将各离散动作 a 的策略函数（概率分布）$\pi(a|s, \theta)$ 作为策略网络的输出。由于动作 a 离散，应选择 softmax 函数作为激活函数。

视频简介

本视频主要讲解 PPO 算法，主要内容包括 PPO 算法的前身 TRPO 算法、PPO 算法对 TRPO 算法的改进及 PPO 算法流程，观看以上内容讲解视频请扫描二维码。

本章小结

本章首先通过表格型强化学习面临的问题分析，剖析了强化学习与深度学习结合的必要性；以 Q – Learning 强化学习与卷积神经网络结合的开篇之作 DQN 深度强化学习方法为例，分析了强化学习与深度学习相结合的方法、技巧、面临的问题与解决办法等；在以策略为目标的深度强化学习体系内，主要讲解了随机策略深度强化学习的基本思路、目标函数及策略梯度定理等；针对策略梯度大家族，重点学习了 Reinforce 方法、Actor－critic 方法、带基线的 Reinforce 方法、带基线的 Actor－critic 方法及连续动作空间深度强化学习等；对深度强化学习各种方法之间的关联进行了分析，包括价值学习是各种方法的共同基础、策略梯度的 Actor－critic 范式与目标网络的通用性等；最后，作为本章的结尾，对大家耳熟能详的深度强化学习 PPO 算法的产生背景、基本思想、需要解决的问题与解决问题的技巧进行了详细讲解，给出了算法流程、主要计算公式与算法框图。通过本章的学习，大家要认识到深度强化学习，就是用深度学习去解决表格型强化学习无法解决的问题，强化学习是本质，深度学习是手段。

本章内容配套 PPT 课件获取链接：https://pan.baidu.com/s/1ds4SurxfgrN2－mfGUBRc2Q，提取码 1008。

实践 8　利用 DQN 将着陆器成功降落在月球表面

实践 8 是关于 DQN 的实践，将采用 Keras－RL 库和 OpenAI gym 来展示一个月球着陆器（Lunar Lander）的例子。Lunar Lander 环境中，具有一个从视窗顶部释放的着陆器，智能体需要学习如何使其安全着陆于月面，智能体输入为着陆器的 x 和 y 坐标、x 和 y 的线速度、角度、角速度，以及代表每条腿是否与地面接触的 2 个布尔运算符。智能体可选操作为启动左引擎、启动主引擎、启动右引擎和不操作，回合结束条件为着陆器坠毁（主体接触月球表面）或飞出视窗。智能体从顶部移动到着陆点的奖励为 100～140 分，若着陆器离开着陆台，则奖励移除。源码下载地址：https://github.com/BookCode－2024/Lunar_Lander.git

实践 9　利用 PPO－Clip 算法帮助小车平衡杆系统保持稳定

实践 9 继续利用 OpenAI gym 来展示一个小车平衡杆（CartPole）的例子。CartPole 环境中有一个放置在小车上的平衡杆，智能体需要通过 PPO－Clip 算法学习如何在垂直方向使杆保持平衡，而小车在不断运动。智能体可获取小车的位置、速度、杆的角度和角速度，并可以在小车的任一端施加作用力。开始时杆直立，每一个保持杆直立的 step 奖励 +1，若杆偏离垂直位置的角度大于 12°或小车移出视窗则回合结束，且每个回合至多 500 steps。源码下载地址：https://github.com/BookCode－2024/Cartpole_PPO－Clip.git

习题

(1)表格型强化学习方法面临的主要问题是什么?

(2)在 DQN 深度强化学习方法中，为什么提出采用经验回放与双网络方案?

(3)策略梯度定理为什么表达成期望的形式?

(4)以 A2C 为例，论述它是如何处理开发与探索之间的平衡问题，为什么在处理此类问题时比 Actor – critic 更具优势。

(5)为什么 DQN 中采用 Q – Learing 方法，而 Actor – critic 系列方法采用 Sarsa 方法?

(6)举例说明随机策略与确定性策略的应用场合。

(7)为什么大部分深度强化学习方法都涉及目标网络或双网络技巧?

(8)深度强化学习方法是否还符合广义策略迭代框架体系?

(9)以演员与评论家的视角分析深度强化学习的统一性。

(10)针对 PPO 算法，回答以下问题。

①PPO 算法为何约束策略 π，而不约束神经网络参数 θ?

②PPO 算法采用广义优势函数的目的是什么?

③PPO 算法为何采用离轨策略?

④PPO 算法中所谓的新旧策略是怎么形成的?

⑤PPO 算法中与环境交互的策略是新策略还是旧策略?

参考文献

[1]王树森，黎彧君，张志华. 深度强化学习[M]. 北京：人民邮电出版社，2022.

[2]Laura G, Wah L. Foundations of deep reinforcement learning – theory and practice in Python[M]. 北京：机械工业出版社，2020.

[3]Mnih V, Kavukcuoglu K, Silver D, et al. Human – level control through deep reinforcement learning[J]. Nature, 2015, 518(7540): 529 – 539.

[4]Silver D, Huang A, Maddison C J, et al. Mastering the game of Go with deep neural networks and tree search[J]. Nature, 2016, 529(7587): 484 – 489.

[5]Silver D, Schrittwieser J, Simonyan K, et al. Mastering the game of Go without human knowledge[J]. Nature, 2017, 550(7676): 354 – 359.

[6]Silver D, Hubert T, Schrittwieser J, et al. A general reinforcement learning algorithm that masters chess, shogi, and Go through self – play[J]. Science, 2018, 362(6419): 1140 – 1144.

[7]Schulman J, Levine S, Moritz P, et al. Trust region policy optimization[J]. Proceedings of Machine Learning Research, 2015(37): 1889 – 1897.

[8]Schulman J, Wolski F, Dhariwal P, et al. Proximal policy Optimization Algorithms[J]. 2017. DOI: 10.48550/arXiv.1707.06347.